# 3DMine矿业软件

## 建模与应用教程

主　编　张延凯

副主编　陈新华　张永芳　曹帅　李佳洁

中国矿业大学出版社

·徐州·

## 内 容 提 要

本教材以3DMine三维矿业软件为基础，结合采矿设计流程和矿山现场作业特点，介绍了该矿业软件的基本操作、地质建模、专业应用三个部分的内容。其中，基本操作部分针对软件的初学者，介绍了操作界面、系统设置、使用惯例、文件与视图、编辑与创建、工具等模块；地质建模部分则基于实例数据，讲解了钻孔模型、表面模型、实体模型、块体模型的建模原理和操作步骤；专业应用部分展示了该矿业软件关于露天采矿设计、地下采矿设计及其他专业应用等功能。

本书可作为高等院校矿业工程、地质工程、安全工程、工程设计等相关专业的教学用书，也可供相关领域的科研人员和工程技术人员参阅。

**图书在版编目(CIP)数据**

3DMine矿业软件建模与应用教程 / 张延凯主编. 徐州 ：中国矿业大学出版社，2024. 11. — ISBN 978-7-5646-6579-1

Ⅰ. TD802-39

中国国家版本馆CIP数据核字第20248ZX928号

**书　　名** 3DMine矿业软件建模与应用教程
**主　　编** 张延凯
**责任编辑** 路　露
**出版发行** 中国矿业大学出版社有限责任公司
（江苏省徐州市解放南路　邮编221008）
**营销热线** (0516)83885370　83884103
**出版服务** (0516)83995789　83884920
**网　　址** http://www.cumtp.com　**E-mail**:cumtpvip@cumtp.com
**印　　刷** 苏州市古得堡数码印刷有限公司
**开　　本** 787 mm×1092 mm　1/16　**印张** 13.5　**字数** 345千字
**版次印次** 2024年11月第1版　2024年11月第1次印刷
**定　　价** 45.00元

# 前　言

矿业是基础产业，为工业和制造业提供原材料；人类社会发展离不开矿业。在我国，矿业曾是资金和劳动力密集型产业，是安全环保部门重点关注的行业，还是“四矿”问题频发的“夕阳产业”。改革开放以来，伴随着中国工业化发展进程的推进，矿产资源需求量快速增长，中国矿业也进入了快速发展阶段，目前中国已成为世界矿业大国，正向世界矿业强国稳步前进。

如何绿色、安全、高效、可持续地开发和利用有限矿产资源，是所有矿业从业者永恒的课题。马克思讲“科学技术是生产力”，邓小平进一步指出“科技是第一生产力”，解决矿业领域的各类问题需要依靠科技。时至今日，工业社会大体上经历了四次革命。第一次工业革命，自18世纪60年代到19世纪中期，为蒸汽时代；第二次工业革命，自19世纪70年代到20世纪四五十年代，为电气时代；第三次工业革命，自20世纪四五十年代至21世纪初，为信息时代；第四次工业革命，正在发生，为智能时代。与之对应，矿业发展也经历了由机械化、电气化、自动化向数字化、智能化转变的过程。在此过程中，三维矿业软件应运而生。

矿山生命周期可分为：矿产资源勘查、矿山设计、基建和生产、闭坑四个阶段。在各个阶段，矿业软件都扮演着重要角色，矿业软件已成为矿山不可或缺的生产工具。矿业软件处理问题的基本思路为：① 将外部数据导入为软件可接受的数据格式；② 对数据进行处理、加工，生成各种模型；③ 调用模型，应用各种算法解决专业需求，输出数据和图表结果。其中，数据是基础，建模是手段，解决问题是目标。

根据3DMine矿业软件建模及应用的功能特点，本书共分三篇11章：第1篇（第1～4章）为基本操作，介绍了该软件的基本功能、操作界面、系统设置、使用惯例、文件与视图、编辑与创建、工具等模块；第2篇（第5～8章）为地质建模，基于实例数据，讲解了钻孔模型、表面模型、实体模型、块体模型等的建模原理和操作步骤；第3篇（第9～11章）为专业应用，结合采矿设计流程和矿山现场作业特点，展示了该软件露天采矿设计、地下采矿设计及其他专业应用功能。

本书由张延凯担任主编，陈新华、张永芳、曹帅、李佳洁担任副主编。本书是编者在数字矿山领域多年研究及教学工作的认识和总结，可面向地勘单位、设计院所、矿山企业、大专院校的地质、测量、采矿、安全、管理相关专业从业者，可作为三维矿业软件学习使用的入门教材，可作为开展数字矿山工作的起点。

本书的编写和出版得到了北京科技大学教材建设基金(JC2021YB009)的资助，北京三地曼矿业软件科技有限公司提供了软件授权和技术支持，在此表示衷心感谢。书中参考和引用了大量文献，在此谨向相关作者表示诚挚谢意。

由于作者水平所限，书中难免有错误和不足之处，恳请广大读者批评指正。

**编　者**

2024 年 5 月

# 目　录

# 第2篇　地质建模



# 第3篇　专业应用

# 绪　论

从石器时代开始，每次文明的演进与更迭都离不开矿产资源的支撑。在人类历史长河之中，采矿业始终扮演着重要角色。按照我国《国民经济行业分类》(GB/T 4754—2017)，将行业划分为门类、大类、中类和小类四个层次，共包含 20 个门类、97 个大类、473 个中类和 1 380 个小类。采矿业门类代码为 B，包括 06～12 大类。采矿业是指对固体(如煤和矿物)、液体(如原油)或气体(如天然气)等自然产生的矿物的采掘，包括：地下或地上采掘、矿井的运行；一般在矿址或矿址附近从事的旨在加工原材料的所有辅助性工作，如碾磨、选矿和处理；使原料得以销售所需的准备工作；等等。

根据作业对象不同，采矿业门类又分为：煤炭开采和洗选业、石油和天然气开采业、黑色金属矿采选业、有色金属矿采选业、非金属矿采选业、开采专业及辅助性活动、其他采矿业等 7 个大类。虽同属采矿业，不同类别也存在较大差异，从开采对象的物质形态角度，就包含了固体、液体、气体等 3 种类别。即使在同一类别内，采矿和选矿所面临的核心问题也不相同。因此，只能管中窥豹、挂一漏万，以期抛砖引玉。金属矿具有矿床成因各异、地质条件多变、品位分布不均、采矿方法复杂等典型特征，本书以之为例研究矿业软件建模与应用。

1998 年 1 月，时任美国副总统戈尔在加利福尼亚科学中心做了一个题为“数字地球：21 世纪认识我们的星球”的讲演。“数字地球”的概念立即引起了欧洲及其他一些国家的广泛关注。1998 年 6 月，时任国家主席江泽民在接见两院院士时提出了建设“数字中国”的战略构想。此后，数字北京、数字长江、数字农业、数字矿山等概念纷纷被提出。吴立新教授指出，数字矿山的核心是在统一的时间坐标与空间框架下，科学、合理地归纳各类矿山信息，对海量异质的矿山数据资源进行全面、高效和有序的管理和整合。

我国数字矿山技术发展至今已有二十几年的历史，经历了互联网时代、自动化与智能化技术时代、物联网技术时代、大数据与云计算时代、人工智能技术时代等多个阶段。数字矿山技术使得矿山企业能够更加高效地管理生产过程、降低成本、提高安全性，并为可持续发展作出了贡献。

三维建模是数字矿山技术的重要组成部分，2000 年开始我国采矿业逐渐引入计算机辅助设计(CAD)和地理信息系统(GIS)；2005 年前后，矿山领域开始使用三维模型来呈现地质结构、采矿工程和设备布局；近几年，三维建模逐渐与大数据、人工智能和机器学习等技术相融合，为矿山提供更智能的数据分析方法和决策支持。三维数字化模型应用使传统采矿业能够与新型技术更好地结合，应用三维矿业软件是现代采矿业的典型特征。

目前，国内外有多款以三维地质模型为基础的矿业软件，如 3DMine、DIMINE、Surpac、Datamine、Micromine、VULCAN 等，这些软件虽然在功能布局和使用操作等方面有差异，但在软件架构、基本原理、解决问题思路等方面趋于一致。这一方面是国内外矿业软件互相学习借鉴的结果，另一方面是三维数字化与采矿业作业流程紧密结合的必然结果。

通常，三维矿业软件按照功能模块可分为基本操作、地质建模、专业应用三大部分。其中，基本操作模块包含以下几个功能：三维可视化平台、CAD 基础功能、视图、剖面、数据导入导出、系统设置、打印绘图、帮助等；地质建模模块包含以下几个功能：地质数据库、属性空间插值、地质统计学、表面建模、实体建模、块体建模、地(断)层建模、隐式建模等；专业应用模块包含以下几个功能：境界优化、露天采矿设计、地下采矿设计、排土场设计、生产进度计划、爆破设计、通风安全等。

三维矿业软件产品主要服务于采矿、地质、测量、安全、生产管控、企业经营管理等矿山专业方向，可广泛应用于煤炭、金属、非金属、建材等固体矿产的地质勘探数据管理，矿床地质模型构建、资源量估算，露天及地下矿山采矿设计、生产进度计划、生产过程管控等矿山业务范畴。随着数字矿山建设内容的不断深入，三维矿业软件面临着转型升级，传统的 C/S 模式单机版桌面端产品已不能满足实际需求。基于 B/S 模式的网络版建模、设计、管控协同一体化综合智能平台逐渐成为新的产品形态。

三维矿业软件的工具性特征将越发明显，软件的学习者和使用者更关注功能原理、实现算法、结果可靠性等底层逻辑。不积跬步，无以至千里；不积小流，无以成江海。本书以 3DMine 矿业软件为例，介绍了三维矿业软件在金属矿山领域的一些基本功能、操作步骤、部分关键算法基本原理，以供参考。希望本书对读者系统性地掌握该类型的软件工具有所帮助，对数字矿山技术在矿山的推广应用起到一些作用，从而为安全、高效、绿色、智能矿山建设贡献绵薄之力。

# 第1篇　基本操作

基本操作包括软件系统设置、视图、帮助等功能，还包括对图元的创建、编辑、存储等，这部分内容具有通用性，基本不涉及矿业专业知识。不同矿业软件的基本操作功能均类似，甚至通用 CAD 制图软件也包含矿业软件的基本操作功能。本篇将重点介绍软件中的设置、文件、视图、编辑、创建等功能。

# 第 1 章　3DMine 矿业软件简介及设置

2007 年 3DMine 矿业软件面世，由此拉开了我国自主研发三维矿业软件的序幕。3DMine 矿业软件基于 C＋＋语言开发，稳定性和系统兼容性好，以为国内用户量身打造三维矿业 Office 为己任。3DMine 矿业软件产品经过十几年的精心研发和市场开拓，境内授权用户涵盖了几百家矿山企业、地勘单位、设计院和专业院校，境外授权用户包括智利、巴西、蒙古国及刚果（布）等的中资和外资企业。

## 1.1　功能特点

3DMine 矿业软件，按照国人操作习惯和思维方式，借鉴其他常用设计软件风格，易学易用，满足矿业科研、矿山设计、矿企工程技术人员的专业需求。与同类软件相比，3DMine 矿业软件具有如下功能特点。

（1）软件界面：采用国际流行设计元素，功能简捷、实用，操作方便、快捷，实现了二维与三维的完美结合，具有真彩效果和动态剖面等功能。在二维状态下，开发了丰富的右键功能，类似于 AutoCAD 的操作风格；在三维环境中，可快速灵活地完成浏览、编辑和设计等操作，实现二维和三维状态自由切换。

（2）支持选择集和图层管理：在二维环境中支持选择集或反向选择集，方便在图形系统中进行编辑和处理。还可以对不同文件、同一文件下不同的线条或实体进行分层管理，同时支持对面和实体模型的直接编辑操作，这是 3DMine 矿业软件的一个突出特点。

（3）数据兼容性：可直接读取 Surpac、Datamine、Micromine、AutoCAD、MapGIS 等软件的数据文件。还可双向兼容 Sufer、FLAC3D、ArcGIS 等常用的国外软件数据文件，与多款全站仪和三维激光扫描仪实现了数据连接。

（4）数据库结构：采用关系数据库设计模式，支持 SQL Server、Access、Oracle 等关系数据库产品，可进行数据的完整性检查，将数据的冗余降至最低；同时提供数据库管理器，支持表结构创建、数据录入、安全管理等。

（5）地质体实体建模：集成了多种先进的三角网建模算法，可结合控制线、分区线、平行剖面法和混合剖面法完成复杂矿体建模工作；具有隐式建模、层状地质体建模、可变椭球体搜索建模等高级建模功能。

（6）属性插值模型（块体模型）：采用八叉树技术对块体模型进行有效压缩，支持千万级块体属性空间插值；可对块体进行动态约束（实体内外、表面上下、线内外、块值约束），对任意实体（无须强制验证通过）都可进行估值约束、计算和报告。

（7）估值算法：既包含剖面法、纵投影法、多边形法、块段法等传统几何算法，又包含距离幂次反比法、普通克里格法、指示克里格法等基于块体模型及地质统计学的国际流行算法。

(8) 打印出图功能:具有独立绘图打印模块,也可以另存为 AutoCAD、MapGIS 等软件数据格式进行编辑绘图。

(9) 二次开发接口:支持 Python、VBA 语言二次开发。

# 1.2 工作界面及系统设置

3DMine 矿业软件的安装可分为 C++运行环境安装、软件锁驱动安装和软件主体安装等过程,根据安装向导指引即可完成各过程的安装。运行软件,首先看到的是用户界面,又称为人机界面,它可帮助用户完成一系列与计算机通信和对话的任务。3DMine 矿业软件具有简洁友好的界面风格,为用户提供了多种直观实用的菜单命令和丰富的工具图标,采用多窗口方式增强了用户与软件的互动性。

## 1.2.1 经典界面

运行 3DMine 矿业软件后,出现一个包含各种组件的窗口,主要包括菜单栏、工具栏、文件导航器、层浏览器、图形工作区、信息栏和状态栏等部分,其界面如图 1-1 所示。

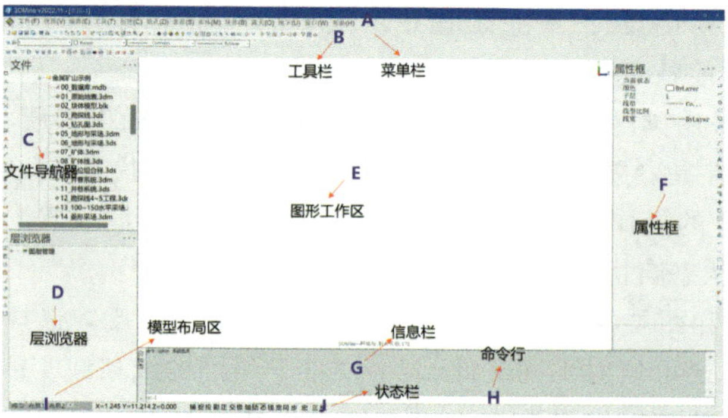


图 1-1　3DMine 矿业软件经典界面

图 1-1 中的字母分别代表:

A 菜单栏:类似于标准 Windows 程序,主菜单采取了广泛使用的下拉菜单形式,根据逻辑关系将同类应用功能放在一起,便于用户查找使用。

B 工具栏:位于菜单栏下方,通常将一些常用的命令以图形标志表示,用户只需要单击某个图标就可执行相应操作。工具栏的调用方式是在工具栏右侧空白区域单击鼠标右键,左键单击选择需要放于界面的工具图标。

C 文件导航器:用于显示当前电脑硬盘上所有的文件,并且可以将某文件夹设为当前工作目录,便于快速查找被保存文件。

D 层浏览器:用来显示当前载入图形工作区的线、实体和数据库等文件,可以对某个层设置显示或隐藏。

E 图形工作区:屏幕中央的空白区域,二维或三维绘图操作都在该区域完成。

F 属性框:显示图形工作区内图形的相关属性,如图层、线型、颜色等,可以点击某项属性进行编辑更改。

G 信息栏：位于图形工作区下方，显示操作运行的结果或者过程信息。

H 命令行：位于信息栏下方，可以输入各种快捷命令。

I 模型布局区：用户可以根据需要创建任意多个布局，实现打印预览效果。

J 状态栏：位于界面底部，用于显示当前光标坐标位置，可设置捕捉、投影、正交、动态等方式。

### 1.2.2　Ribbon 界面

软件除拥有经典界面，还可以设置成 Ribbon 界面。Ribbon 界面更加清晰简洁，常用功能命令按键集中组合，并可以定制调配。在经典界面的菜单栏或工具栏区域，点击鼠标右键，弹出界面自定义工具栏，选择切换到 Ribbon 界面，同理可快速切换至经典界面。另外，在【文件】→【系统设置】→【界面】→【界面风格】中也可进行界面选择。Ribbon 界面如图 1-2 所示。

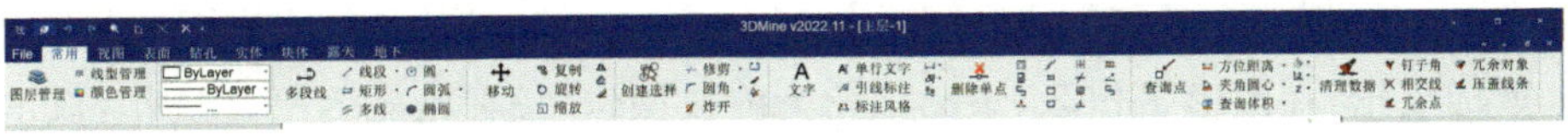

图 1-2　Ribbon 界面

### 1.2.3　系统设置

系统设置是 3DMine 矿业软件中默认的系统配置方案，包括颜色、图形、图层、数据处理、界面和其他等六个选项卡，用户可以根据需要自定义设置方案。在图形工作区中单击右键，在快捷菜单中同样可以找到【系统设置】命令。

利用颜色选项卡可对图形工作区的三维背景、临时标记、橡皮线、选择框、光标、捕捉标记等进行颜色设定，如图 1-3 所示。还可以按照使用者习惯利用【系统设置】对三维图形引擎、最大回撤次数、图层线文件风格、系统文字、角度计量单位、坡度表示方法等进行配置。

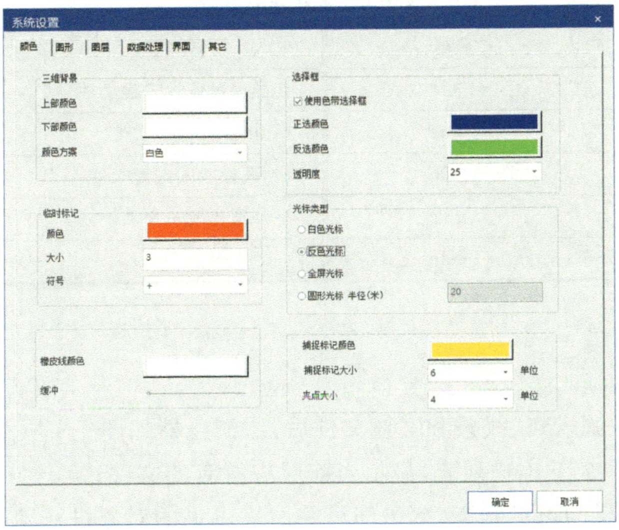


图 1-3　系统设置（颜色选项卡）

# 1.3 使用惯例

## 1.3.1 鼠标和键盘的使用

鼠标和键盘是计算机重要的输入设备，也是软件应用过程中基本的操作工具；软件依靠鼠标和键盘实现人机交互。灵活掌握鼠标和键盘的操作，可极大地提高工作效率。

(1) 鼠标左键：用于选中要打开的文件，按住左键将文件拖入图形工作窗中后松开，即可实现文件在图形工作窗中的查看和编辑功能；用于选择菜单栏或其对应的工具栏命令；三维状态下按住左键并拖动可实现对 3D 图形的旋转；二维状态下可用于选择点、线条和实体等对象。

(2) 鼠标右键：主要用于快捷菜单的选择。选择不同的功能，点击右键后可以弹出不同的快捷菜单。

(3) 鼠标滚轮：在图形工作区，滚动滚轮为缩放操作，按住滚轮为平移操作，双击滚轮为缩放到全部数据范围。

(4) 键盘操作：软件设置了若干快捷键，由键盘上的单个功能键或者几个字母组合组成。熟练使用快捷键可缩短用户查找菜单的时间，详细快捷键列表可参考【帮助】→【快捷键】列表。使用快捷键时，只要用鼠标点击信息栏，输入所需功能的字符代码，命令行即可显示该功能的中文描述，同时信息栏和状态栏也会根据输入的命令给出相应提示。

## 1.3.2 文件命名协定

文件的扩展名表示不同的文件类型，软件中每种文件用不同的图标表示。3DMine 矿业软件的文件类型如表 1-1 所示。

**表 1-1　文件命名协定**

| 文件类型 | 扩展名 | 文件类型 | 扩展名 |
|---|---|---|---|
| 线文件 | *.3ds | 变异函数统计工程文件 | *.var |
| 体文件 | *.3dm | 中深孔爆破文件 | *.rig |
| 块体模型文件 | *.blk | 钻孔柱状图配置文件 | *.glog |
| 约束文件 | *.zon | 项目发布文件 | *.3dp |
| 数据库文件 | *.mdb | | |

## 1.3.3 层浏览器

当图形工作区中调入点、线条和实体文件后，层浏览器如图 1-4 所示。

⊞表示将产生一个下拉式列表，显示当前层中所有的文件；

表示当前图层为可见状态，单击即可将原来可见的对象进行隐藏；

表示该层内点、线条被隐藏不可见，单击可使隐藏的点、线条再次显示；

表示实体模型层被隐藏不可见，单击可使隐藏的实体模型层再次显示。

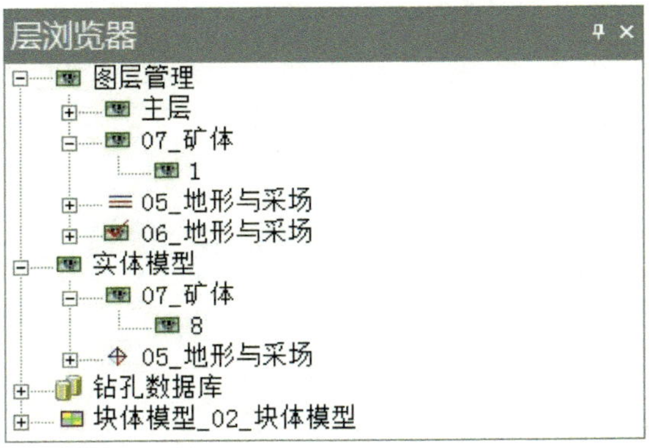


图 1-4　层浏览器

“图层管理”中的“主层”“07_矿体”“05_地形与采场”“06_地形与采场”等都叫作主层，其中“06_地形与采场”左边图标显示有一个对勾，表示该层为当前层，意味着在图形工作区新建立的元素均会位于该层。在某个主层处右键单击，在弹出的菜单中选择“设为当前层”即可把该层设为当前层。

### 1.3.4　二维/三维切换

3DMine 矿业软件在同一个图形工作区中可以随时转换二维和三维状态(右键)。二维表示平面状态，有 *XY*、*XZ*、*YZ* 三种描述形式。在二维状态下鼠标的光标形状为，代表进入选择状态，可以用鼠标选中对象。三维表示空间立体状态，在三维状态下，鼠标的光标形状是，代表调入图形工作窗中的对象可以旋转。

(1) 在二维状态中实现旋转的方法：用鼠标直接单击转动图形工作区右上角的三向坐标轴，即可实现对二维状态图形的旋转查看。

(2) 二维/三维切换方法：在图形工作区内点击右键，在快捷菜单中选择“切换到二/三维”选项，点击工具栏中的图标(代表二维)或(代表三维)进行切换。

# 第 2 章　文件与视图

## 2.1　文件管理

### 2.1.1　文件打开

打开存在于本机中已经建立的点、线、实体模型等文件时，文件类型可以是 3DMine 矿业软件格式或 3DMine 矿业软件能识别的外部软件文件类型，如 AutoCAD、Surpac、Datamine、Micromine 等软件格式。文件打开最简单的方式是找到文件进行双击打开，或者用鼠标将文件拖入图形工作区。

打开文件的另外几种方式：

命令：Open。

菜单：【文件】→【打开】。

快捷键：Ctrl+O。

工具栏：单击图标。

### 2.1.2　文件保存

将编辑好的点、线条、实体模型等数据及时保存是非常重要的操作过程。对于新建的文件进行【保存】或者【另存为】命令操作，都弹出"另存为"对话框，不同的是【另存为】命令中可以选择文件类型。也可以在二维状态下用鼠标框选图形工作区内的对象，用右键选择"保存选择集"的方式保存文件。在将已有的文件打开编辑后再次【保存】，会覆盖原有文件，这时要注意弹出的提示。注意，【保存】或者【另存为】命令对于钻孔数据库和块体模型等无效，只有将其转换为在图形工作区内可编辑的文件才能进行【保存】或者【另存为】命令操作，如图 2-1 所示。

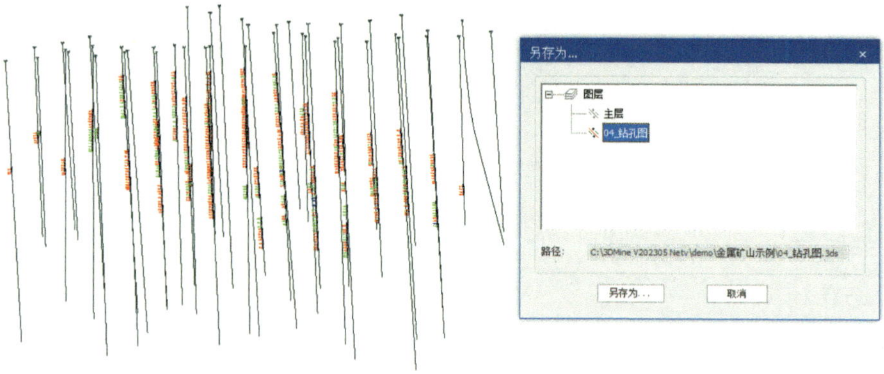


图 2-1　文件【另存为】操作示例

# 2.2　文件导入

3DMine 矿业软件能与多种软件格式兼容，选择【文件】→【文件导入】菜单可以导入文本数据、CASS 数据以及 Datamine、Surpac、MapGIS、AutoCAD、Micromine、Surfer 网格文件和ArcGIS 矢量文件等，如图 2-2 所示。本节着重讲解几种文件的导入方法。

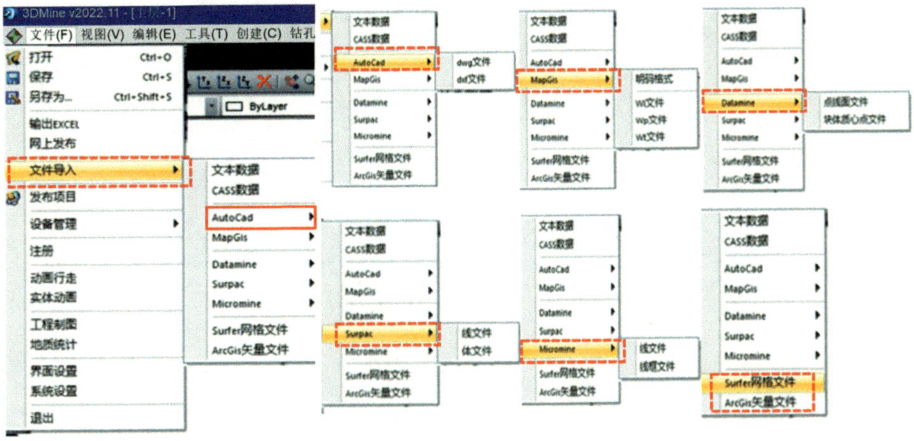


图 2-2　3DMine 矿业软件的【文件导入】功能

## 2.2.1　AutoCAD 文件

3DMine 矿业软件与 AutoCAD 软件之间有良好的双向兼容性，不仅可以兼容 AutoCAD 软件的图形数据，还可兼容线型、线宽、字体、图案、颜色等。

3DMine 矿业软件可以直接导入 AutoCAD 图形，在文件浏览窗口将 AutoCAD 文件双击或拖拽到图形工作区打开。对添加坐标标注（线性标注）的剖面图纸，打开图纸时，3DMine 矿业软件可以自动读取标注坐标值。另外，可以选择【文件】→【Dwg】→【导入 Dwg】打开 AutoCAD 软件的.dwg 和.dxf 格式文件，导入后的效果如图 2-3 所示。

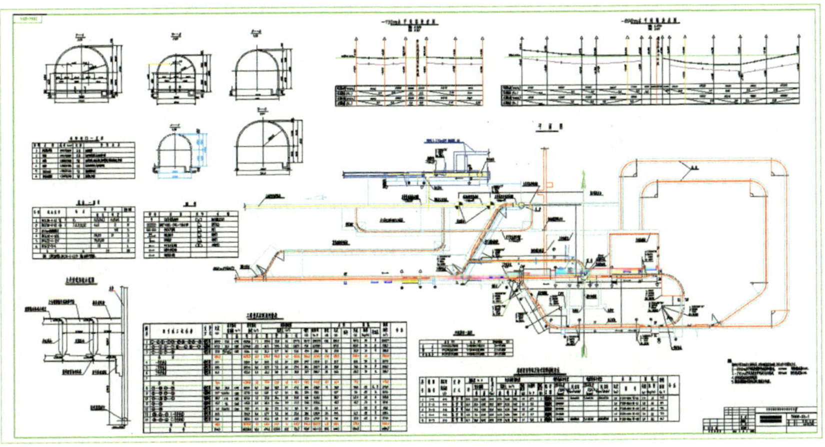

图 2-3　将井底车场 AutoCAD 文件导入 3DMine 矿业软件后的效果

将 3DMine 矿业软件的图形输出为 AutoCAD 软件格式，选择【文件】→【Dwg】→【输出到 AutoCAD】，对话框如图 2-4 所示。其中：以三维多段线输出会保留高程信息，以二维多段线输出则不会保留高程信息。

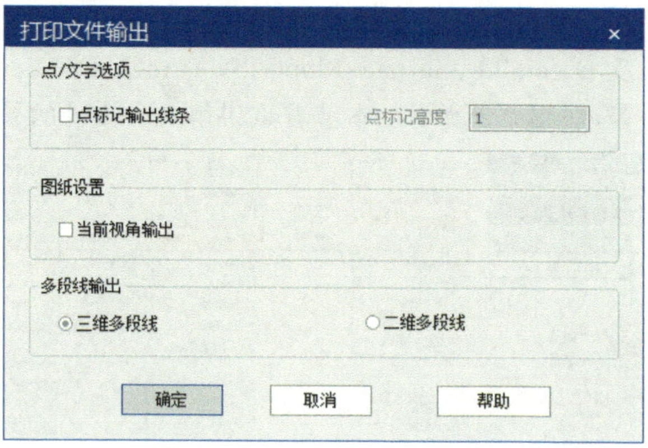


图 2-4　输出到 AutoCAD

### 2.2.2　MapGIS 文件

3DMine 矿业软件与 MapGIS 软件具有良好的兼容性，不仅包括点、线条、文字的兼容，还包括与 MapGIS 属性库的兼容等。

首先设置属性库文件路径，3DMine 矿业软件可以读取 MapGIS 软件的库文件，并且图形工作区的填充图案、子图等对象可按照库文件的设置进行配置。选择【文件】→【MapGIS】→【配置路径库】，弹出的对话框如图 2-5 所示。

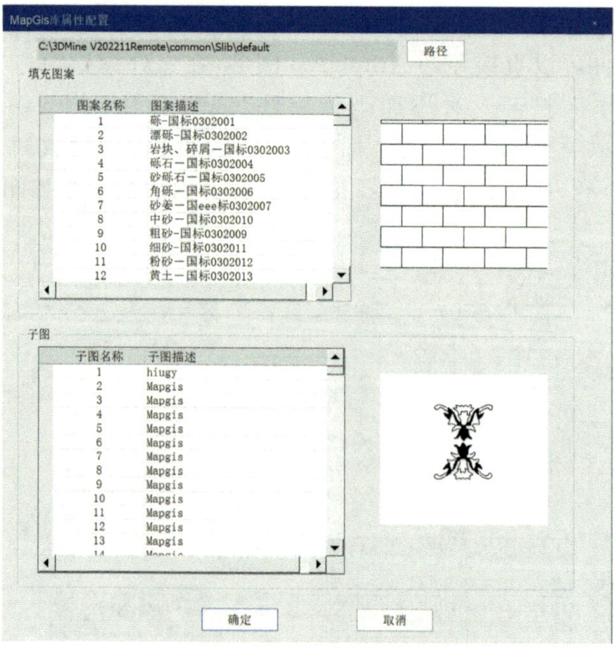


图 2-5　配置库路径设置

之后，选择【文件】→【MapGIS】→【打开】，打开 MapGIS 软件格式的二进制文件、明码文件、Tin 文件。可以选择【文件】→【MapGIS】→【保存】，将 3DMine 矿业软件的数据内容保存为 MapGIS 软件的 MPJ、wt、wl、wp 格式。

可以利用 3DMine 矿业软件自定义填充图案和子图，并保存到配置库文件中。选择【文件】→【MapGIS】→【自定义】→【图案】，图形工作区会出现一个红框，按照提示在红框里画自定义图形，如图 2-6 所示。

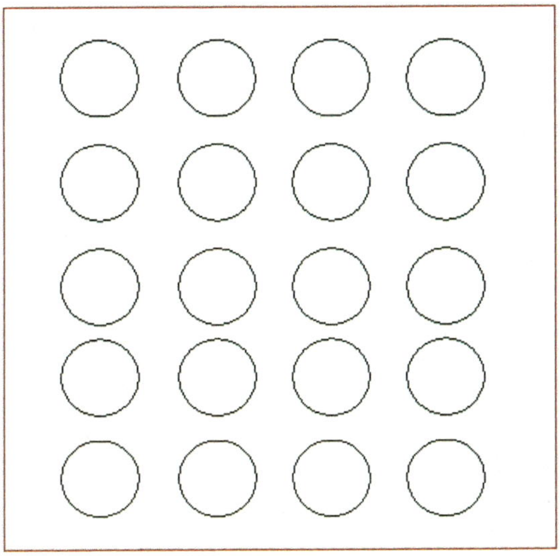

图 2-6　自定义图案效果示例

再次选择【文件】→【MapGIS】→【自定义】→【图案】，根据状态栏提示选择红框内对象，右键执行命令，弹出的对话框如图 2-7 所示，输入名称和描述，点击【确定】即可。

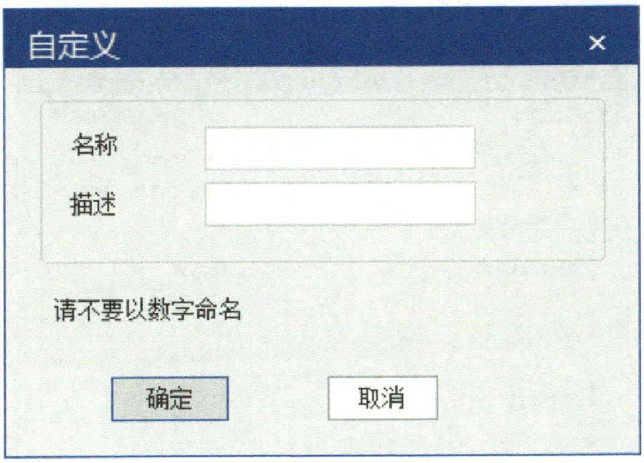


图 2-7　自定义图案命名

保存的自定义图案可通过【文件】→【MapGIS】→【配置库路径】查看，也可通过【创建】→【图案】→【填充区】查看。“自定义子图”与“自定义图案”操作类似，此处不再赘述。

### 2.2.3 文本文件

选择【文件】→【导入】→【文本】，将文本格式的坐标数据导入 3DMine 矿业软件。当文本数据导入时，须注意所选择的文本与 3DMine 矿业软件中 $X$、$Y$、$Z$ 坐标的对应关系以及文本所使用的分隔符。文本导入示例如图 2-8 所示。

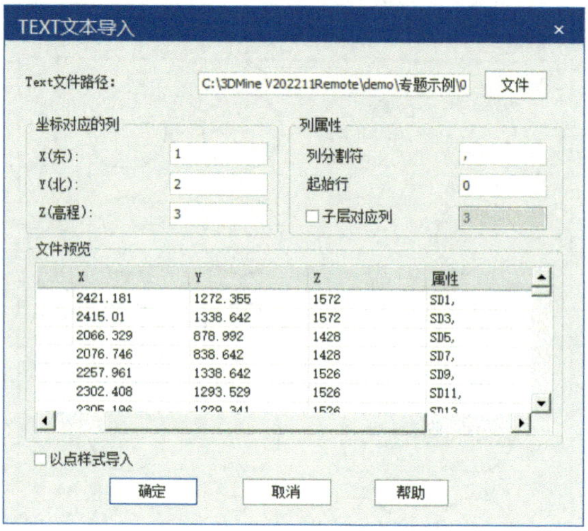


图 2-8　文本导入示例

### 2.2.4 CASS 文件

将南方 CASS 的.dat 格式测量文件导入 3DMine 矿业软件，分为两个步骤：

(1) 导入参数。选择【文件】→【导入】→【CASS 文件】→【导入参数】，弹出的对话框如图 2-9 所示。

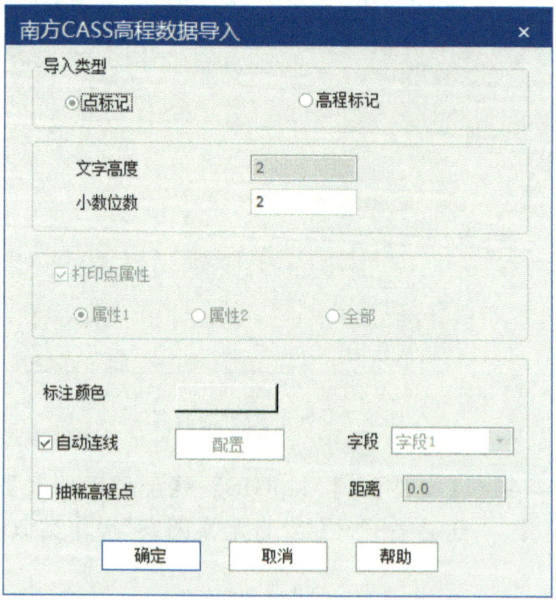


图 2-9　导入 CASS 文件时的参数设置

导入类型：当高程点被导入时，高程显示类型有点标记和高程标记两种方式。以高程标记方式导入高程点时，文字高度和小数位数、打印点属性、(文字)标注颜色、抽稀高程点等可以设置。以点标记方式导入高程点时，仅自动连线和抽稀高程点可以设置。

(2) 导入文件：选择【文件】→【导入】→【CASS 文件】→【导入文件】，将. dat 格式的测量文件导入 3DMine 矿业软件，如图 2-10 所示。

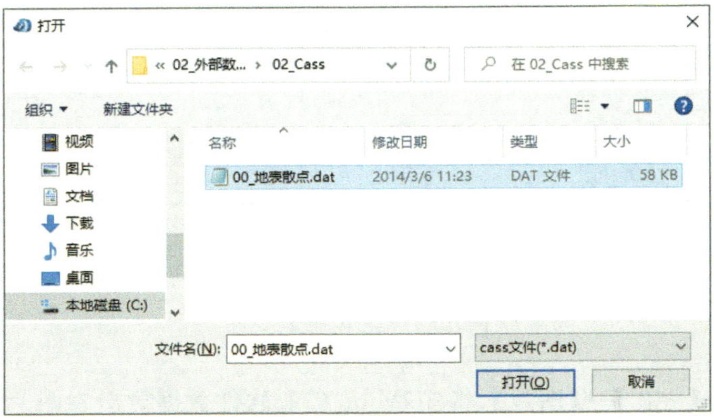


图 2-10　导入 CASS 文件

## 2.3　文件导出

文件导出功能不同于另存为功能，另存为可以将 3DMine 矿业软件的数据保存为兼容软件的格式，文件导出可以将 3DMine 矿业软件数据导出为 VRML、PDF、图片等格式以便发布数据。

选择【文件】→【导出】→【3D 模型】，如图 2-11 所示。

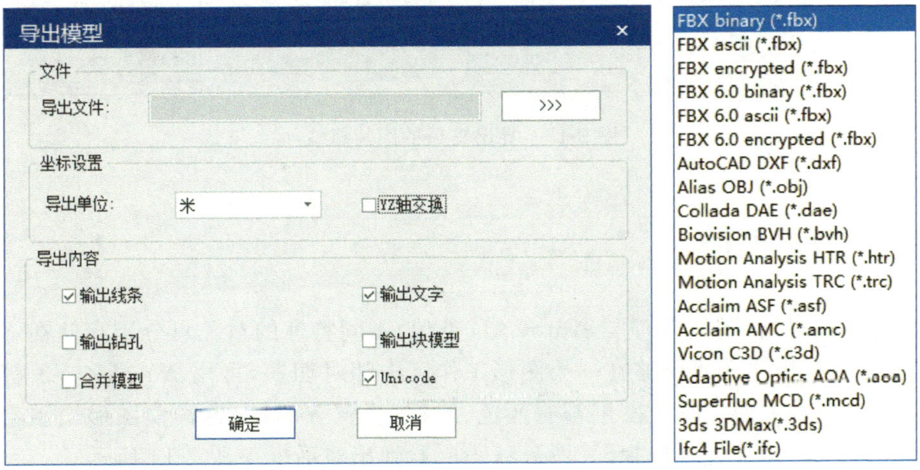


图 2-11　导出模型

选择【文件】→【导出】→【Vrml 文件】，将 3DMine 矿业软件数据导出为. wrl 格式文件,.wrl 文件是一种虚拟现实文本格式文件,也是 VRML(虚拟现实建模语言)场景模型文件的扩展名,可以用 VRML 浏览器打开。

选择【文件】→【导出】→【Pdf】,将 3DMine 矿业软件数据导出为矢量 PDF 格式文件;可以设置导出模型的分辨率,像素越高,导出的文件越清晰,如图 2-12 所示。

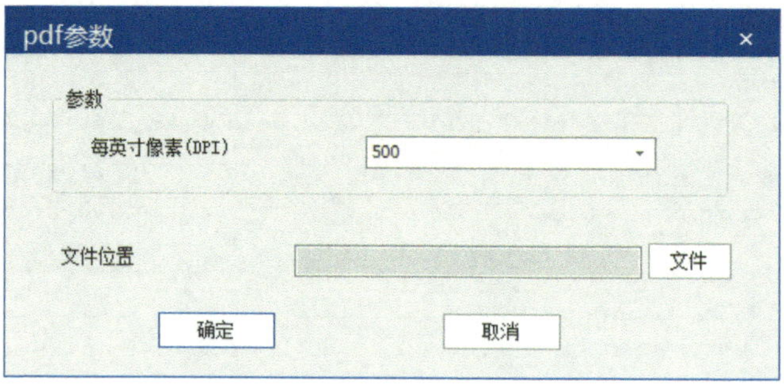


图 2-12 导出 PDF 文件

选择【文件】→【导出】→【图片】,将 3DMine 矿业软件数据导出为图片格式文件,支持多种图片格式导出,如图 2-13 所示。

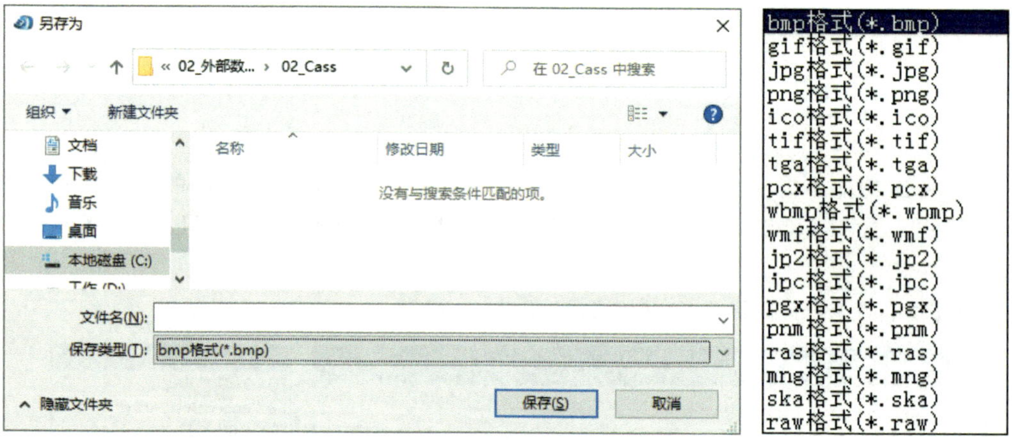


图 2-13 导出支持的图片格式

## 2.4 图层管理

3DMine 矿业软件图层管理与 AutoCAD 类似,不同特性的对象可分别存储在不同的图层,其二维和三维操作方式能够在一个图形工作区中随时切换,可用 *XY*、*XZ*、*YZ* 等多种视角变换全方位展示图形。每个图层都有颜色、线型、线宽等属性,这样使图形绘制起来更加方便、更加清晰、容易管理。选择【视图】→【图层】,弹出对话框如图 2-14 所示。

在层管理器中可以新建、删除图层,双击相应位置会弹出修改对话框,可以对图层的名称、颜色、线型、线宽等进行修改。注意:其中默认 1 图层的名字是无法更改的。

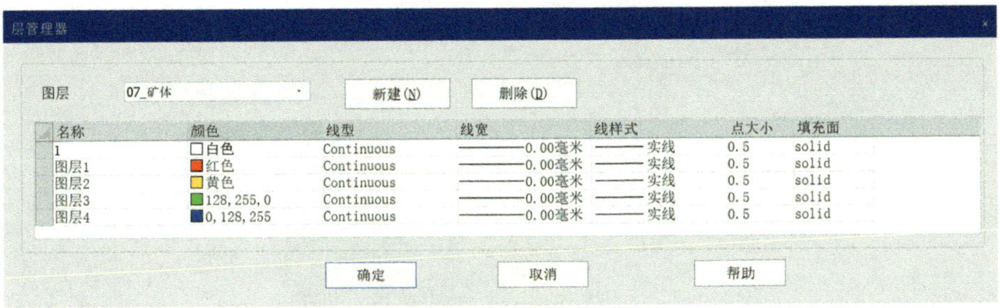


图 2-14　层管理器

## 2.5　空间坐标网格

3DMine 矿业软件视图菜单中的“坐标网格”分为二维网格和三维网格，它们是动态显示的，不能被选中编辑或打印。二维视角(仅限 $XY$、$XZ$、$YZ$ 平面)下，由两组平行且具有一定步距的直线组成正交网格。三维视角平面下，由三组($X$、$Y$、$Z$)平行且具有设定步距的直线组成正交网格。显示“坐标网格”，可以直观看出点、线条、实体等图元之间的相对位置、距离，在切割剖面、外推矿体等操作中起关键作用。注意：显示二维坐标网格之前，应先将图形文件调整到正平面下或者剖面状态下，否则信息栏将出现提示“在当前视口下不能显示 2 维网格”。

选择【视图】→【坐标网格】→【二维网格】，弹出对话框，如图 2-15 所示。

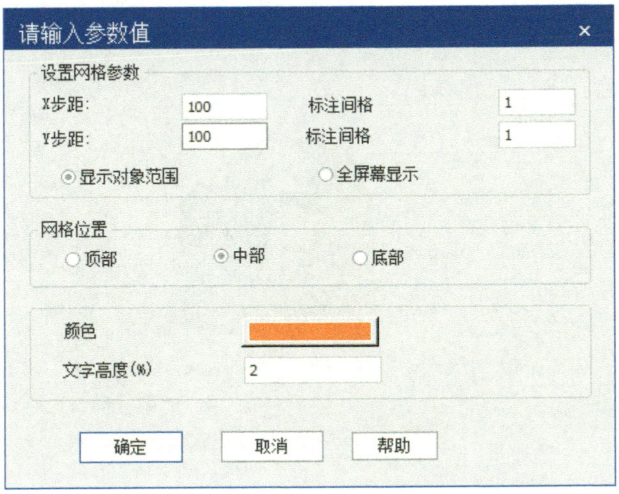


图 2-15　二维网格设置

$X$、$Y$ 步距：$X$、$Y$ 方向上每个方格的长度。标注间格：指 $X$、$Y$ 方向上标注的数字间隔多少个方格显示，方格的大小与设置的步距有关。显示对象范围：指二维网格显示的范围只能覆盖图形窗口内的图形文件。全屏幕显示：指二维网格在整个图形窗口显示。网格位置：网格相对图形文件的位置，分为顶部、中部和底部。颜色：网格的显示颜色，点击颜色条可更改成其他颜色。文字高度：标注的字体的大小(输入数值应在 1～10 之间)。二维网格显示效果示例如图 2-16 所示。

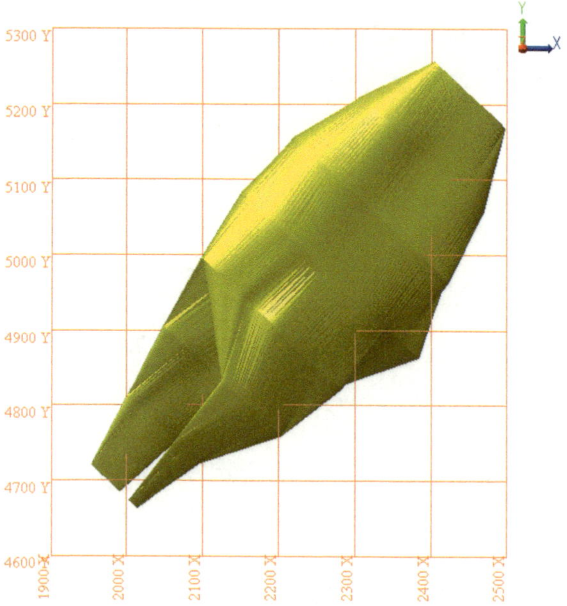


图 2-16　二维网格显示效果示例

若要取消坐标网格则再次执行该命令即可。显示三维网格的操作步骤类似于二维网格，不同的是运行命令前不用设置视角，任意三维方向均可显示网格。三维网格显示效果示例如图 2-17 所示。

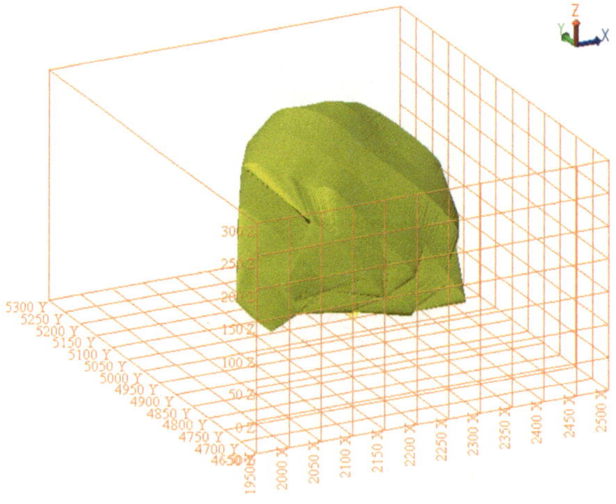


图 2-17　三维网格显示效果示例

## 2.6　查　　询

“查询”菜单是辅助用户进行各项设计操作必不可少的功能。对于用户选择的图形工作区内点、线、实体等图元，计算出相关信息，如坐标、长度、面积、方位等参数，帮助用户实现精确测量与设计操作。

### 2.6.1　查询点坐标

【查询点】命令用来查询任意点的属性，比如点坐标、点号以及该点所处的线段长度、闭合线面积、层信息等。

选择【视图】→【查询】→【查询点】，在状态栏右边出现提示“请选择点来查询…”；对需要查询的点左键单击，这时在信息栏中即可查看该点属性（图 2-18），信息包括点的坐标、点号、子层名、点所在的图层以及点所在线段的二维长度、三维长度、平面面积等。查询完一次后，可以继续选择点进行连续查询，直到点击右键或按【Esc】退出查询。

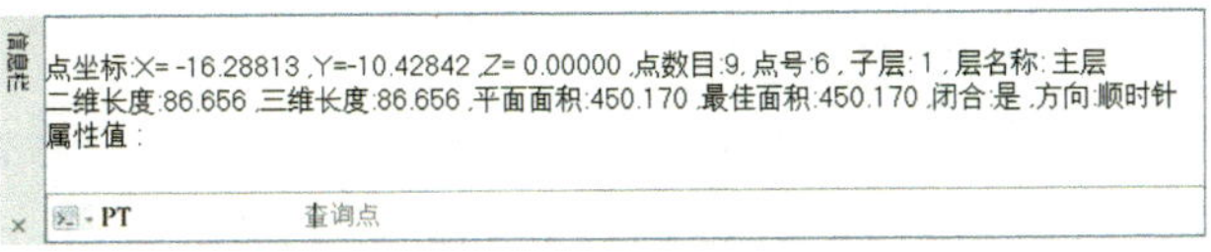


图 2-18　查询点提示信息示例

### 2.6.2　查询方位距离

【查询方位距离】功能用于查询任意两点的三维坐标及这两点之间的水平距离、垂直距离、三维距离、方位角和倾角等。

选择【视图】→【查询】→【方位距离】，在状态栏右边将出现提示“请选择第一个点…”；左键选择第一个点后，在状态栏右边将出现提示“请选择第二个点…”，拖动鼠标，在橡皮线上将实时显示拖动的距离；左键选择第二个点（程序将自动选择距离点击位置较近的点，并显示蓝色框作为选择标记，方便用户查看是否选择了正确的点），在信息栏中即可显示两点的水平距离、三维距离、方位角、倾角和坡度等属性，如图 2-19 所示。查询完一次后，可以继续选择两点进行连续查询，直到点击右键或按【Esc】退出查询。

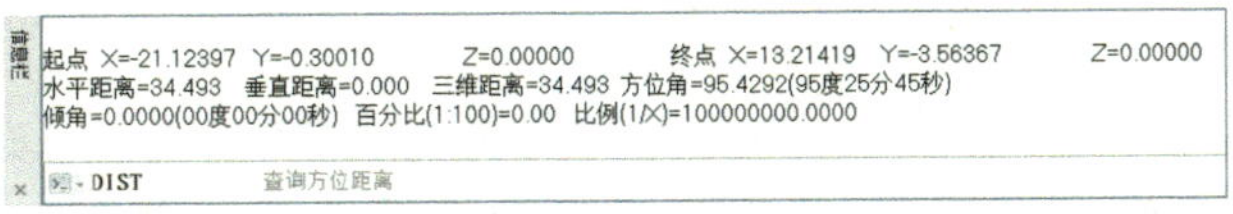


图 2-19　显示方位距离示例

### 2.6.3　查询面积

【查询面积】指通过绘制多边形，实时动态查询三角网的面积、周长等。

选择【视图】→【查询】→【查询面积】，在界面状态栏处将出现提示“绘制多边形，按右键开始计算面积…”。在图形工作区选择两点后，拖动鼠标产生一个动态面，可以连续选择多个点，点击鼠标右键后确定闭合线的终点，同时弹出对话框，显示动态面包含的面积、周长和三维匹配面积等，信息栏中也会显示同样的计算结果。这里的面积指的是投影到 *XY* 平面的面积，三维匹配面积是指多边形的点不在同一个平面上时，选择接近多边形的平面进行投影计算的面积，如图 2-20 所示。

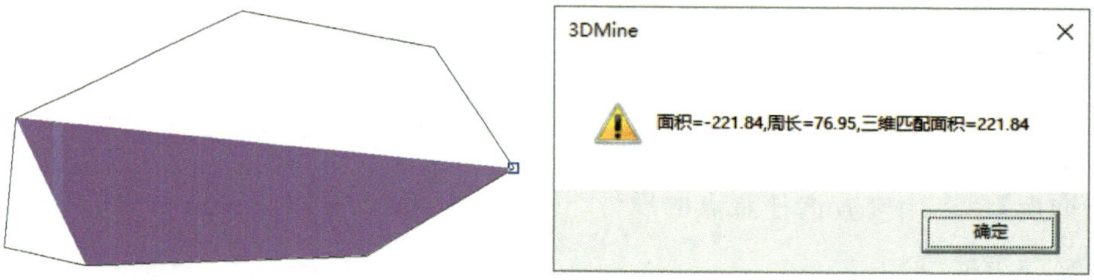


图 2-20　动态查询面积示例

### 2.6.4　查询两线夹角

【两线夹角】指通过选择两个线段，计算其所夹的角度。

选择【视图】→【查询】→【两线夹角】，依次选择两根线条后，被选择的线条以红色虚线高亮显示，同时在两线夹角处随鼠标拖动，出现一个角度值，再单击鼠标左键，图形工作区的角度值消失，信息栏会显示刚才查询的结果，如图 2-21 所示。

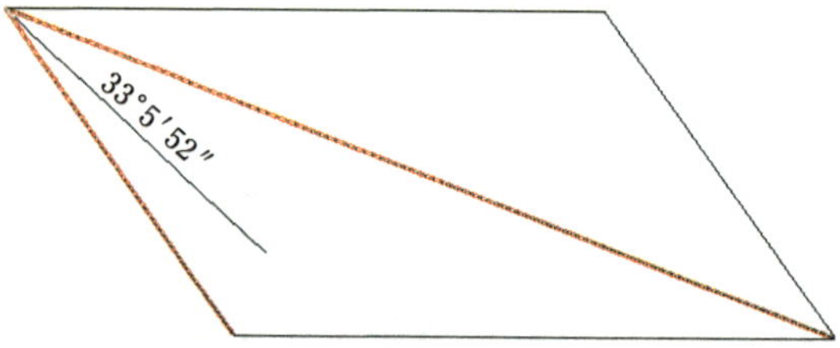


图 2-21　查询两线夹角示例

### 2.6.5　查询三点夹角

【三点夹角】功能可用于查询由三个点形成的两条线段所夹的水平角度和三维角度（小于 180°）。

如图 2-22 所示，查询点 1、点 2、点 3 之间的角度。选择【视图】→【查询】→【三点夹角】，在状态栏将出现提示“请选择第一个点…”。左键选择点 1 后，按照状态栏的提示依次左键选择点 2 和点 3，则三个点被标记，同时在交点位置出现角度值，随鼠标的拖动而移动，再单击一下鼠标，角度值消失，同时信息栏会显示这三点连线所夹的角度。

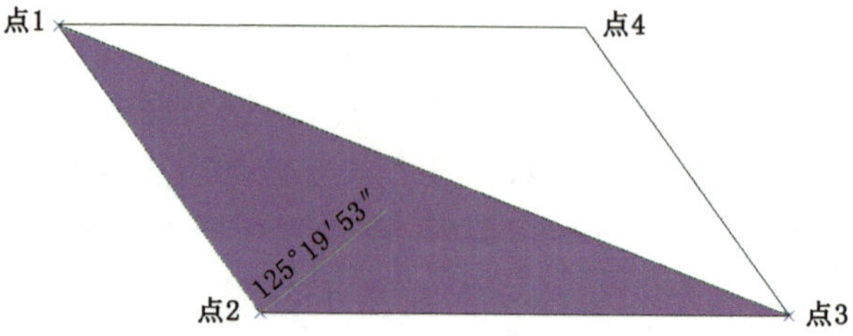


图 2-22　查询三点夹角示例

### 2.6.6　查询最短距离

【最短距离】功能包括点到线、线到线、点到三角网、线到三角网和三角网之间的距离查询。查询结果将在信息栏显示，并且在图形窗口显示短距离的轨迹。

选择【视图】→【查询】→【最短距离】，弹出对话框，如图 2-23 所示。选择查询方式后，根据状态栏提示进行操作。

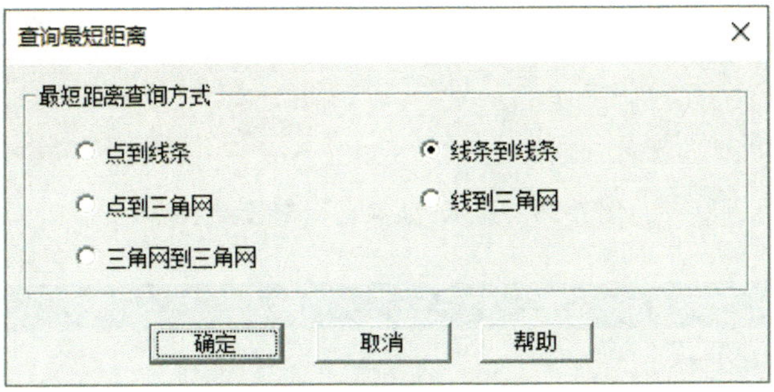


图 2-23　查询最短距离

## 2.7　显示点和属性库

【点和属性库】功能包括显示/隐藏线点标记和显示/隐藏描述文字。

线点标记表示点的记号，用户可以在系统设置里自定义点标记形状，默认是“十”字形。描述文字即属性库中的坐标、点号和属性值(如品位、体重)等辅助信息，不同属性之间用半角逗号“,”分开，这些辅助信息有助于用户了解和快速查找目标点线。图形工作区内有某地形等高线文件(图 2-24)，选择【视图】→【点和属性库】→【显示线点标记】，弹出对话框如图 2-25 所示。

图 2-24　地形等高线

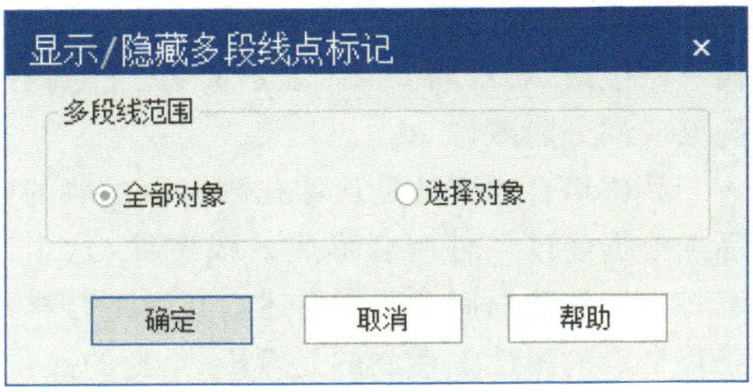


图 2-25　显示/隐藏线点标记

全部对象：显示全部线条的点标记。显示效果如图 2-26 所示。

选择对象：用鼠标点选或者框选部分线条显示点标记。

【隐藏线点标记】可以将显示的标记点隐藏。

在图形工作区调入“品位组合样.3ds”文件，选择【视图】→【点和属性库】→【显示描述文字】，将弹出如图 2-27 所示的对话框。

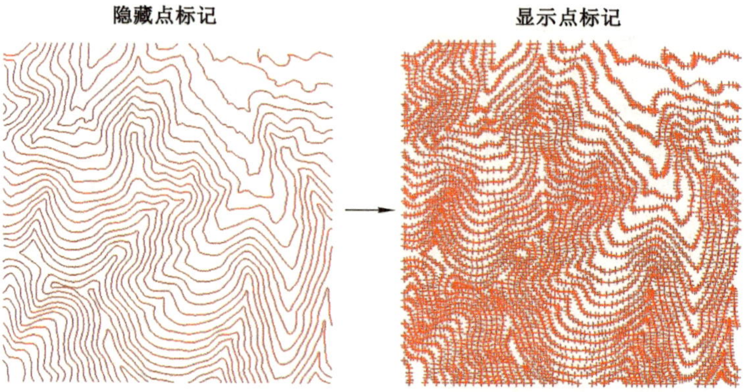


图 2-26 显示/隐藏点标记效果示例

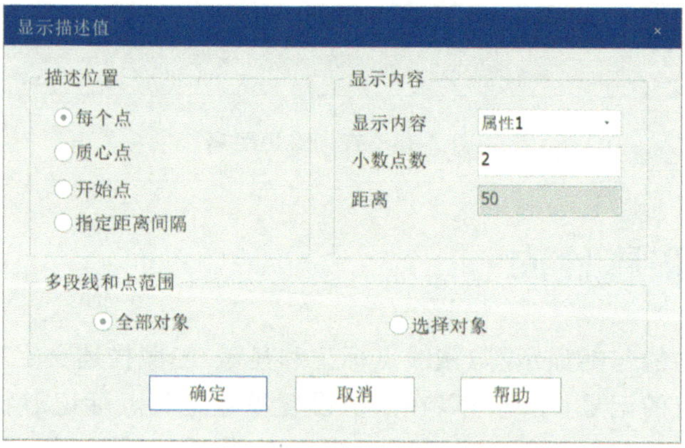


图 2-27 显示描述文字

描述位置：显示描述值时文字所在位置，包括每个点、质心点、开始点和指定距离间隔。显示内容：显示线号/体号、点号、全部属性、$X$ 值、$Y$ 值、$Z$ 值等。小数点数：当选择显示 $X$、$Y$、$Z$ 值时，小数点数一栏生效，表示保留几位小数。距离：当选择显示指定距离间隔时，距离一栏生效，表示隔多少米显示文字。【隐藏描述文字】类似于【隐藏线点标记】，可选择全部隐藏或部分隐藏。

品位组合样文件是从钻孔数据中提取的样品点数据经过条件组合形成的线文件（这个过程将在钻孔数据库章节中讲述），其中组合样线条每个点的属性 1 存放的是 TFe 元素的品位，若想要品位信息被显示出来，就要用到【显示描述文字】功能。选择描述位置为“每个点”，显示内容为“属性 1”，显示范围可以自定义全部或部分。另外，为了更好地展示效果，可将点标记显示出来，某钻孔品位组合样显示效果如图 2-28 所示。

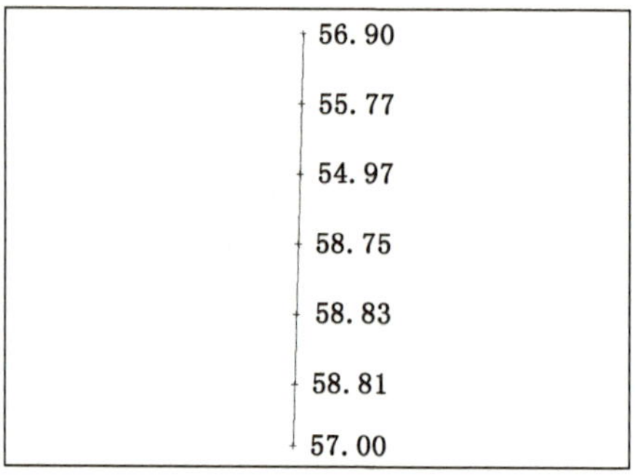


图 2-28 某钻孔品位组合样显示效果

## 2.8　实体渲染

【实体渲染】包含对实体和实体三角网的显示/隐藏，对实体进行 Gourand 渲染，使实体的颜色更加细腻；还可根据不同属性字段对实体着色，用多种颜色表现实体特征；对实体进行光照处理，使实体呈现透明状态。下面重点介绍常用的带颜色显示实体功能。

将“专题示例/03_表面模型/01_生成 DTM 面/04_地形图.3dm”文件调入图形工作区，选择【视图】→【实体渲染】→【带颜色显示实体】，弹出的对话框如图 2-29 所示。

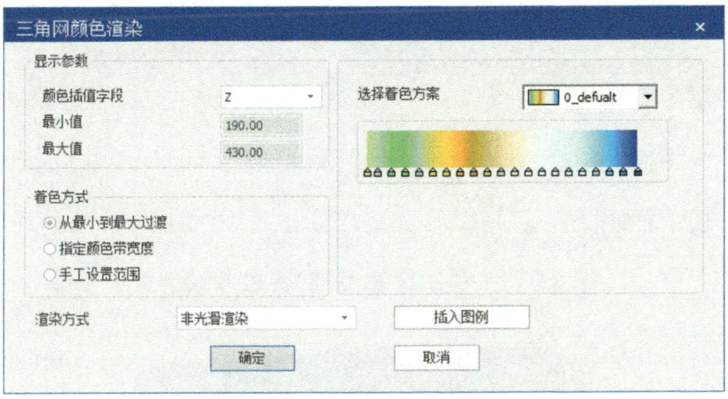


图 2-29　三角网颜色渲染

(1) 颜色插值字段：根据实体的属性值或 $X$、$Y$、$Z$ 值进行着色。比如，选择 $Z$ 坐标字段则将按照不同的高程值范围显示不同的颜色。根据选择插值字段的不同，最大值和最小值由软件自动判断。

(2) 选择着色方案：从下拉列表中选择系统配置好的方案。

(3) 渲染方式：分为光滑渲染、非光滑渲染、按色带分离三角网。不同渲染方式渲染效果对比，如图 2-30 所示。其中，按色带分离三角网的渲染方式显示效果与非光滑渲染相同，区别是这种方式可将渲染后的表面模型保存并打印输出。

(a) 光滑过渡　　(b) 非光滑过渡

图 2-30　光滑过渡和非光滑过渡效果示例

(4) 着色方式有 3 种。从最小到最大过渡:根据字段显示颜色,且选择的颜色值将会在实体上平均分配。指定颜色带宽度:设置一个基准标高,根据色带宽度和颜色带在实体上分别显示不同的颜色。手工设置范围:此项功能可以自定义插值字段的步距和颜色显示,点选"手工设置范围"后,右侧显示需要的条带数及各个颜色对应的插值字段分段范围。"手工设置范围"着色方式设置如图 2-31 所示,显示效果如图 2-32 所示。

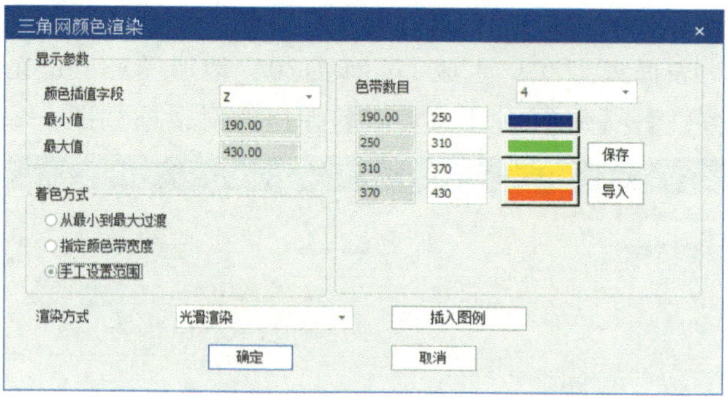


图 2-31 "手工设置范围"着色方式设置

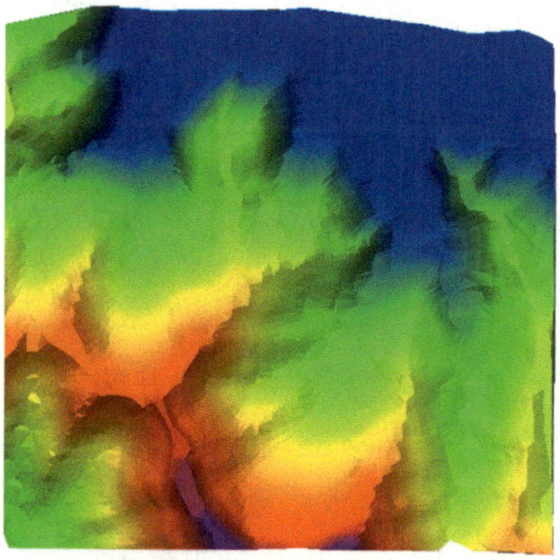

图 2-32 多种颜色光滑渲染效果示例

(5) 插入图例:将着色方案的图例显示在图形工作区。在图形工作区内显示的图例上点击右键弹出快捷菜单,用于对图例的修改。修改参数:可以根据实际需要对图例的大小以及显示比例进行设置和修改,如图 2-33 所示。编辑内容:可为图例添加标题,对图例的颜色、填充图案以及描述等进行设置和修改。

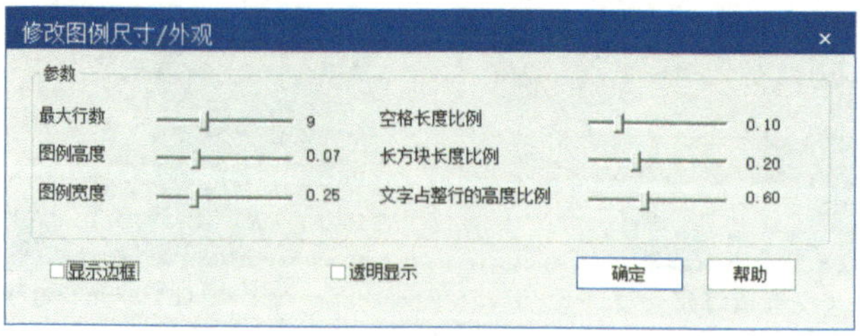


图 2-33 修改图例参数

## 2.9　状　态　栏

状态栏位于软件界面最下方，可显示当前光标位置的动态坐标，随光标的移动而变化。双击该区域，弹出“坐标指示器”对话框，如图 2-34 所示，勾选锁定到平面后，输入数值可锁定 $X$、$Y$、$Z$ 值。

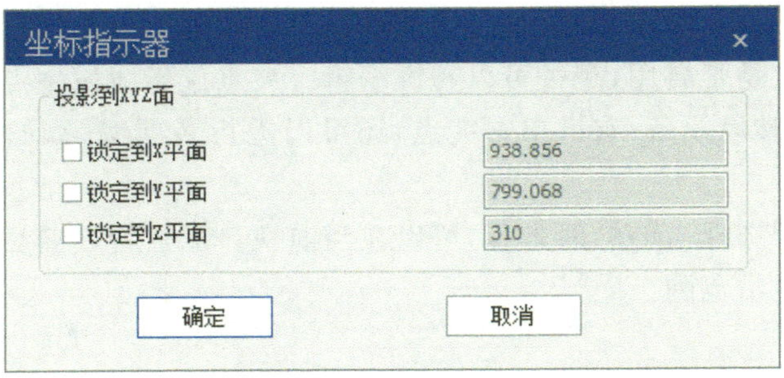


图 2-34　坐标指示器

坐标显示窗口的右侧是状态参数设置区域。捕捉：点击捕捉按钮，打开捕捉状态，再次点击，关闭捕捉状态。投影：默认将所绘制的点、线等图形投影到 $XY$ 平面，将显示一个灰色平面以表示投影的面。正交：可以将光标限制在水平或垂直方向上移动，以便精确地创建和修改对象。极轴：在图形工作区绘制线条时显示极轴线，极轴的增量角在“捕捉参数”一栏中设置。动态：可以在移动和绘制多段线时动态显示线长、坐标、夹角等信息。线宽：显示线宽信息。同步：打开同步状态，当改变连接三角网的线条时，三角网随线同步变化。宏：用于开启和关闭录制宏状态。三维：单击或双击后会显示切割剖面的对话框，切割剖面后显示“剖面”状态。命令提示：命令执行时，显示当前命令状态，提示操作步骤。在状态栏处单击右键，选择【设置】，弹出【状态设置】对话框，如图 2-35 所示。

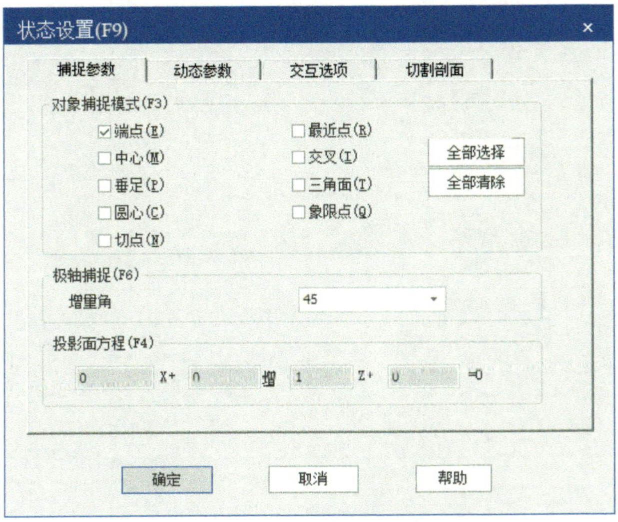


图 2-35　状态设置

对话框有 4 个选项卡，分别是捕捉参数、动态参数、交互选项和切割剖面。

“捕捉参数”包括多种捕捉的模式，勾选相应复选框后，在二维编辑时就能捕捉到指定位置。另外，还可以设置极轴增量角度，表示在平面上进行绘制时，移动鼠标极轴将间隔多少度显示。

“动态参数”表示在设置移动多段线夹点时，是否显示坐标、面积、线长、拖拽距离、显示文字大小等参数。

“交互选项”用于设置对象可选性，打钩表示在二维状态下单击或框选对象能够被选中；还可设置多段线夹点是否启用，是否可以右键编辑。夹点位于线段中点的位置，单击鼠标左键按住它，能够移动整段线条；右键单击夹点，还可以进行多项编辑，如加点、打断、圆弧、移除等。

“切割剖面”用于选择当前的面方程，可以在当前视口下查看之前切割的剖面，并可以调整面前面后的默认显示范围。

# 第 3 章　编辑与创建

## 3.1 复　　制

3DMine 矿业软件充分考虑图元的属性，在复制图元时，将复制命令拆分为剪切、复制对象、复制线坐标、复制属性库等操作。

【复制】/【剪切】命令是将选中的图形元素及其属性复制到剪贴板上进行缓存，再选择其他位置粘贴。

【带基点复制】功能先指定图形基点后，再选中图形，将图形和基点一起复制到剪贴板上，然后利用粘贴功能将图形粘贴到图形工作区，粘贴时需确定好基点位置。

【复制线坐标】功能可以将当前图形工作区的线坐标复制到剪贴板上，然后从剪贴板粘贴到 Excel、Word、AutoCAD 等软件中。

【复制属性库】功能可将当前图形工作区内点线对象的属性复制到剪贴板上，然后从剪贴板粘贴到 Excel、Word、AutoCAD 等软件中。

## 3.2 粘　　贴

【粘贴】命令用于将复制到剪贴板的图形、线坐标、属性等内容粘贴到图形工作区、Excel、AutoCAD 中。此外，还可以将 Excel 表格中的数据粘贴到图形工作区，方便出图打印。

选择【编辑】→【粘贴】→【粘贴到原坐标】，将复制到剪贴板的点、线、实体等图元，粘贴在原坐标位置。

【粘贴线坐标】从 Excel 中复制点线的坐标信息，选择【编辑】→【粘贴】→【粘贴线坐标】，然后粘贴到 3DMine 矿业软件图形工作区；或者从 AutoCAD 中复制线段等图元，通过该命令将图元粘贴到 3DMine 矿业软件图形工作区。

在 Excel 中选定一组数据后，选择【编辑】→【粘贴】→【粘贴 Excel 表格】，状态栏提示插入 Excel 表格，在图形工作区单击鼠标左键，相当于找到一个插入点，Excel 表格就显示在图形工作区界面上，这个表格中的文字和边界线条都可以编辑，方便工程图打印。

## 3.3 选择对象

对象选择的灵活性和准确性对软件的可操作性至关重要，选择子菜单包含快速选择、全部选择、反向选择、选择类似、创建选择、多段线选择和多边形选择等。

### 3.3.1 快速选择

【快速选择】命令能对所要选择的对象进行条件筛选，通过确定选择范围、对象类型，利用运算符等限定选择的对象。选择【编辑】→【选择】→【快速选择】，弹出对话框如图 3-1 所示。

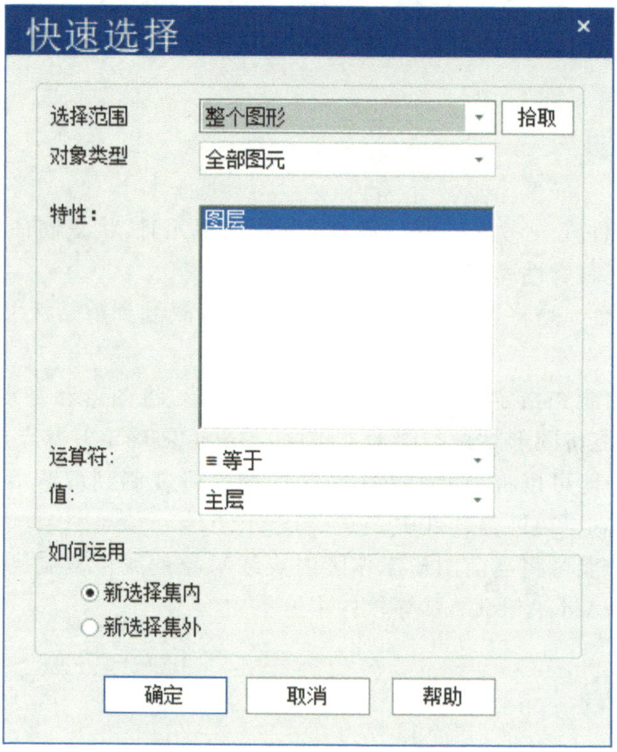


图 3-1 “快速选择”对话框

选择范围：可以是整个图形或者通过【拾取】按钮在图形工作区选择部分对象。对象类型：包括多段线、三角网、全部图元等内容。特性：根据选择的对象类型显示相应特征，比如对象类型为多段线，则特征值包含线号、面积、长度、坐标等参数；如果对象类型是三角网，则特征值为体号、三角片数、体积等参数。运算符：用于对选择的特征值进行运算，下拉列表中包含等于、不等于、大于、小于等逻辑运算符。值：设定要筛选对象的值。新选择集内：该操作所选择的对象是满足设定的逻辑条件的。新选择集外：该操作所选择的对象是不满足设定的逻辑条件的。

### 3.3.2 其他选择

【全部选择】命令用于快速选择图形工作区内的所有图元对象。选择【编辑】→【选择】→【全部选择】。

【反向选择】命令用于对图形工作区内的图元对象做相反的选择操作，即选择没有选中的对象，【编辑】→【选择】→【反向选择】，效果如图 3-2 所示。

【选择类似】命令可用于选择与当前选中的图元属性类似的图形。如先选中某属性图元

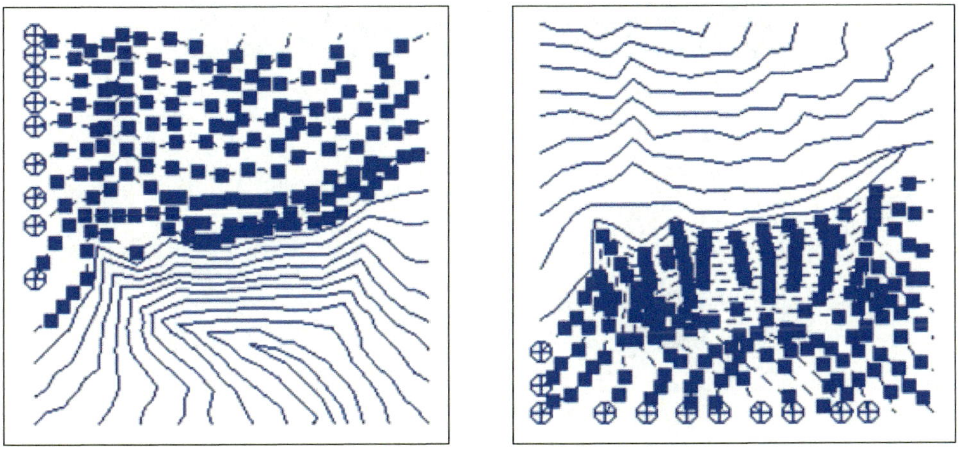

(a)　　(b)

图 3-2　反向选择效果示例

中的一个，然后执行【编辑】→【选择】→【选择类似】，会将图形工作区内同一属性的图元全部选中。

【多段线选择】是在图形工作区绘制多段线，与多段线相交的图元都会被选中。

【多边形选择】是在图形工作区绘制多边形，多边形以红色区域显示，与多边形相交或在多边形内的图元都会被选中。

## 3.4　编　　辑

### 3.4.1　删除

当图形工作区中的一些点、线、实体等图元不再需要时，可以用【删除】命令将这些图元去掉。选择【编辑】→【删除】。操作时，如果先将图元选中，再选择该命令，则只删除选中的图元。如果先选择了命令，则状态栏提示可以框选或者点选需要删除的对象，点击鼠标右键后执行删除命令。

### 3.4.2　移动

选择【编辑】→【移动】，状态栏提示“请拉动框或点选对象，按右键执行…”，选择要移动的对象后，单击鼠标右键。此时用户可以在图形工作区按鼠标左键选择任意一点，该点即基点。

鼠标将从该点拉出一条线，鼠标相对基点移动的距离和方位即对象相对原来位置移动的距离和方位。当对象移动到用户指定位置时，单击鼠标左键即可完成对象的移动。若单击鼠标右键则会出现快捷菜单，选择【确认参数】可以精确地控制线条移动的坐标，也可以控制移动的距离、方位角、倾角，如图 3-3 所示。【复制选择】操作与此类似，不再赘述。

### 3.4.3　旋转

【旋转】命令用于将图形工作区内的对象旋转到合适角度。选择【编辑】→【旋转】，选中

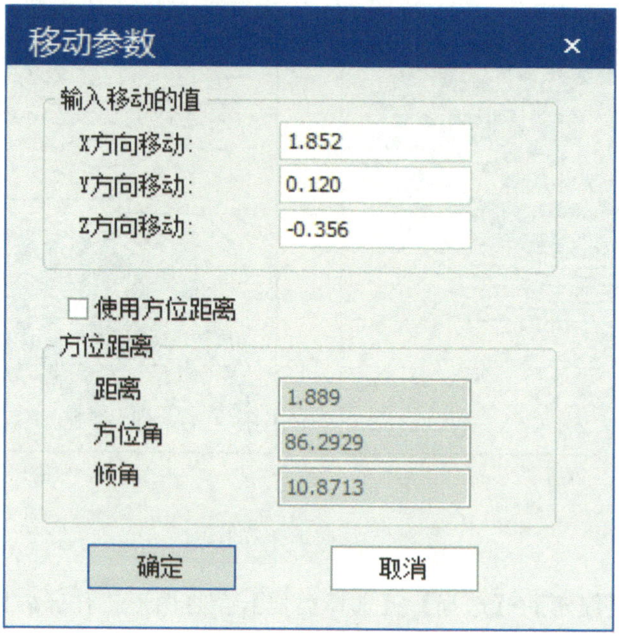


图 3-3　移动参数设置

要旋转的图形,点击鼠标右键结束选择,根据状态栏提示在图形工作区确定一个基点,围绕基点旋转图形,单击右键快捷菜单,可以设置参照对象和旋转参数,如图 3-4 所示。

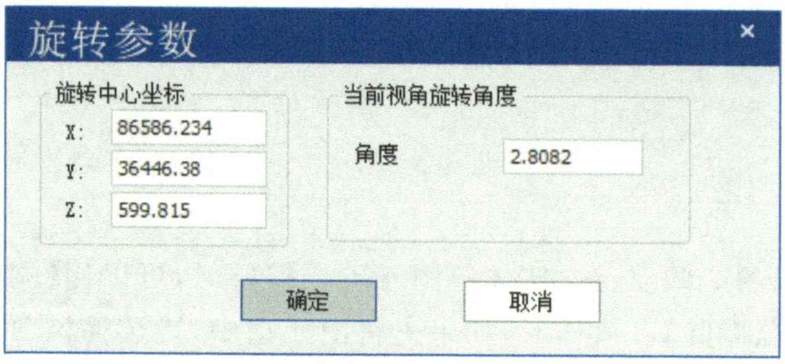


图 3-4　旋转参数设置

### 3.4.4　缩放

【缩放】命令用于使图像按比例缩小或放大。选择【编辑】→【缩放】,类似于旋转、移动,都是要确定一个基点来操作图形,鼠标将从基点位置拉出一条线,线的长短与对象缩放比例成正比,如图 3-5 所示。

### 3.4.5　镜像

【镜像】命令用于生成原图形关于镜像轴的对称图形。选择【编辑】→【镜像】,操作步骤与旋转类似,需要在图形工作区确定一个基点,并且用鼠标拉出一条线作为镜像轴,将图形旋转对称,效果如图 3-6 所示。

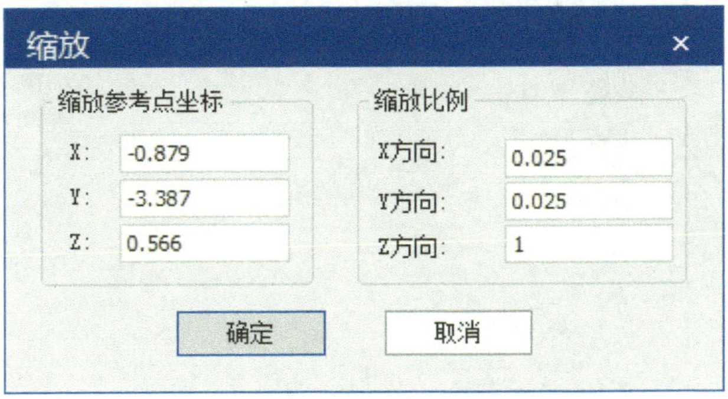


图 3-5　缩放参数设置

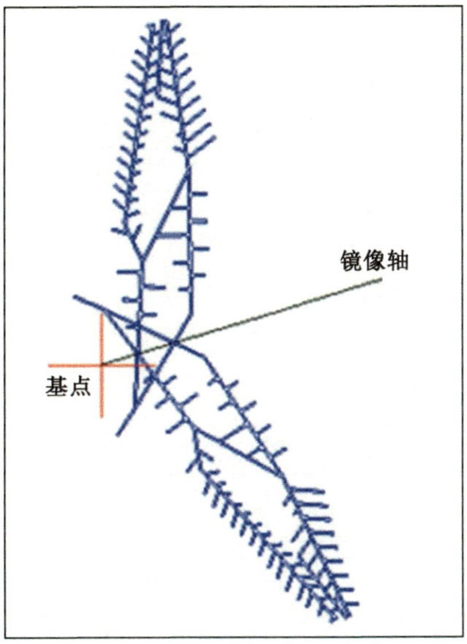


图 3-6　镜像效果示例

### 3.4.6　偏移

【偏移】命令可按照设定的距离及高差扩展线条，特别适用于闭合多段线。选择【编辑】→【偏移】，将弹出一个对话框，如图 3-7 所示。

输入需要偏移的距离、高差（正负值代表向上或者向下偏移）和数目后，选择需要偏移的线条，然后选择偏移方向即可完成对象的偏移，点击右键结束该命令。闭合线偏移效果示例如图 3-8 所示。

### 3.4.7　裁剪

【裁剪】命令是将线条以与其相交的线为边界进行删除的操作。

选择【编辑】→【裁剪】，状态栏提示“请选择参考裁剪对象，按鼠标右键结束选择”，提示用户选择参考裁剪对象（可以一次选择多根线条），如图 3-9 所示，选择参考裁剪对象线条（红色线条），点击鼠标右键结束。

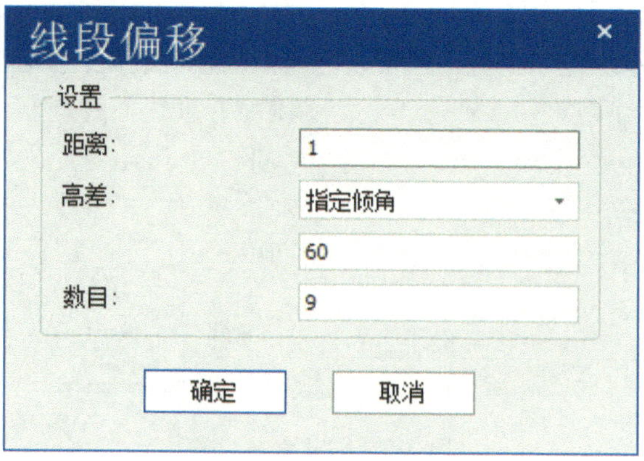


图 3-7　线段偏移参数设置

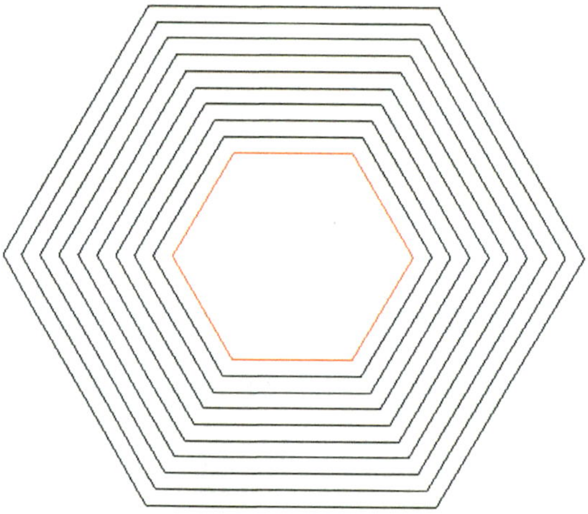

图 3-8　闭合线偏移效果示例

单击左键选择被裁剪的部分(黑色线条),可连续选择多条被裁剪的对象或者进行框选,点击右键,命令执行并结束。

【延伸至】命令用于将选定的线条延长到指定的边界线条位置,与【裁剪】操作类似。

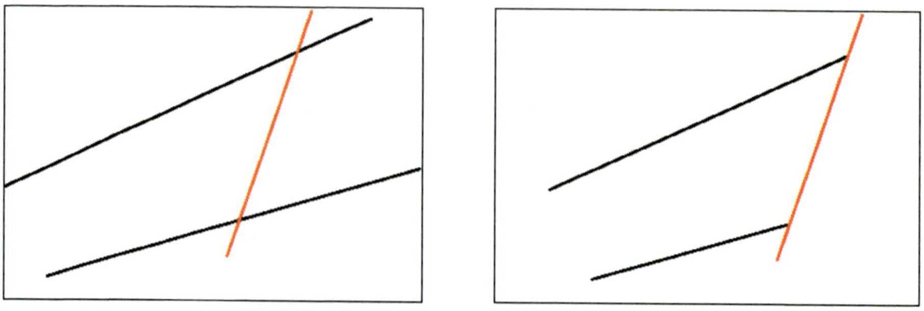

(a)　(b)

图 3-9　裁剪对象示例

### 3.4.8　打断

【打断】命令用于在一根线条的任意位置使其断开成两根线条。选择【编辑】→【打断】，选择要打断的线，左键单击线条上任意一个想打断的部位，该线条就被打断为两条线段（该功能可以连续操作多次）。

【局部打断】命令指选择一根线条上的任意两个点，去掉两点之间的线段。选择【编辑】→【局部打断】，选择要打断的线，选择的点作为打断线的第一个点，线段显示为虚线，再选择打断线的第二个点，这两点之间的线就被剪切掉（该功能可以连续操作多次），如图 3-10 所示。

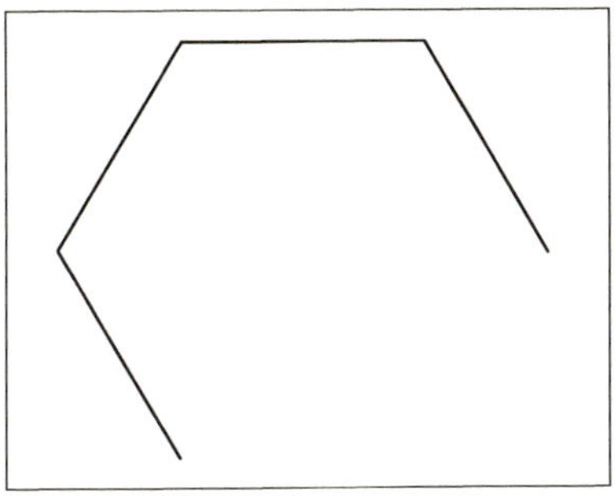

(a)

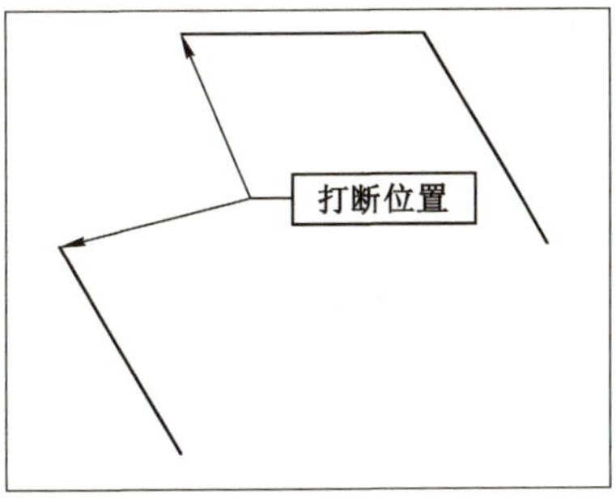


(b)

图 3-10　局部打断示例

### 3.4.9　炸开

【炸开】命令可以将线段、文字等图元分解，分解后的文字将存放于点的属性库中。另外，可将圆或圆弧一类的特殊图形分解成线段。选择【编辑】→【炸开】，单击或框选要炸开的图形对象，右键执行命令，对象即可被炸开，如图 3-11 所示。

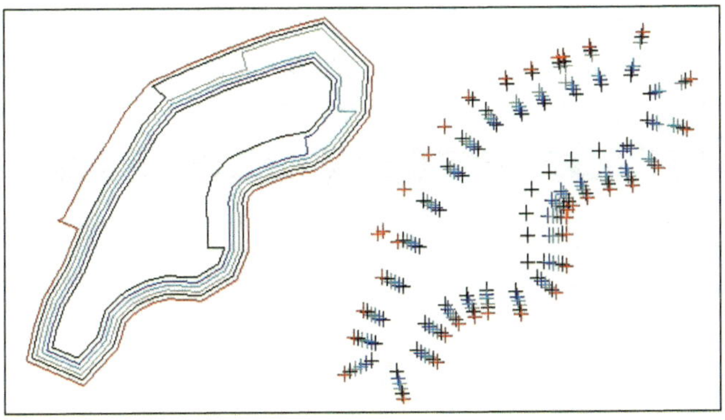

图 3-11　线条炸开示例

## 3.5　特性匹配

【特性匹配】类似于 Word 中的格式刷命令。选择【编辑】→【特性匹配】，如图 3-12 所示，选择源对象（图中红色粗线）；选择要匹配的对象（图中黑色细线）。命令执行后，要匹配的对象与源对象的样式一致。

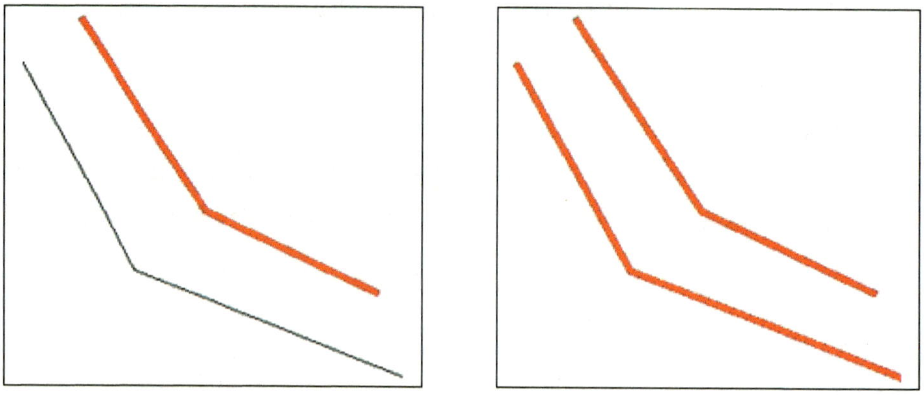

(a)　　(b)

图 3-12　特性匹配效果

## 3.6 剖　　面

剖面分为动态剖面和静态剖面。动态剖面是可以通过手动控制三向转换器查看任意方位的剖面；静态剖面则通过拉线条、指定高程或者指定勘探线等方式切割剖面，将三维视图快速转换到二维剖面视图。

### 3.6.1 切割剖面

切割剖面指通过手工拉线条切剖面、预定义切割剖面等方式创建剖面。

(1) 切割剖面时切割实体

打开金属矿山示例文件夹下的“05_地形与采场.3dm 和 07_矿体.3dm”，选择【创建】→【剖面】→【切割剖面】，弹出对话框如图 3-13 所示。

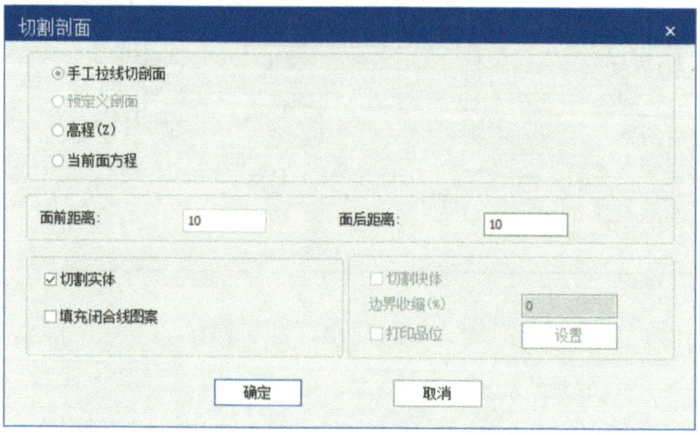


图 3-13　切割剖面参数设置

手工拉线切剖面：在图形工作区内任意拉出一条线来切剖面。预定义剖面：读取提前预定义的剖面位置，通过“剖面管理”功能可预定义剖面。高程：指定高程水平切割剖面。当前面方程：读取“定义投影面”功能预先确定的面方程切割剖面。面前距离和面后距离：只显示图形工作区内指定面前距离和指定面后距离之间的图元对象，隐藏之外的对象。切割实体：在剖面状态下切割实体，生成实体线并在图层管理器中生成“实体线”图层。填充闭合线图案：对切割实体后产生的闭合线进行充填，图案可从图形工作区右侧的属性框中查看和编辑。切割块体：在剖面状态下切割块体模型，生成块体网格并生成新的“块体线”图层。块体边界收缩(%)：切割块体时，对生成的块体网格进行收缩的百分比。打印品位：块体的属性在质心点处标注出来，便于打印出图，点击“设置”可以设置多个属性值。

勾选【切割实体】，将显示实体线条，设置完成后点击【确定】，由左至右拉出一条剖面线，如图 3-14 所示。

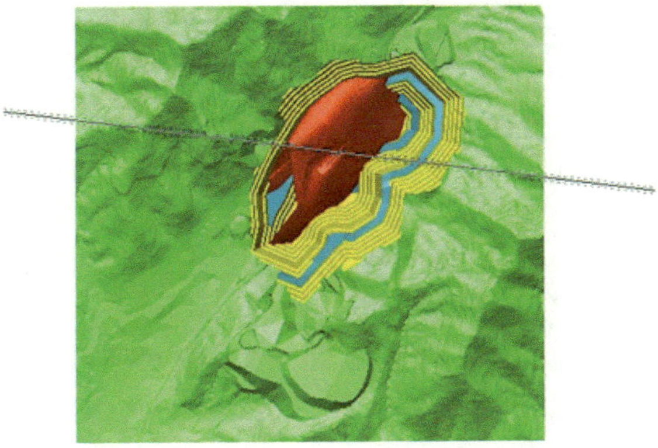

图 3-14　手工拉线切剖面

确定线段的终点，点击左键，图形工作区显示切割剖面结果，如图 3-15 所示。

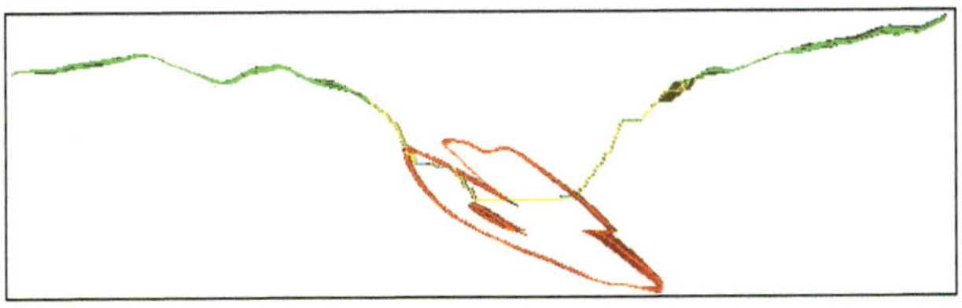

图 3-15　显示切割剖面(带实体线)

结束剖面状态时，选择【创建】→【剖面】→【取消剖面】。

(2) 切割剖面时切割块体

打开金属矿山示例文件夹下的 02_块体模型和 07_矿体，在层浏览器中，右键点击块体模型添加约束显示，将块体模型约束到矿体内。

选择菜单【创建】→【剖面】→【切割剖面】，弹出对话框，如图 3-16 所示。

此时，若选择“切割块体”，将在块体内填充块体网格；若不勾选“切割块体”，则只是单纯地切割剖面，不生成块体网格。勾选“切割块体”，块体边界收缩(%)设为 0，勾选“打印品位”，点击【设置】，弹出对话框如图 3-17 所示。

在图形工作区拉出一条剖面线，块体模型切割剖面完成，剖面中显示块体网格及块体属性，显示剖面局部效果如图 3-18 所示。

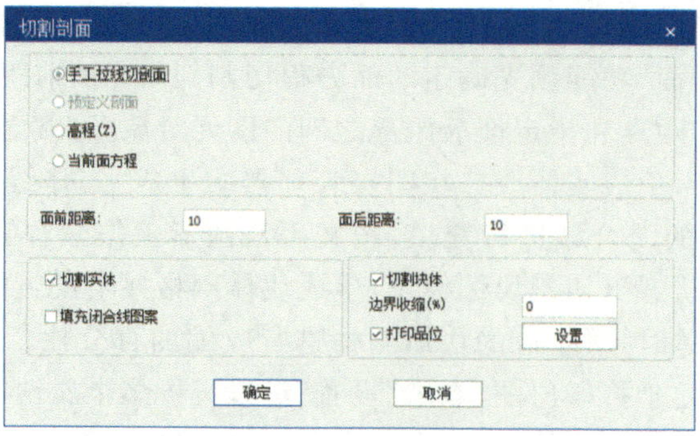


图 3-16　切割剖面设置

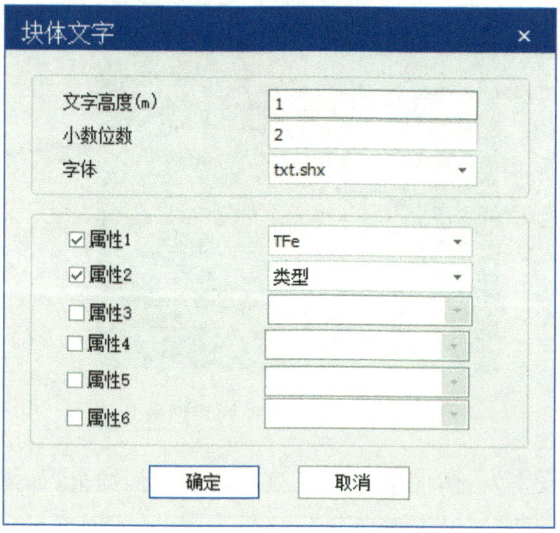


图 3-17　块体文字设置

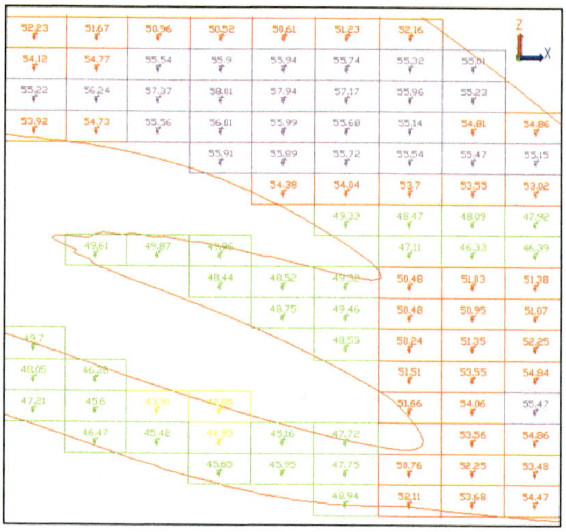

图 3-18　剖面切割块体(局部示意图)

### 3.6.2　编辑剖面

在剖面状态下，可对当前剖面位置进行编辑。选择【创建】→【剖面】→【编辑】，则会弹出如图 3-19 所示菜单。

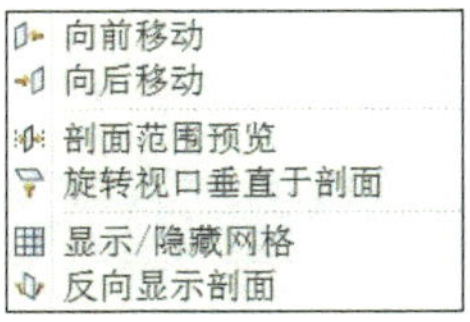


图 3-19　编辑剖面菜单

向前移动：向前一个预定义剖面移动；向后移动：向后一个预定义剖面移动；剖面范围预览：在剖面状态下，修改剖面面前显示距离和面后显示距离；旋转视口垂直于剖面：调整视口，使视口垂直于剖面；显示/隐藏网格：可以在剖面上显示/隐藏网格线；反向显示剖面：将剖面视角翻转 180°进行显示。

### 3.6.3　定义投影剖面

可通过选择多边形、三个点确定面方程，垂直于当前视口方向、指定标高等四种方式定义投影面。选择【创建】→【剖面】→【定义投影剖面】，弹出的【交互定义投影面】对话框如图 3-20 所示。

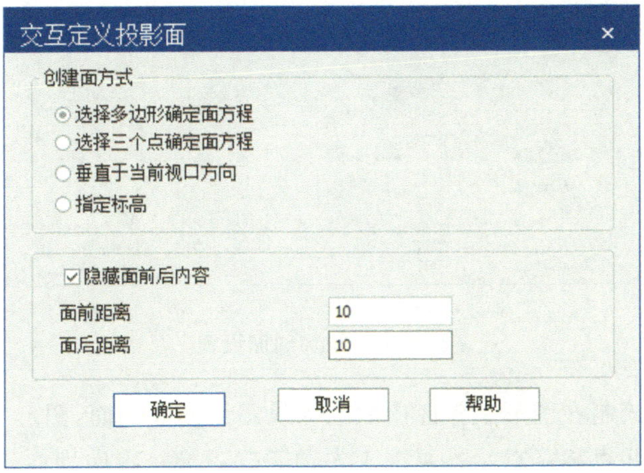


图 3-20　交互定义投影面

选择多边形确定面方程：用图形工作区内的多边形，确定面方程。选择三个点确定面方程：用图形工作区内的 3 个点，唯一确定面方程。垂直于当前视口方向：垂直于当前视口方向，确定面方程。指定标高：用指定面所在标高的方式，确定面方程。隐藏面前后内容：只显示图形工作区内指定面前距离和指定面后距离之间的图元对象，隐藏之外的对象。设置好后点击【确定】，视角方向将转向选定的面，这时在工具栏找到【显示隐藏网格】图标，点击该图标，图形工作区将显示一个灰色投影面，便于用户观察。另外，将状态栏的【投影】功能打开，可以确保所绘制的图元在这个投影面上。

### 3.6.4 剖面管理

剖面管理包含两个功能，创建和关闭。通常，先编辑勘探线文件，作为剖面位置，勘探线为线段，在端点属性中写入勘探线名称。

选择【创建】→【剖面】→【剖面管理】，弹出对话框，如图 3-21 所示。

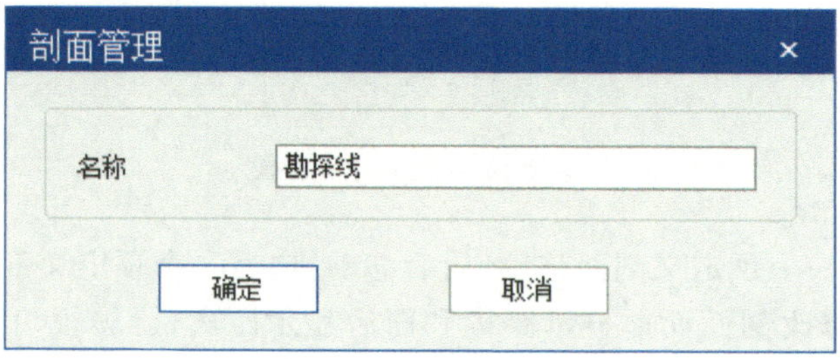


图 3-21　剖面管理

在名称项中输入管理剖面的名称，如：＊＊＊区勘探线，此时在层浏览器中会出现“剖面管理：＊＊＊区勘探线”图层；点击【确定】，弹出“添加剖面”对话框，如图 3-22 所示。

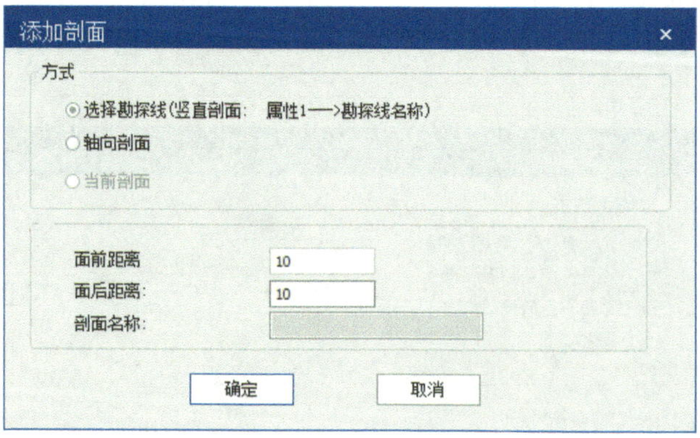


图 3-22　添加剖面设置

选择勘探线：用绘制在图形工作区内的勘探线图元创建剖面，图形工作区内绘制的勘探线为线段（即只包括起点和终点），且属性 1 为勘探线名称。轴向剖面：指沿 $X$、$Y$、$Z$ 轴方向参数创建剖面；如沿 $Z$ 轴方向，从 0 m 高程到 100 m 高程，每隔 10 m 创建剖面，表达式参考（0,100,10）。当前剖面：指正在利用切割剖面功能获得的剖面。

以“选择勘探线”方式创建剖面，设置完成后，点击“确定”，在图形工作区内框选之前调入的勘探线图元，右键结束，将其添加到层浏览器的“剖面管理：＊＊＊区勘探线”图层中。

剖面管理图层中的每个子层分别代表一个剖面，在任何状态下双击子层，软件均会切换到该子层代表的剖面位置并进入剖面状态。选择【创建】→【剖面】→【剖面管理】→【关闭】，可使剖面管理图层从层浏览器中退出。

### 3.6.5　创建动态剖面

【创建动态剖面】命令指通过手动控制三向转换器查看任意方位剖面。

图形工作区内调入“05_地形采场.3dm 和 07_矿体.3dm”，选择【创建】→【剖面】→【动态剖面】→【创建动态剖面】，此时在实体上将出现两个灰色剖面，剖面的中心为一个三向的旋转器，如图 3-23 所示。用鼠标左键点击拖动三向旋转器的任意轴，将实现三维下剖面方位的变换，实现动态剖面查看。

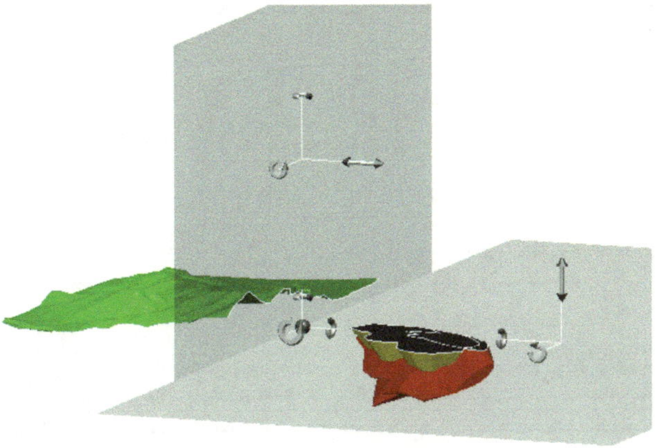

图 3-23　动态剖面效果图

通过【创建多剖面显示】可以连续多次对剖面进行不同方向的手工拉线切割，便于观察所建的模型在不同剖面下的形态。

### 3.6.6　剖面图

【剖面切割】是在剖面状态下，对剖面显示的图元进行制图工作。选择【创建】→【剖面】→【剖面图】→【剖面切割】，弹出“剖面打印”对话框，如图 3-24 所示。

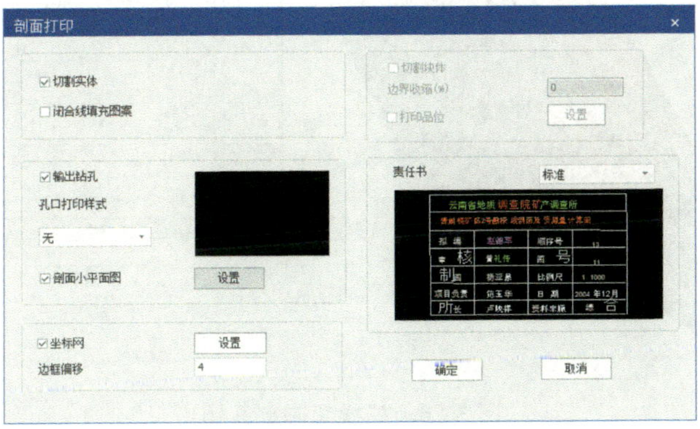


图 3-24　剖面打印

设置剖面打印对话框内的选项，复选框内容包括切割实体、闭合线填充图案、输出钻孔、剖面小平面图、坐标网、切割块体、打印品位、责任书等，其中，孔口打印方式分为无、标准、默认三种，责任书格式分为无、标准、标准 2 三种(若要修改责任书文件，可以找到“软件安装目录\common\block_ref\paper_label”文件夹，对标准责任书进行编辑替换)。设置好后点击【确定】，然后在图形工作区选择剖面图范围，形成标准剖面图，如图 3-25 所示。

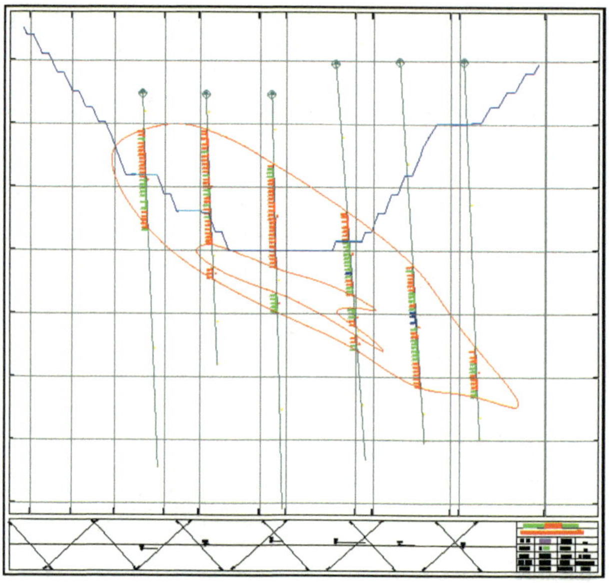

图 3-25　标准剖面图

【拉线切割】是在图形工作区内，以画线段的方式将线段所在剖面绘制出来。选择【创建】→【剖面图】→【拉线剖面】，在图形工作区内沿勘探线方向剖切，设置剖面参数，点击【确定】，在图形工作区内生成剖面图，如图 3-26 所示。

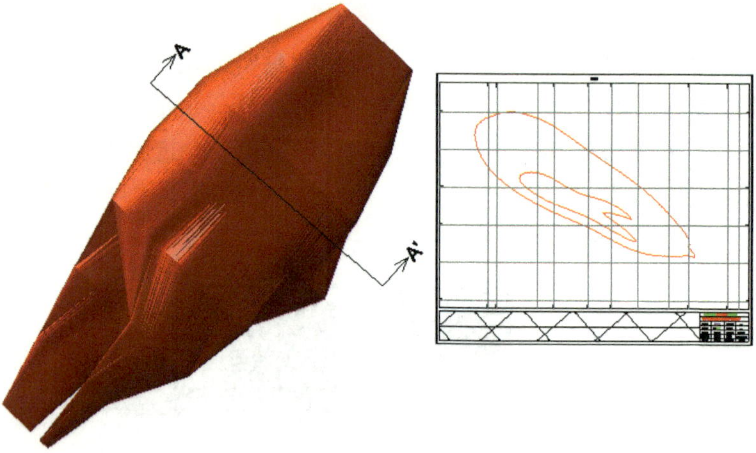


图 3-26　拉线切割剖面图

【沿线切割】是沿设定方向按一定步距生成系列剖面的。

选择【创建】→【剖面】→【剖面图】→【沿线切割】，根据提示，在图形工作区点击“线段”(设定剖面步距方向)，弹出设置对话框，如图 3-27 所示。

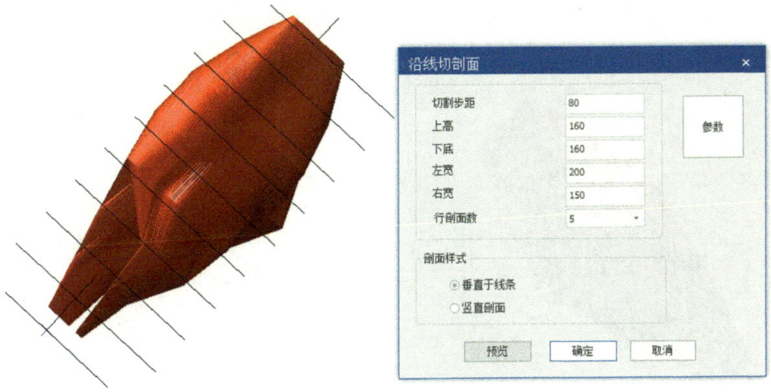


图 3-27 沿线切割参数设置

切割步距：垂直于线段切割剖面的间隔距离；行剖面数：形成的一系列剖面，每行剖面数目；其余参数与【拉线切割】功能相同。点击【确定】，在图形工作区生成剖面图，如图 3-28 所示。

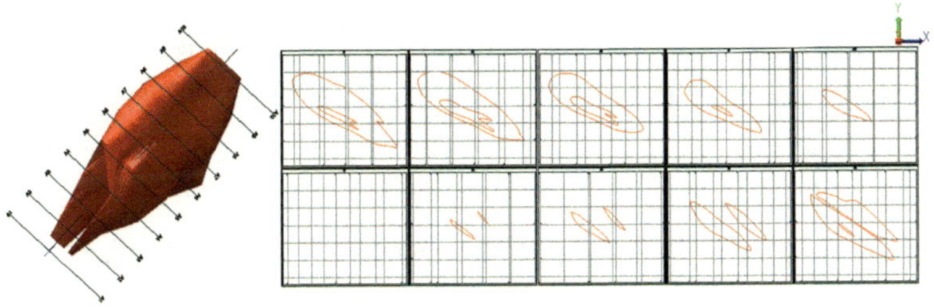

图 3-28 沿线切割效果

【折线切割】可根据指定折线或手工绘制的折线切割剖面。选择【创建】→【剖面】→【剖面图】→【折线切割】，弹出对话框，如图 3-29 所示。点击【坐标网设置】，可对坐标网格间距、样式进行设置。

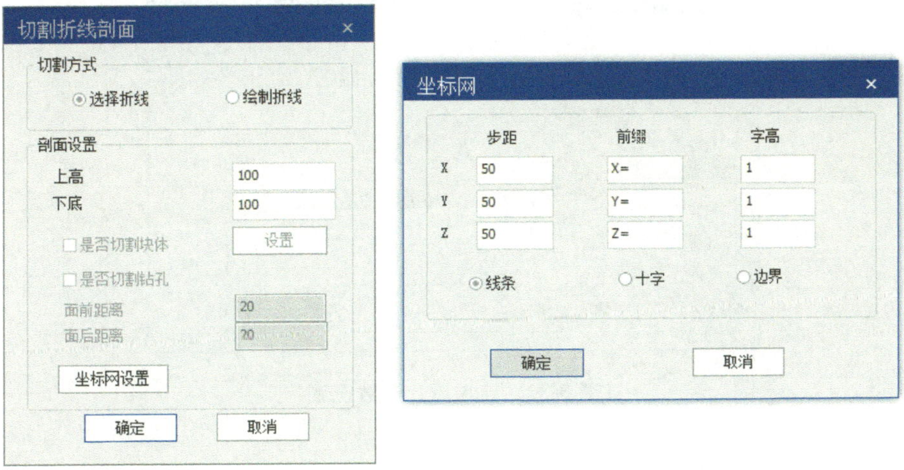


图 3-29 切割折线剖面设置

设置好参数后点击【确定】，选择或绘制折线剖面线，在图形工作区合适位置插入剖面图，如图 3-30 所示。

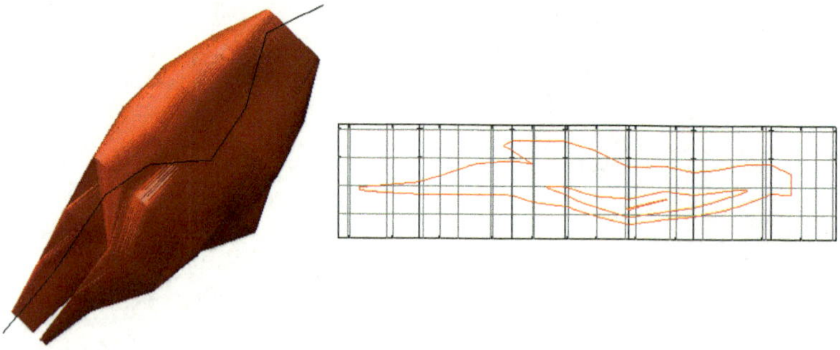

图 3-30　切割折线剖面效果

## 3.7　插　　入

【插入】菜单中包括插入图片、纹理、图例、设备等功能，可使设计的图形更加生动形象，容易理解。该功能是外部数据、模型与 3DMine 矿业软件兼容的一个重要接口。

### 3.7.1　插入图片

【插入图片】功能可将多种格式的图片导入 3DMine 矿业软件中，用于数字化、制图等工作。

选择【创建】→【插入】→【图片】，弹出“插入图片”对话框（如图 3-31 所示），通过【浏览】功能选择图片所在位置，设置图片像素阈值，还可以设置图片插入的坐标、旋转和缩放等参数。如果没有给定坐标，点击【确定】后，鼠标在图形工作区点击的位置就是图片插入的位置。

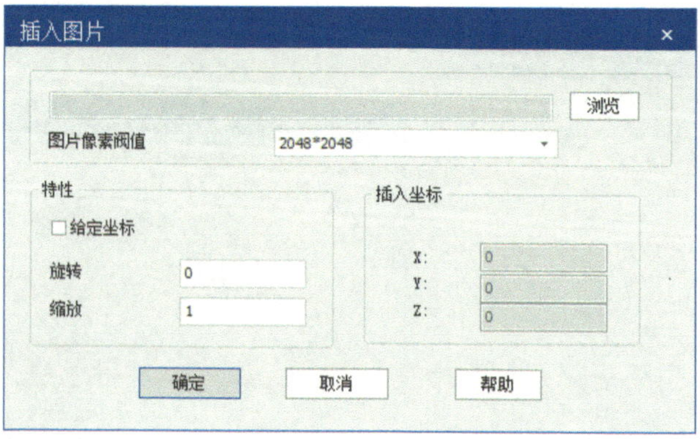


图 3-31　插入图片参数设置

### 3.7.2　插入 OLE 对象

在 3DMine 矿业软件中进行外部软件数据对象连接与嵌入，如将 Excel 表格作为 OLE

对象插入 3DMine 矿业软件中。选择【创建】→【插入】→【OLE 对象】，弹出对话框，如图 3-32 所示。可插入的 OLE 对象有多种，列于对象类型下拉框中。

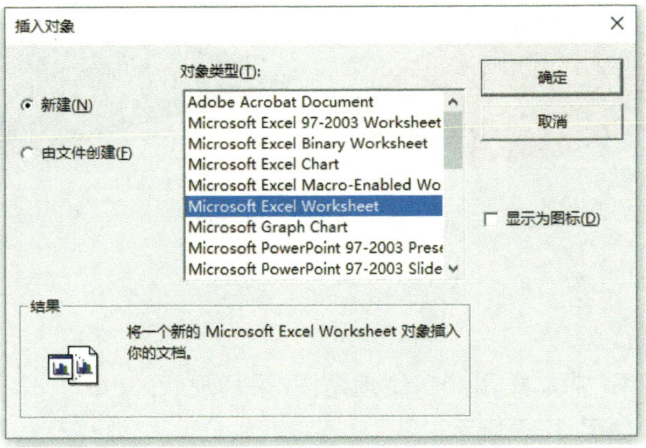


图 3-32　插入 OLE 对象

### 3.7.3　插入纹理

调入需要插入纹理的实体或表面文件，选择【创建】→【插入】→【纹理】，弹出对话框，如图 3-33 所示。

图 3-33　插入纹理对话框

插入纹理下拉框中列出了若干纹理图案供选择，这些图案存放在“安装文件\common\texture”文件夹中。或者点击【文件】，从电脑上选择其他图案。选择需要插入的纹理，修改纹理比例，纹理比例是指插入的图元缩小的比例的倒数，例如填 10 意味着将原纹理图元缩小为原来的十分之一，然后填充到指定的面上。点击【确定】，根据状态栏提示左键单击选择三角网，纹理即被插入，如图 3-34 所示。

图 3-34　插入纹理效果

### 3.7.4　插入贴图

打开“专题示例/01_基本操作/04_纹理贴图/采场现状.3dm”。选择【创建】→【插入】→【贴图】，弹出对话框，如图 3-35 所示。

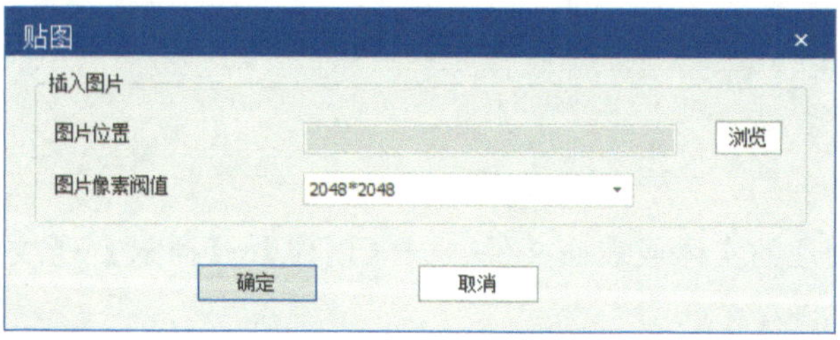


图 3-35　“贴图”对话框

点击【浏览】，弹出选择文件对话框，选择要插入的贴图。点击【确定】后，按照状态栏提示，在采场现状模型上找一个特征点，再在图片上找同一位置的点，然后在模型和图片上找第二个特征点，即可将图片准确贴到模型上。插入贴图前后对比如图 3-36 所示。

图 3-36　插入贴图前后对比

### 3.7.5　插入设备

选择【创建】→【插入】→【设备】，弹出对话框，如图 3-37 所示。

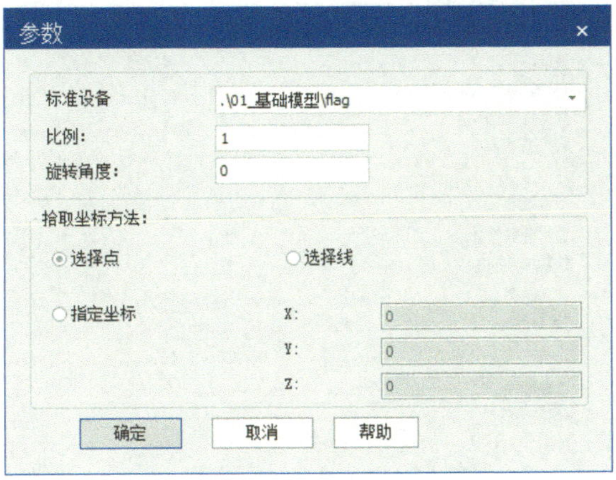


图 3-37　插入设备参数设置

标准设备：在下拉列表中选择设备，设置设备显示的比例、体号、旋转角度等。当前的设备模型以 3DMine 矿业软件的实体文件“.3dm”格式保存在“安装目录\common\device”文件夹中。指定坐标：输入 $X$、$Y$、$Z$ 坐标值。设置完点击【确定】后，根据状态栏提示，可以在图形工作区任何位置点击【摆放设备】；若已给定坐标，则自动摆放设备到指定位置。若希望将某个模型置于指定的点或面上，打开【捕捉】功能即可。

# 3.8　标　　注

【标注】用于向图形中添加测量注释。该功能包括标注线性、对齐、半径、直径、两线角度、三点角度等，并可以通过设置【标注风格】调整标注显示效果。

## 3.8.1　标注风格

选择【创建】→【标注】→【标注风格】，弹出标注风格对话框，可以设置尺寸线、箭头、文字和单位等参数，如图 3-38 所示。

## 3.8.2　标注线性

【线性标注】用于水平或垂直方向上的对象尺寸标注。在图形工作区画一矩形框，用【线性标注】来标注它的长和宽。标注前，打开【捕捉】功能，保证准确捕捉端点。

选择【创建】→【标注】→【线性】，捕捉到边的第一个端点，再捕捉到第二个端点后向一侧拉起，标注的尺寸、箭头和边界线就可显示出来。如图 3-39 所示。需要修改参数时，双击标注文字或箭头位置，将弹出标注风格设置对话框。

## 3.8.3　标注对齐

对齐标注一般用于倾斜对象的尺寸标注，标注平行于所选对象。选择【创建】→【标注】→【对齐】，操作步骤类似于线性标注，标注效果如图 3-40 所示。

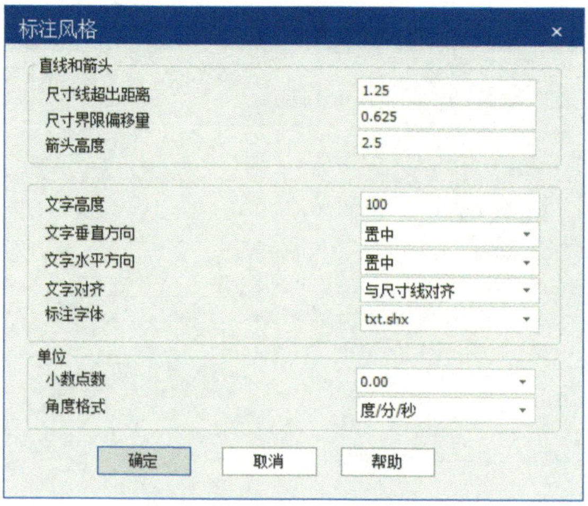


图 3-38　标注风格

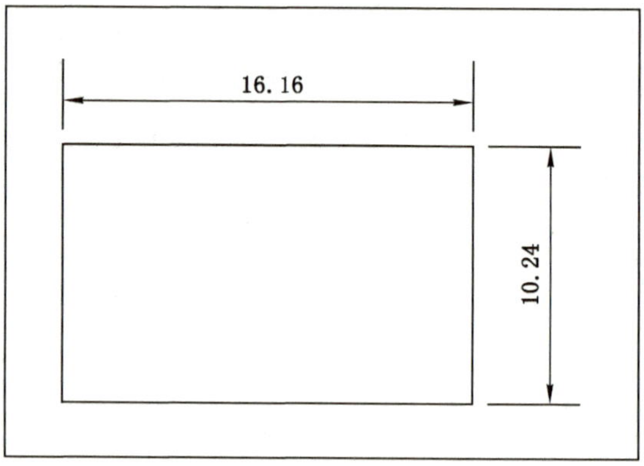


图 3-39　线性标注示例

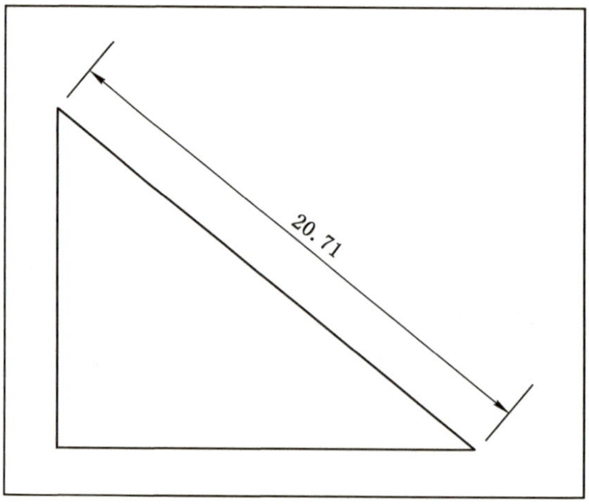


图 3-40　对齐标注示例

### 3.8.4　标注半径/直径

半径/直径标注用于标注圆或圆弧的半径/直径。选择【创建】→【标注】→【半径】，根据状态栏提示，点击所要标注的图形，就可使半径/直径标注显示出来，如图 3-41 所示。

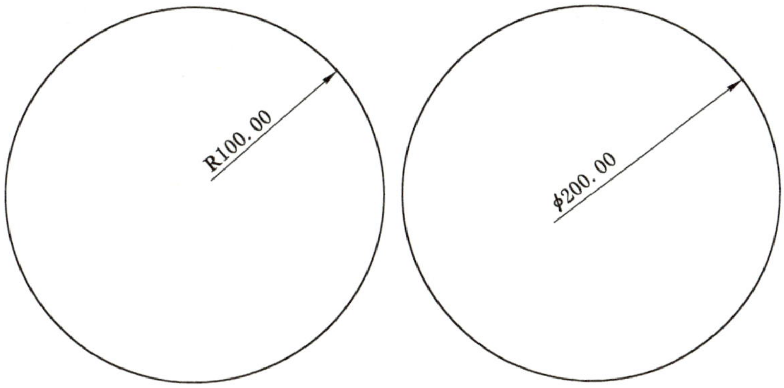


图 3-41　半径/直径标注示例

### 3.8.5　标注两线角度

选择【创建】→【标注】→【两线角度】，依次选择两条线，标注两线之间的角度或两线的补角，如图 3-42 所示。

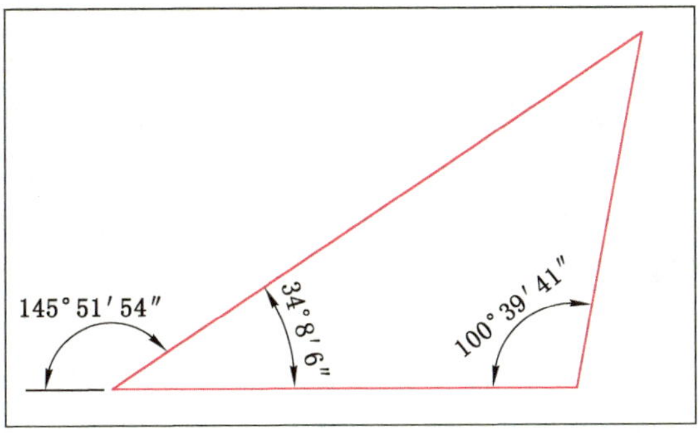


图 3-42　两线角度标注示例

## 3.9　绘　　图

### 3.9.1　绘制线段

线段的绘制比较简单，也是绘图中常用的二维对象之一。运行一次命令只能绘制单独一根线段。选择【创建】→【线段】，按照状态栏中的提示开始画线，选择起点左键单击后移动鼠标将拉出一条线；这时单击右键将弹出快捷菜单，选择【确定】将以光标所在点为终点绘出直线，选择【取消】则将取消画线操作，选择【确认参数】将弹出“输入坐标”对话框，可以输入

$X$、$Y$、$Z$ 三维坐标，精确定位点并绘制直线。

### 3.9.2 绘制多段线

【多段线】命令用于创建多节点线段。选择【创建】→【多段线】，选择起点单击左键后将拉出一条线段；接下来的左键单击将确定线段中的节点，在后一点右键单击将出现快捷菜单，如图 3-43 所示。

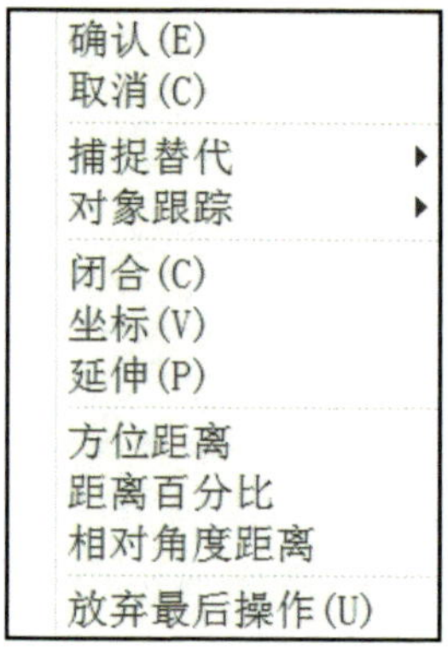


图 3-43 多段线绘制时右键单击后出现的快捷菜单

选择【确认】结束绘制，生成一条多线段；选择【取消】则允许用户继续选择节点画线段；选择【闭合】系统将自动连接首尾点生成闭合线段；选择【坐标】将弹出设置点坐标的对话框，系统将按照输入的 $X$、$Y$、$Z$ 坐标确定节点并同时在定位的节点处拉出一条直线供用户继续画线。若要精确按照指定的长度绘制线段，则在确定的方向以任意长度画出该线段后，单击右键在下拉菜单中选择【延伸】，在弹出的对话框内输入延伸长度，系统会按照输入的距离重新绘制线段（方向不变），并在该线段结束点处拉出一条线供用户继续画线。同理，可从下拉菜单中选择【方位距离】、【距离百分比】、【相对角度距离】等功能创建多段线的节点。选择【放弃最后操作】，所画线段将退回上一个节点。

### 3.9.3 绘制多边形

创建多边形，即通过自定义多边形的顶点数创建正 $N$ 边形。选择【创建】→【多边形】，用鼠标左键点击图形工作区内任意位置后，系统将以该点为中心拉出一个多边形；这时单击鼠标右键，选择“确认参数”，弹出对话框，如图 3-44 所示。

输入的 $X$、$Y$、$Z$ 坐标为多边形的中心，半径长度为由中心到顶点的距离，顶点数为多边形的边数。

### 3.9.4 绘制圆弧

通过起点、圆心、端点等三个点或者其中两个点加上指定的方向、角度、半径等参数创建圆弧，如图 3-45 所示。

各种绘制圆弧的命令操作类似，以三点绘制圆弧为例。选择【创建】→【圆弧】→【三点】，鼠标左键单击第一点后将拉出一条线，再选取第二点移动光标时将拉出一个弧，移动光标显示动态半径值，确定适合的弧形后单击左键完成绘制，即可生成新圆弧。在点击第三点前，

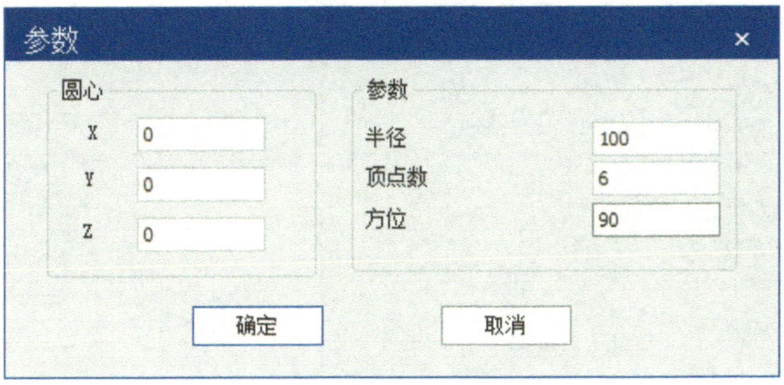


图 3-44　创建多边形参数设置

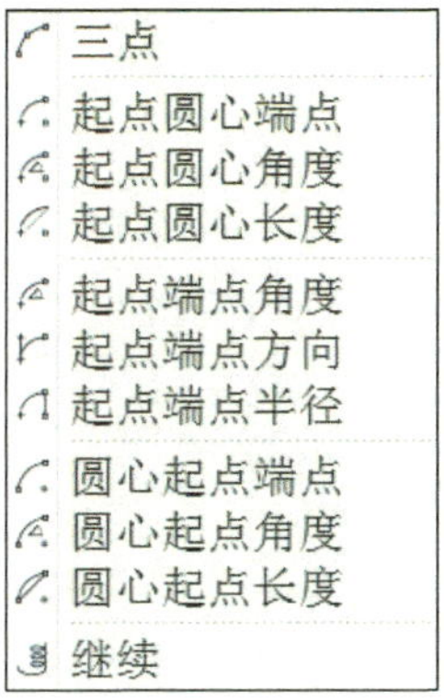


图 3-45　创建圆弧的方法

单击右键选择【确认参数】，在弹出的对话框中输入圆心坐标、圆弧半径、开始方位、结束方位、点数目来确定圆弧，如图 3-46 所示。

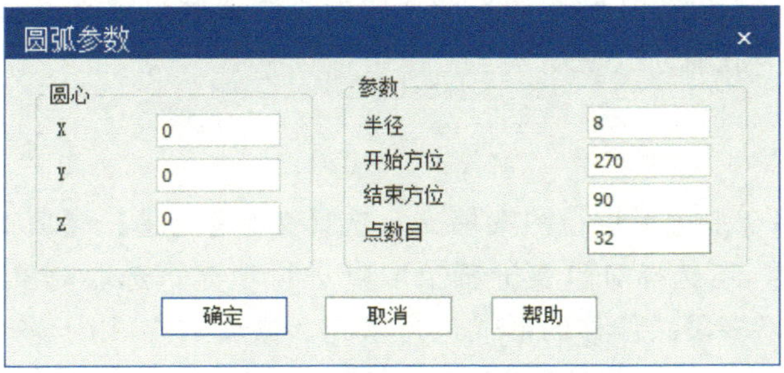


图 3-46　创建圆弧参数设置

点数目是指生成圆弧上的节点数；开始方位和结束方位是指以过圆心的正北向直线为 0°基准，顺时针 360°计算，圆弧按逆时针方向绘制，从开始方位旋转到结束方位。【继续】功能主要在斜坡道和弯道设计中常用。绘制斜坡道的方法：第一步是按照多段线绘制直道（右键可以输入相应的坡度、距离和方位参数）；第二步对于弯道的设计则是选择【创建】→【圆弧】→【继续】功能，单击右键弹出对话框，输入弯道转弯半径、圆心角和坡度等参数即可完成。斜坡道绘制参数和结果如图 3-47 所示。

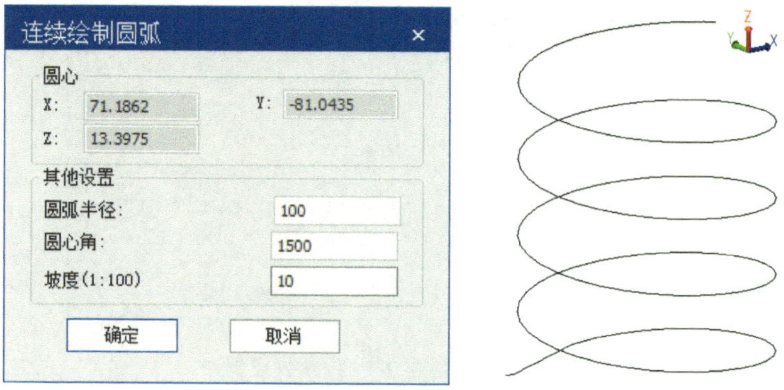


图 3-47　圆弧坡道绘制及结果示例

## 3.9.5　绘制圆

圆的绘制包括以下 6 种方法，如图 3-48 所示。

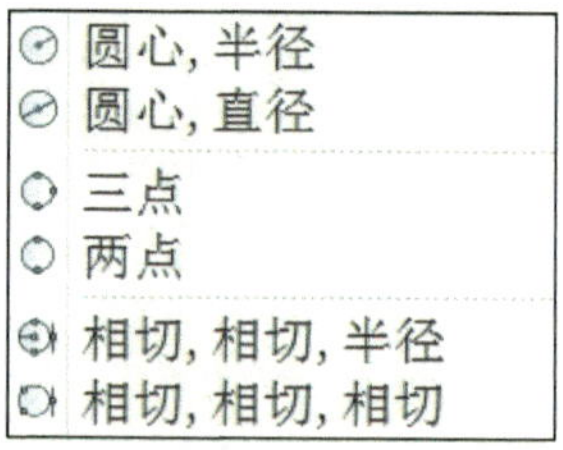


图 3-48　创建圆的方法

以【圆心，半径】功能为例，选择【创建】→【圆】→【圆心，半径】，用鼠标选择一点单击后，将以此点为圆心拉出一个圆，从圆心到光标生成的直线代表半径，拉到合适的位置单击鼠标左键完成操作，即可生成圆。

## 3.9.6　填充图案

该命令用于对闭合多边形进行图案填充。选择菜单【创建】→【填充图案】，弹出对话框如图 3-49 所示。拾取点：选择对象在屏幕拾取点进行填充。选取对象：选择闭合多边形进行填充。偏移填充：以多段线偏移的形式进行填充。嵌套填充：用于多个图形嵌套的填充。

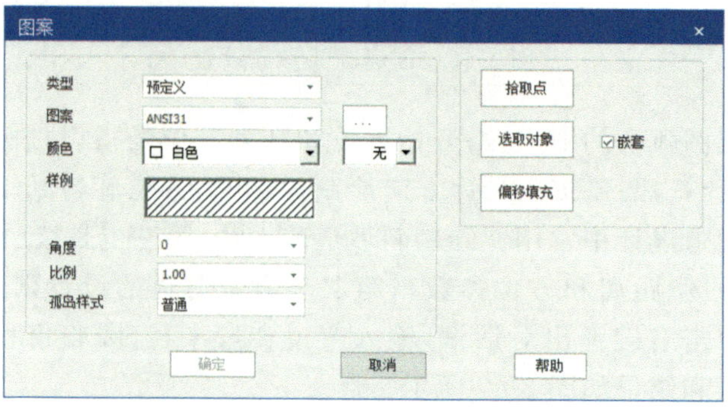


图 3-49　图案填充参数设置

填充一个闭合多边形：点击【拾取点】后，根据状态栏提示，在图形工作区选择填充边界内的任一点，对闭合多边形进行图案填充。不同填充图案的填充效果如图 3-50 所示。

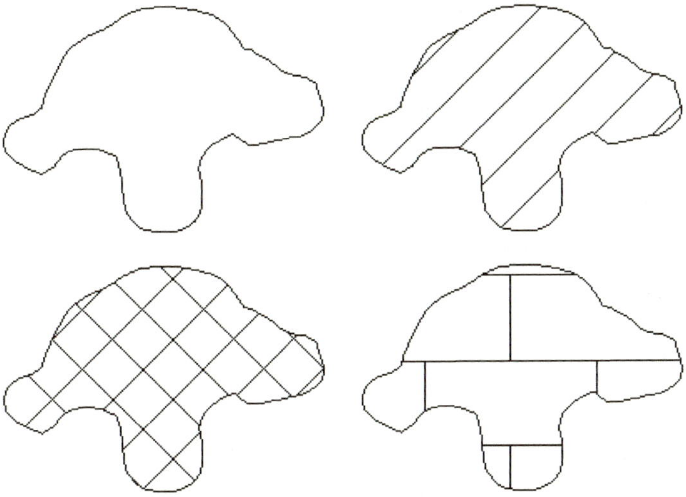

图 3-50　闭合多边形不同图案填充效果

多段线偏移填充：点击【偏移填充】，弹出偏移设置对话框，设置偏移后，在屏幕上选择要偏移的多段线，右键执行命令，状态栏将会提示偏移方向，图形工作区将出现偏移后的图案，如图 3-51 所示。

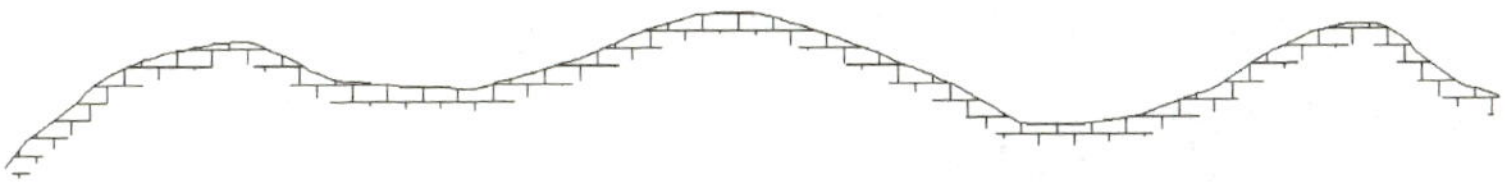

图 3-51　偏移填充效果

嵌套填充：图形工作区有两个闭合多边形部分重叠，利用嵌套填充可以将两个多边形相交部分以外的区域填充上图案。勾选【嵌套填充】后，选择【选取对象】，点选两个多边形，颜色填充完毕，效果如图 3-52 所示。

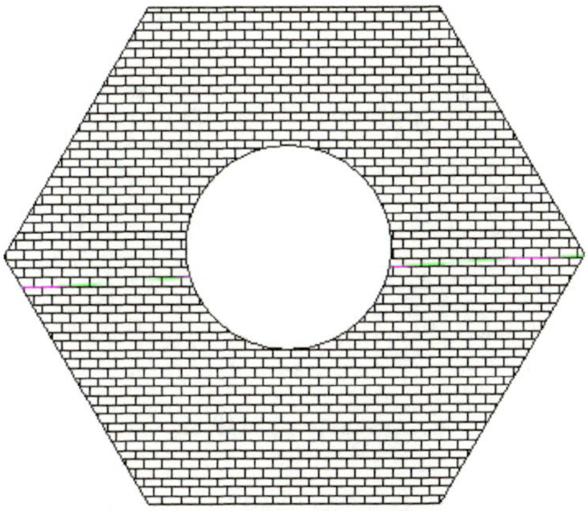

图 3-52　嵌套填充效果

# 第4章 工　具

工具菜单是针对地质、采矿专业开发的一系列编辑图形的高级功能。它结合矿业领域日常工作所需，可有效减少工程技术人员日常维护和更新过程的工作量，提高了工作效率，使数字化工作更加快捷、简便。

## 4.1 线的操作

在三维矿业软件中对线的操作是最为频繁的，如画线、编辑线、清理线对象、平滑线、线赋高程等。特别是在矿山设计中，需要熟练掌握各种线的操作技巧。

### 4.1.1 编辑线条

在图形工作区调入线文件或创建多段线后，选择【工具】→【编辑线条】，然后单击要进行操作的线条或点，会弹出编辑线对象窗口，该窗口将显示被选线条上所有点的 $X$、$Y$、$Z$ 坐标及属性。另外，如果在【系统设置】→【图形选项卡】中勾选了“双击编辑线/点”命令，那么通过鼠标双击线条，也会弹出编辑线对象窗口，如图 4-1 所示。

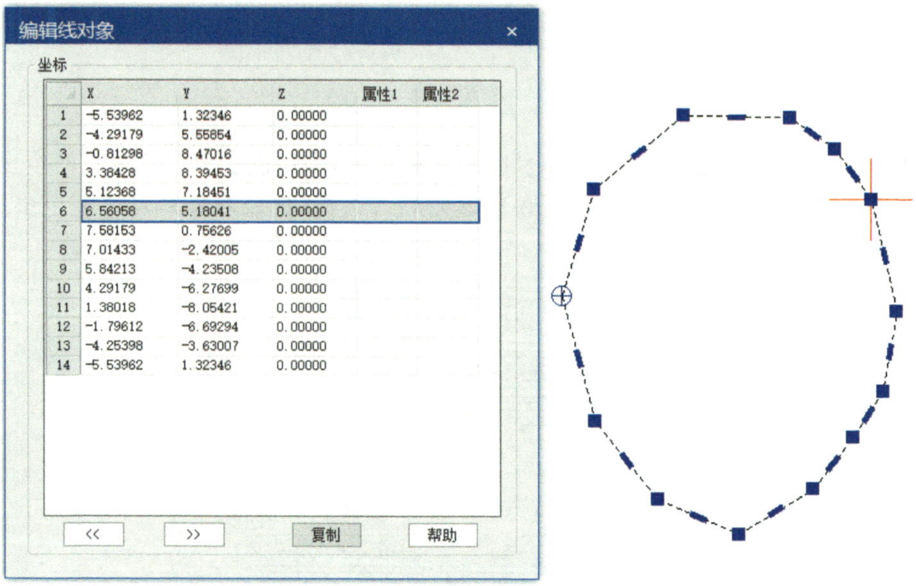


图 4-1　编辑线条

图形工作区中线条上的红色十字图标与编辑线对象窗口中选中的点相对应。若要修改坐标或属性，直接点击其 $X$、$Y$、$Z$ 值或属性库即可。当线段在编辑状态下时，在图形工作区内点击鼠标右键，出现“三维旋转”命令，可以对图形进行放大、缩小、平移、旋转等操作。三维旋转状态下，在图形工作区域点击鼠标右键，右键菜单包括“旋转中心”“退出旋转”命令。在编辑线对象窗口中点击复制，可将该线条所有坐标数据复制到剪贴板，用于在 Word、Excel 等软件中粘贴。

### 4.1.2 跟踪画线

【跟踪画线】用于快速绘制一条与已知线条部分或整体重合的线条。选择【工具】→【跟踪画线】，选择画线的起点位置，如要绘制与原始线重合的部分，只需要沿线移动鼠标，如图 4-2 所示。

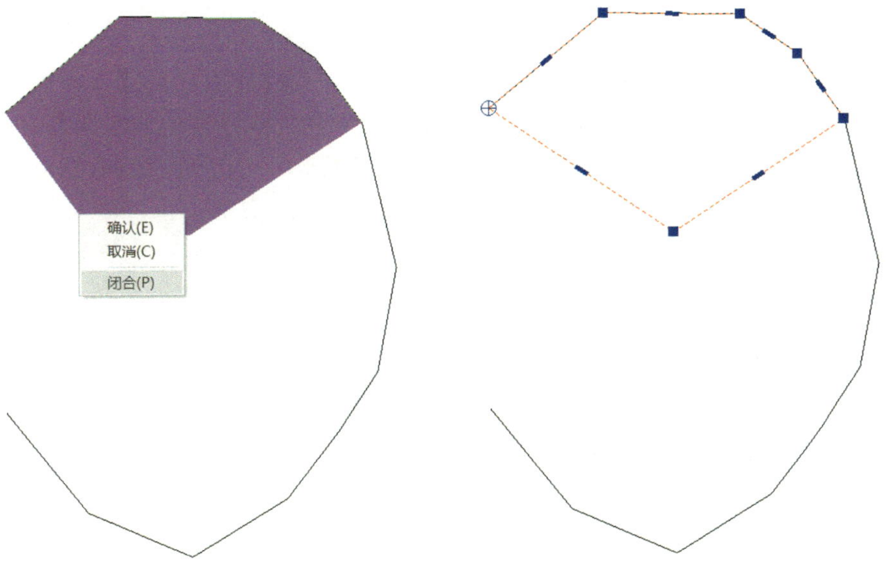


图 4-2 跟踪画线

### 4.1.3 坡度画线

【坡度画线】命令是通过预先定义坡度来绘制线条的。选择【工具】→【坡度画线】，弹出对话框，如图 4-3 所示。

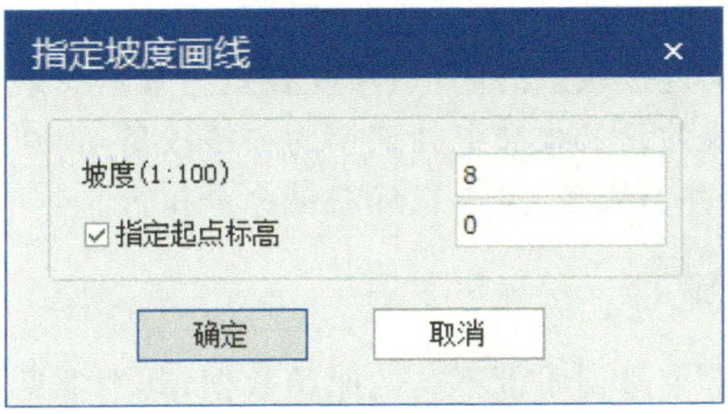


图 4-3 指定坡度画线参数设置

设置坡度和指定起点标高进行绘制，坡度画线示例如图 4-4 所示。

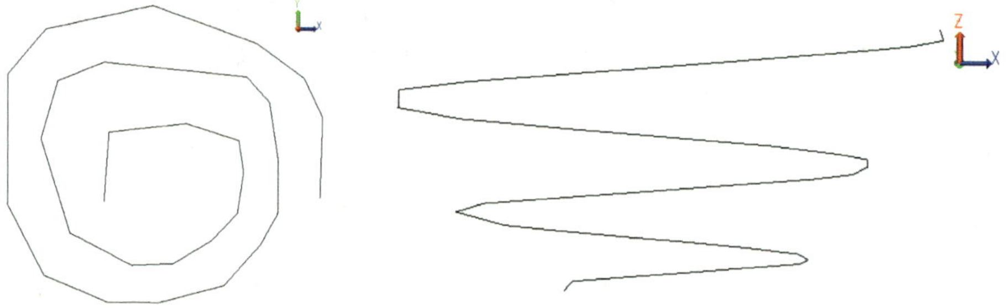

图 4-4　坡度画线示例

### 4.1.4　线的连接

【连接两线条】可将首尾不相连接的线段进行连接。选择【工具】→【连接两线条】，选择需要连接的线两端，如果连接是同一条线段，将线段闭合后鼠标自动退出操作；如果连接的是不同线段，鼠标会在连接完所选择的两端后，自动跳到下一个开放端点，可点击鼠标右键退出或继续连接两条线操作，如图 4-5 所示。

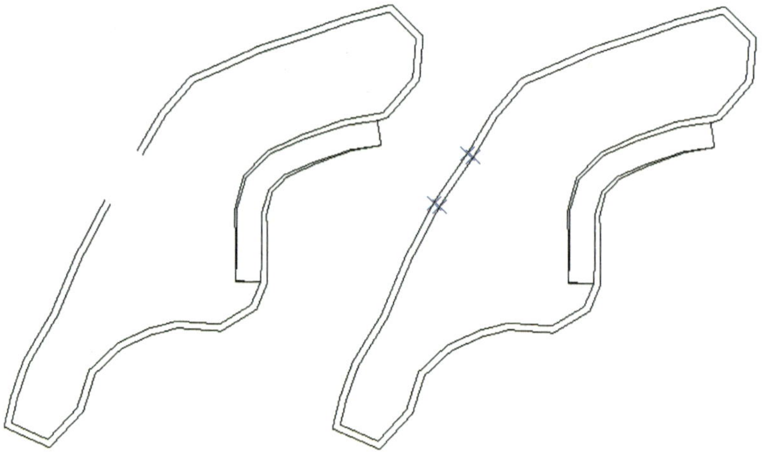

图 4-5　连接两线条示例

另一种线的连接功能是【自动连接线】，选择【工具】→【自动连接线】，弹出相应对话框，如图 4-6 所示。

其中，连接距离是自动连接线条的阈值；角度容差约束是线条端部搜索时展开的角度范围；延伸连接是指在两条线的延长线交点处连接为一根线条，否则根据距离限制直接进行两线的连接。框选需要做合并的线条，点击鼠标右键命令执行。

### 4.1.5　线的清理与查错

三维建模过程中，经常会碰到质量不高的原始数据，其中常见的问题是点线存在冗余或重复，这种问题会影响计算，有时还会造成错误。因此，一定要注意检查冗余或重复的点和线条，并对这些冗余信息进行清理。【清理/查错】包括清理多段线冗余点、清理冗余对象、清

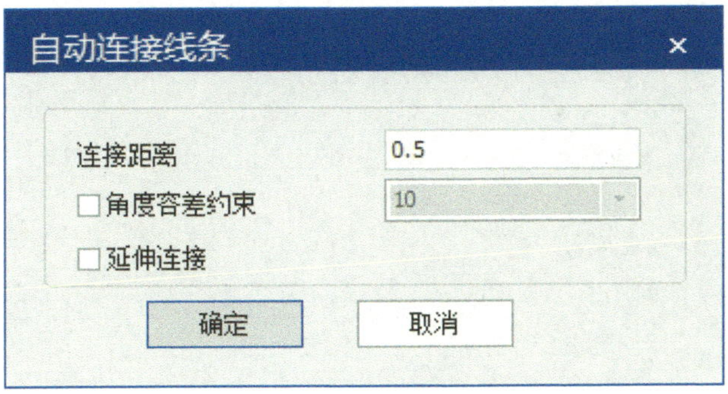


图 4-6 自动连接线条

理重复/压盖线条、清理钉子角等。

【清理多段线冗余点】命令可用来删除线条上的冗余节点。选择【工具】→【清理/查错】→【清理多段线冗余点】，弹出对话框，如图 4-7 所示。

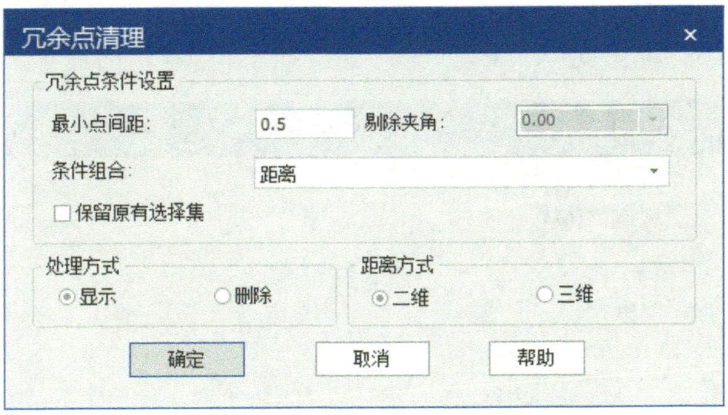


图 4-7 冗余点清理

最小点间距，指认定为重复点的临界距离；两点之间距离小于这一临界值，则被认为是重复点，否则不认为是重复点。

剔除夹角，指认定为冗余点的临界角度；3 个点之间形成的角度小于这一临界值，则中间点被认为是冗余点。

条件组合，指清理冗余点不同的组合方式，共提供了四种不同的组合方式：距离，角度，距离和角度，距离或者角度。

被判定为冗余点的对象，有两种处理方式：显示，指在图形工作区内将冗余点用红色的标记显示出来；删除，指在图形工作区内将冗余点直接删除。

【清理冗余对象】命令用于清理重复的散点、文字、圆/圆弧。选择【工具】→【清理/查错】→【清理冗余对象】，弹出对话框，如图 4-8 所示。

【清理钉子角】命令用于按照要求删除角度小于规定值的钉子角。选择【工具】→【清理/查错】→【清理钉子角】，弹出对话框，如图 4-9 所示。

### 4.1.6 线赋高程

通过【线赋高程】菜单，可以将已有的二维图形资料或文字资料整理成为三维数据资料。

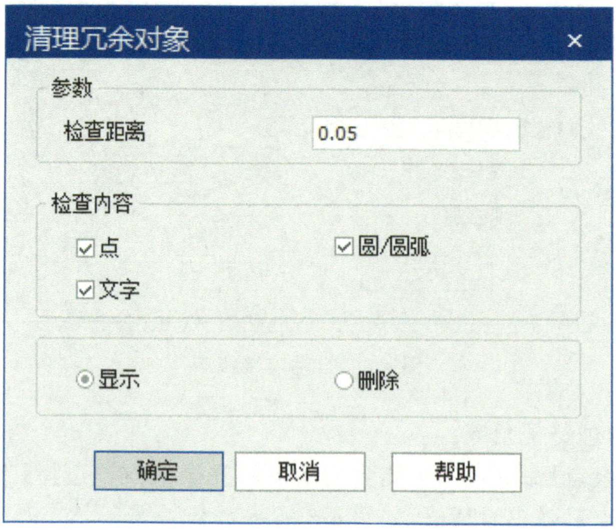


图 4-8　清理冗余对象

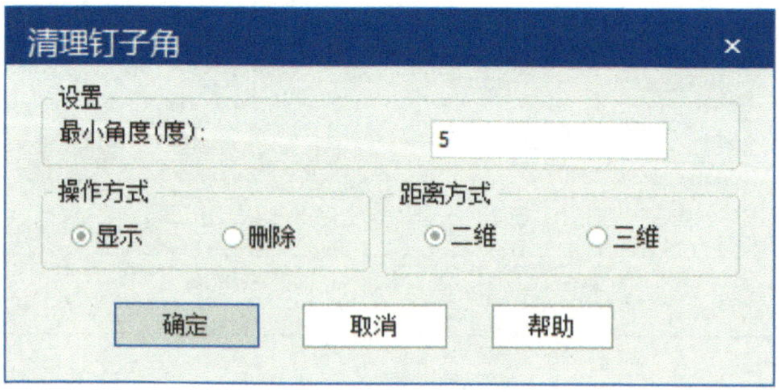


图 4-9　清理钉子角

将地形等高线调入图形工作区，选择【工具】→【线赋高程】→【等值线赋高程】，弹出对话框，如图 4-10 所示。

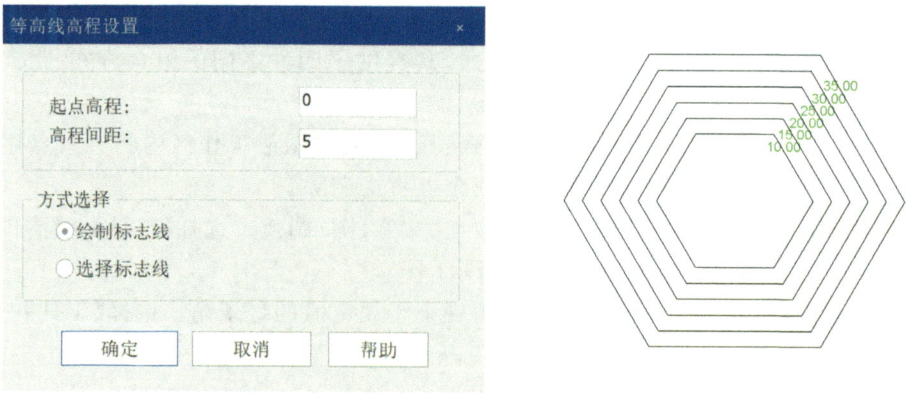


图 4-10　线赋高程示例

【选择参考点赋高程】功能是选择线段周围带高程的点为线段赋高程。选择【工具】→

【线赋高程】→【选择参考点赋高程】，如图 4-11 所示。

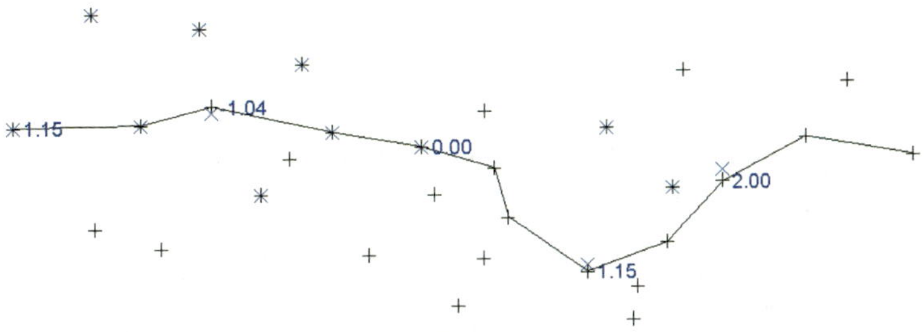


图 4-11　选择参考点赋高程

自动化程度较高的方法是【搜索最近参考点赋高程】，选择【工具】→【线赋高程】→【搜索最近参考点赋高程】，弹出对话框，如图 4-12 所示。

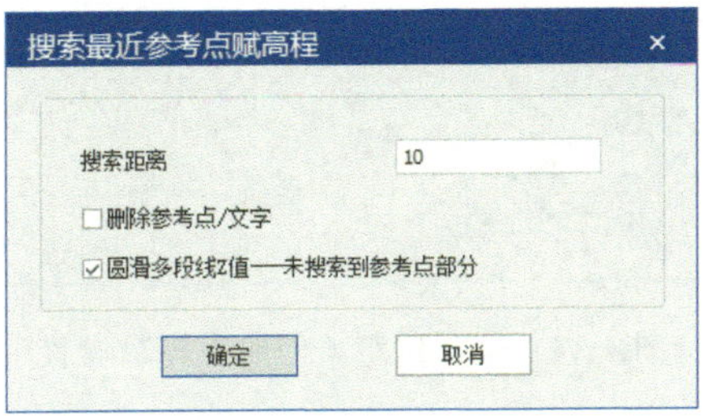


图 4-12　搜索最近参考点赋高程

搜索距离，指以线段节点为圆心，以搜索距离为半径搜索，在此范围内对搜索到的点与该线段节点的距离进行排序，并将距离最近的点的高程赋给该线段节点。给定合适的搜索距离，点击【确定】后，选择需要被赋值的线，点击右键执行命令。

【两点圆滑高程】功能通过选择线段两点并调整两点之间的高程或坡度进行圆滑。选择【工具】→【线赋高程】→【两点圆滑高程】，选择两点之后，弹出“编辑坡度”对话框，按照起点、终点标高自动圆滑各点高程，或者根据情况选择“指定坡度”“指定角度”“1/$X$ 比例”进行编辑，如图 4-13 所示。

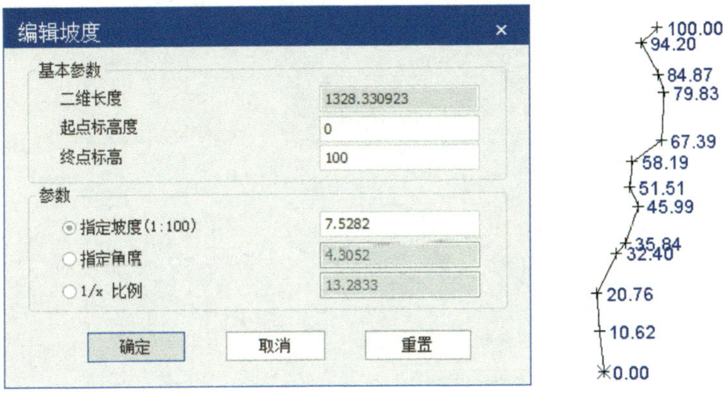


图 4-13　两点圆滑高程示例

对线的操作还有很多功能，如更改线方向、圆滑线条、闭合线段等，不再赘述。

## 4.2 点的操作

与线类似，点也是常见的操作对象。对点的操作包括求两条线的交点、求线与三角网的交点、删除点、编辑点、在线上添加点、按距离加密点等。

选择【工具】→【点的操作】→【按方位距离创建点】，弹出对话框，如图 4-14 所示。

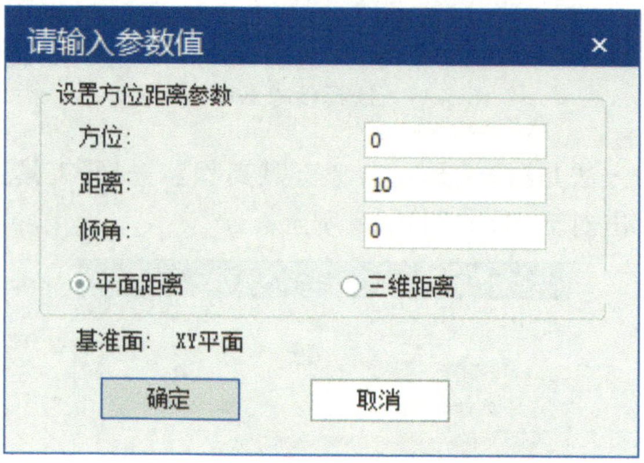


图 4-14　按方位距离创建点参数设置

按照需要设置合适的“方位”“距离”“倾角”后点击【确定】，选择图形工作区内的参考点，生成一个设计点。其中距离的计算可以基于 $XY$ 平面，也可以基于三维距离，可按需要选择。

Voronoi 图又叫泰森多边形，它是由连接两邻点直线的垂直平分线组成的多边形，是用最近距离法估值的理论依据，在露天矿配矿中有所应用。选择【工具】→【点的操作】→【闭合线内散点 Voronoi 图】，选择闭合线，操作结果如图 4-15 所示。

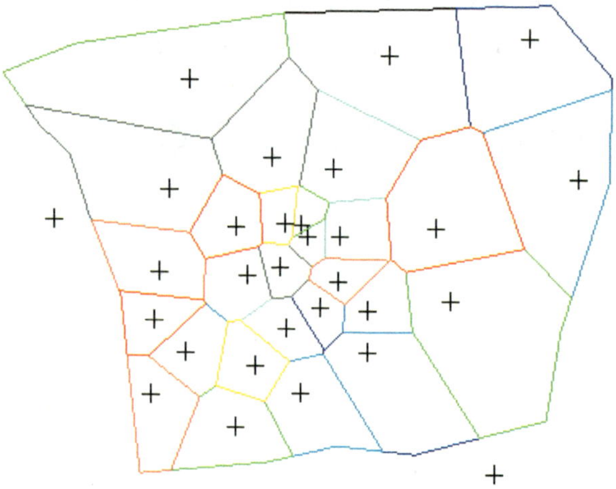

图 4-15　用闭合线内散点生成 Voronoi 图

## 4.3　属性数学计算

【属性数学计算】是十分常用的功能，可以运用数学表达式对点、线、实体等进行数学计算使其获得新的属性值。双击打开“demo/专题示例/01_基本操作/03_物化探数据/00_化探原始数据.xls”文件，数据片段如图4-16所示。全选数据项，在软件图形工作区右键，选择【粘贴】→【粘贴线坐标】，在工具栏中点击【全屏缩放】，之后点击【分解对象】（或菜单选择【编辑】→【炸开】），选中导入的线条，右键并点击“确定”，从而完成数据可视化，如图4-16所示。

| X | Y | Z | 异常值 |
|---|---|---|---|
| 24199.984 | 15399.963 | 0 | 84.47 |
| 23799.984 | 5799.963 | 0 | 92.99 |
| 23799.984 | 6199.963 | 0 | 102.4 |
| 23799.984 | 6599.963 | 0 | 106.41 |
| 23799.984 | 6999.963 | 0 | 116.15 |
| 23799.984 | 7399.963 | 0 | 102.39 |
| 23799.984 | 7799.963 | 0 | 112.3 |
| 23799.984 | 8199.963 | 0 | 112.16 |
| 23799.984 | 8599.963 | 0 | 92.83 |
| 23799.984 | 8999.963 | 0 | 94.4 |
| 23799.984 | 9399.963 | 0 | 116.03 |
| 23799.984 | 9799.963 | 0 | 131.03 |
| 23799.984 | 10199.963 | 0 | 123.11 |
| 23799.984 | 10599.963 | 0 | 131.59 |
| 23799.984 | 10999.963 | 0 | 147.42 |
| 23799.984 | 11399.963 | 0 | 144.55 |
| 23799.984 | 11799.963 | 0 | 122.56 |
| 23799.984 | 12199.963 | 0 | 117.16 |
| 23799.984 | 12599.963 | 0 | 103.3 |

图4-16　散点数据导入

这些散点 $Z$ 值均为0，其属性1中存储了化探数值，现欲用属性1赋值 $Z$。选择菜单【工具】→【属性数学计算】，弹出对话框，如图4-17所示。

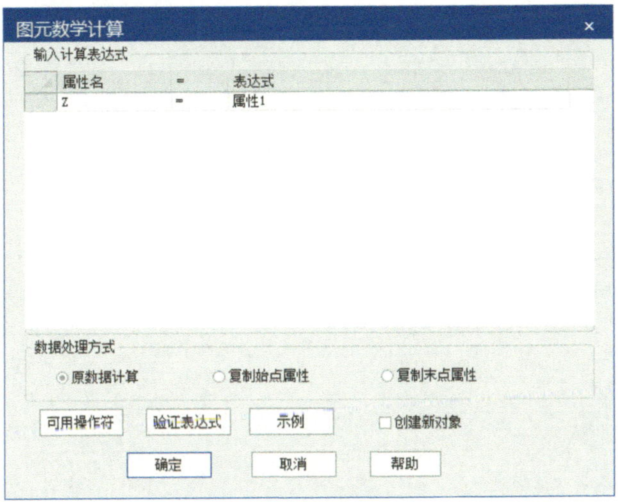


图4-17　图元数学计算

属性名选择“Z”，符号为“＝”，表达式填“属性1”。

数据处理方式:因示例中的原始数据为点,没有始末之分,所以选择“原数据计算”。如果是为线段赋值,线段有起始方向,根据赋值需求可以选择“原数据计算”“复制始点属性”“复制末点属性”。

创建新对象:在不改变源数据的基础上,创建形成新的运算结果。

可用操作符:软件支持的操作符号和变量。

验证表达式无误后,点击【确定】。根据状态栏提示,单击鼠标左键选择需要赋值的对象,单击右键结束选择并进行运算。

# 第2篇 地质建模

数据是认识自然的媒介，地质上主要通过钻探、物化探、采掘工程等手段获取数据。模型是对实际或设计系统的某种形式的抽象、简化与描述，是人们为实现某种目的，在一定假设条件下，再现原型客体的结构、功能、属性、关系、过程等本质特征的物理或思维形式。地质模型是利用地质数据对天然地质体几何形态、拓扑信息和物化性质等方面的理解、抽象与表达，是数字矿山技术的基础，是现代采矿设计方法运用的前提。

按照对地质现象的认识规律，表征地质体几何要素的数据可抽象为点、线、面、体，而点数据是最原始、最直接、最普遍的基础数据，地质建模也大多始于点数据。在三维矿业软件中采用钻孔(Drill hole)模型、表面模型(DEM)、实体模型(DTM)、块体(Solid)模型等实现地质建模。其中，钻孔模型为表面建模、实体建模、块体建模提供数据基础，是三维地质建模工作的开端。表面模型与实体模型统称为面模型，它们的主要区别是：表面模型是开放的，有上下之分；实体模型是封闭的，有内外之分。块体模型将空间离散化，表达颗粒度更小的属性信息。

除钻孔模型外，表面、实体、块体本质上都是做空间属性扩展的(或称数据加密)，有了足够的数据密度，就能够更好地为专业应用服务，如资源量估算、境界优化、采矿设计、贫化损失计算等。本篇将针对钻孔、表面、实体、块体4类模型，详细介绍地质建模的基本原理、方法、流程。

# 第5章 钻孔模型

钻孔模型是为了在三维矿业软件中进行钻孔可视化而设计的一种关系数据库，因此，钻孔模型又称为钻孔数据库。钻孔数据库可以设置多种显示风格，并可方便地进行钻孔数据的查询、编辑、修改、打印等。

## 5.1 钻孔数据库建立

一般而言，钻孔数据库的作用是将探矿工程的地质编录信息按照指定的格式存入数据表中。探矿工程主要包括钻探、坑探和槽探等。对于坑探和槽探工程，是将它们理解为特殊的钻孔，其轨迹类型可按照折线来考虑，再根据取样位置和方向来确定该线段的方位角和倾角。为叙述方便，本章重点阐述钻探工程的处理。

钻探工程是准确认知地质体几何形态的最直接、最可靠的方式，已广泛用于国民经济各个部门。按用途，钻孔可分为如下几类：

① 地质普查或勘探钻孔，用于了解地质构造、找矿或探明矿产资源量；

② 水文地质钻孔，用于勘查地下水文地质情况；

③ 水井，为工业、农业、国防及生活开发利用或补给地下水资源提供水文地质资料；

④ 工程地质钻孔，用于勘查或为建筑厂基、坝址、水库、桥梁及道路等探明地质情况；

⑤ 石油钻井，用于勘查和开发石油、天然气；

⑥ 地热钻孔，用于勘探和开发地下热水与蒸汽资源；

⑦ 工程基础施工钻孔，指为加固处理建筑工程基础所施工的钻孔；

⑧ 开发钻孔，用于开采地下卤水、溶解岩盐、热熔硫黄、燃烧气化地下煤炭等；

⑨ 工程辅助钻孔，采矿或隧道施工时为通风、排水、探水、探气、冻结、运输以及为建筑和通信安装管线、爆破、取样、灌浆等所施工的钻孔。

数据库是一种有效的数据管理工具，可以方便地对数据进行检索、查询、修改等。数据库的基本要素为表和字段，一个数据库由若干表组成，每个表中各个字段有其对应的数据格式，这些表和字段都要与实际的数据记录内容相匹配。我们可利用 3DMine 矿业软件创建钻孔数据库，将地质数据以文本或 Excel 表的格式导入数据库中，并用三维可视化技术来展示、管理和利用。

### 5.1.1 钻孔数据表结构

不论何种类型的钻孔，计算机建模都需要对其空间轨迹和属性进行表达。在 3DMine 矿业软件中，钻孔模型存储于钻孔数据库文件中(文件后缀为.mdb)。新建钻孔数据库至少需要两类强制型表格：定位表和测斜表；通常还要有若干非强制型属性表：岩性表、化验表等。

数据表将钻孔的定位、测斜、地质编录等信息分开，符合矿山实际工作流程，同时节约了存储空间。其中，钻孔的定位表和测斜表决定了钻孔在三维空间中的轨迹；岩性表和化验表等则存储了与钻孔轨迹相对应的地质编录信息。

(1) 定位表(强制型表)

定位表可存储钻孔的名称(工程号)、开孔坐标、最大孔深和轨迹类型等信息。轨迹类型指的是在钻孔轨迹拟合(折线、曲线)时用到的数学规则。最大孔深指的是钻孔轨迹线累计长度。其中，工程号、轨迹类型的数据类型为文本型，开孔坐标、最大孔深的数据类型为双精度数值型(以下简称双精度)。定位表基本字段如表 5-1 所示。

**表 5-1　定位表基本字段**

| 工程号 | 开孔坐标 E | 开孔坐标 N | 开孔坐标 R | 最大孔深 | 轨迹类型 |
|---|---|---|---|---|---|

当然，定位表的字段设置可以不限于这些，从制图和将来对数据库的应用角度考虑，还有很多的字段需要记录，一般的原则是依据钻孔柱状图来增加相应的字段。不同的字段用不同的数据类型存储：工程类型、勘探线号等描述字段一般为文本格式，开孔时间、终孔时间则为日期格式。定位表常用字段如表 5-2 所示。

**表 5-2　定位表常用字段**

| 工程类型 | 勘探线号 | 开孔时间 | 终孔时间 | 矿区编号 | 编录员 |
|---|---|---|---|---|---|

(2) 测斜表(强制型表)

测斜表存储钻孔的测斜信息，被用来计算钻孔的空间轨迹，基本字段包括工程号、深度、方位角和倾角。深度：钻孔测斜位置沿轨迹线至孔口位置的折线长度，单位是 m。方位角：表示测斜时钻孔轨迹线投影的方位角，北向为 0°，沿顺时针方向角度增加，值域范围是[0,360]，单位是(°)。倾角：表示测斜时钻孔轨迹的倾斜角度，即钻孔轨迹线方向与水平面的夹角，角度向上为正，向下为负，值域范围 [−90,90]，单位是(°)。对于没测斜过的钻孔，可默认为垂直孔，测斜表的深度值就是钻孔的起点，即表中的深度值为 0，方位角为 0°，倾角为−90°。一般测斜表只记录基本字段，而无附加字段。测斜表字段如表 5-3 所示。

**表 5-3　测斜表字段**

| 工程号 | 深度 | 方位角 | 倾角 |
|---|---|---|---|

(3) 岩性表(非强制型表)

岩性表前三个字段为强制字段(系统默认建立)，其后面的字段可以自行定义，用于记录岩性描述信息。与强制型表的非基本字段一样，岩性表的非强制字段也需要根据需要设定字段数据存储类型。测斜表字段如表 5-4 所示。

**表 5-4　岩性表字段**

| 工程号 | 从 | 至 | 岩性代码 | 岩性名称 | 岩性描述 | 蚀变类型 |
|---|---|---|---|---|---|---|

（4）化验表（非强制型表）

与岩性表类似，化验表前三个字段为强制字段（系统默认建立），其后面的字段可自行添加，用于记录元素的化验品位等信息。其中，分析化验的元素信息可根据实际情况记录，可以是一种或多种。化验表字段如表 5-5 所示。

**表 5-5　化验表字段**

| 工程号 | 从 | 至 | 样号 | 样长 | 分析元素 1 | 分析元素 2 | 化验单位 | 化验员 | 时间 |
|---|---|---|---|---|---|---|---|---|---|

## 5.1.2　新建钻孔数据库

钻孔数据库是矿业软件中对钻孔编录信息进行存储的一种数据格式。新建钻孔数据库步骤如下：

（1）选择数据库存储路径，根据一定的文件命名规则新建地质数据库名称。

（2）添加强制型表格“定位表”和“测斜表”的附加字段，如勘探线号、开孔时间、矿区编号等。

（3）与整理好的地质编录数据结构一致，添加非强制型数据表及相应字段。

（4）向数据库中导入数据。3DMine 矿业软件接受“剪贴板导入”“导入文本”“导入 Excel”三种方式，可导入的文档扩展名可为“txt”“csv”“dat”“xls”等。

通常，原始地质编录数据众多、编录质量参差不齐，难免存在录入错误和逻辑错误，因此对原始编录表格进行严格的检查和纠错是不可避免的。三维矿业软件可以自动检查数据逻辑错误并提供多种处理方式，如错误警告、覆盖记录、忽略记录、停止导入等，这些功能可用于辅助数据质量检查和改善，有助于快速完成钻孔数据库的数据导入。

基于 3DMine 矿业软件，下文以常用的 Excel 表格数据为例新建地质数据库。本例所用原始数据存储位置为：本机软件安装位置（C:\3DMine V202211）\demo\专题示例\02_钻孔数据库\01_建立数据库\01_原始表格.xls。新建地质数据库的操作过程如下：

（1）在文件目录树窗口右键单击“01_建立数据库”文件夹，将其设为当前工作目录。

（2）在文件目录树窗口双击“01_建立数据库”文件夹中的文件“01_原始表格.xls”，观察该文件的内容，理解表格中各列记录的含义。

（3）在菜单栏中选择【钻孔】→【钻孔数据库】→【新建数据库】，如图 5-1 所示。在弹出的对话框中，键入文件名“钻孔数据库”，单击【保存】按钮。

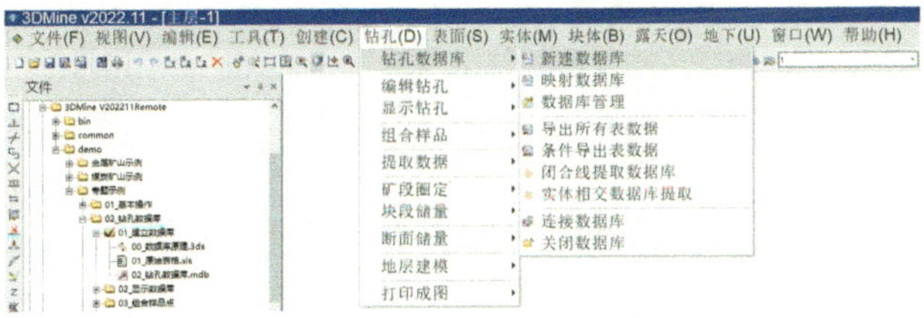


图 5-1　新建钻孔数据库菜单

（4）在弹出的数据库管理对话框中，右键单击“定位表”，选择“编辑表”，对照“01_原始表格.xls”中的定位表信息，如图 5-2 所示。无须添加新的字段，执行下一步操作。

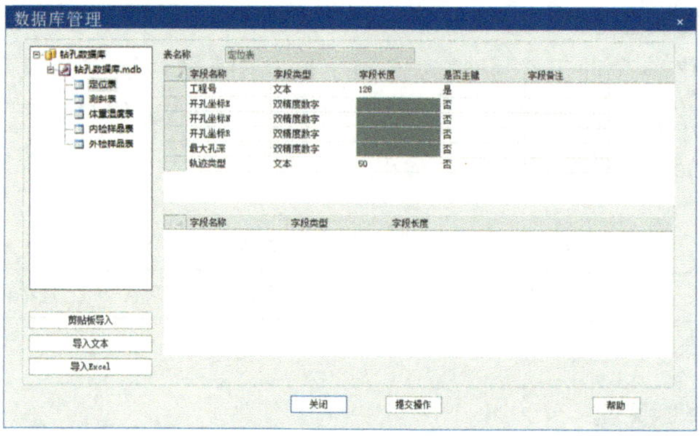

图 5-2　新建钻孔数据库字段窗口

（5）如图 5-3 所示，单击“导入 Excel”，填入相关信息。指定 Excel 文件：通过“浏览”按钮查找所要导入的 Excel 文件。指定 Excel 表单：一个 Excel 文件下可能包含多个不同的表格内容，比如定位表、化验表、测斜表等，因此需要根据实际情况，选择相应的表单。重复记录处理：可以设置不同的处理方式，以及导入过程中终止导入的数据个数。导入选项设置：如果导入数据中包含标题行，则该选项勾选；如果不包含标题行，就不用勾选。

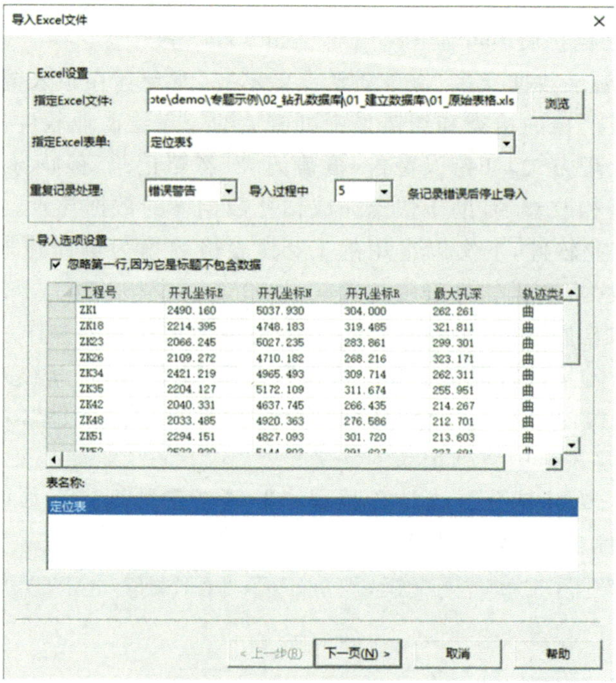

图 5-3　新建钻孔数据库导入定位表数据窗口

（6）单击【下一页】，检查字段匹配情况。数据库字段与源文件字段要依次匹配，如有不匹配情况，则调整源文件字段，直至完全匹配，如图 5-4 所示。

（7）单击【下一页】，显示导入进度条，对数据导入进行情况汇总，并提示数据导入完成。如果数据导入过程中出现错误，会提示错误出现的原因，如图 5-5 所示。

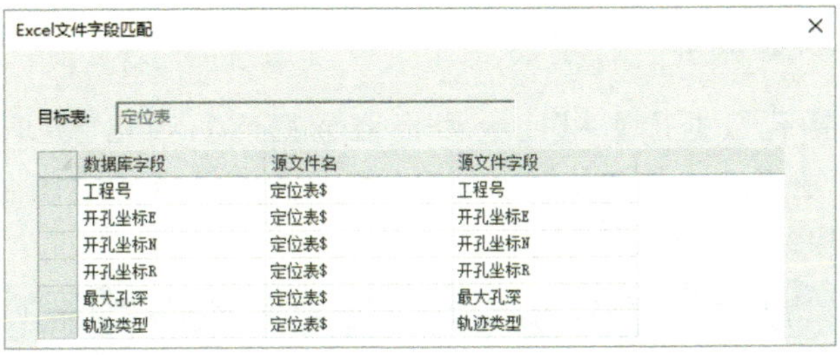


图 5-4　新建钻孔数据库定位表数据字段匹配窗口

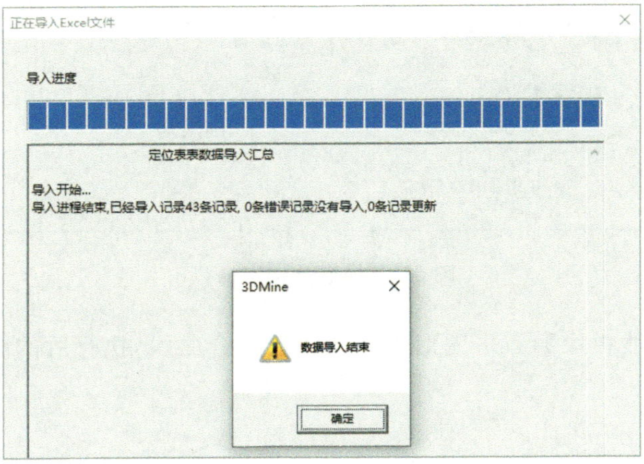


图 5-5　新建钻孔数据库导入数据记录检查窗口

(8) 单击【确定】,单击【完成】,单击【提交操作】,至此,已完成定位表的导入,如图 5-6 所示。

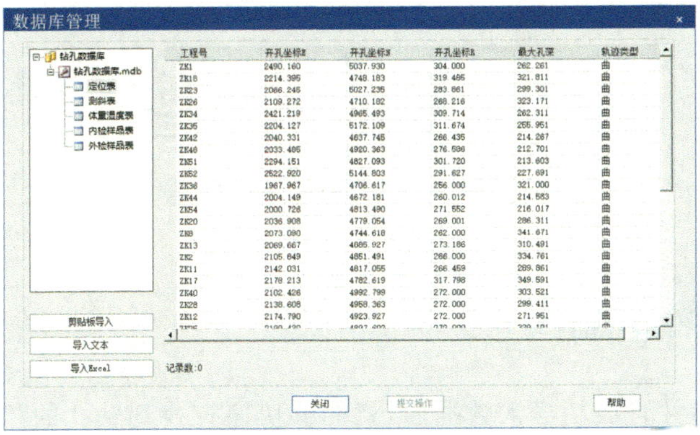


图 5-6　新建钻孔数据库提交操作窗口

(9) 同理,可完成测斜表的数据导入。

在钻孔数据库中,可新建化验表和岩性表及相应的附加字段,并进行数据导入,其过程与定位表数据导入过程类似,不再赘述。

### 5.1.3 闭合线提取数据库

选择【钻孔】→【钻孔数据库】→【闭合线提取数据库】，弹出“提取数据库对话框”，如图 5-7 所示。填写新建提取文件的位置及名称，根据需要可以建立闭合线内或者线外的数据库内容，该命令会保留原始数据库。

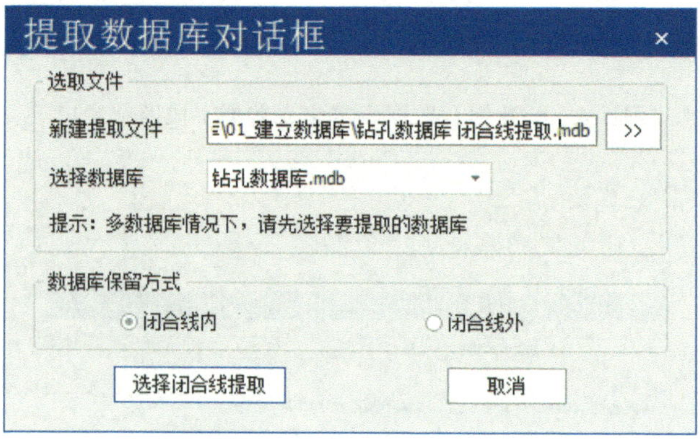


图 5-7　提取数据库窗口

单击【选择闭合线提取】，点击图形工作区中的闭合曲线，执行后的结果如图 5-8 所示。

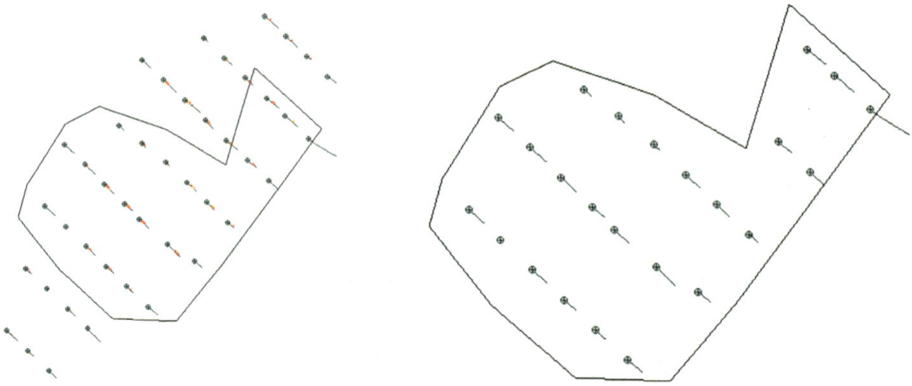

图 5-8　提取数据库示例

## 5.2 钻孔数据库编辑

建立钻孔数据库并且成功导入数据后，就能够快速查找到钻孔的相关信息，可对数据进行错误检查、属性数学计算、统计分析以及导出、提取、修改、增加、删除等编辑操作。钻孔数据库编辑可分为：编辑单孔、录入单孔、删除单孔、编辑数据表等。

### 5.2.1 编辑单孔

对单孔进行查询编辑时，选择【钻孔】→【编辑钻孔】→【编辑单孔】，弹出“编辑钻孔”对话框，如图 5-9 所示。

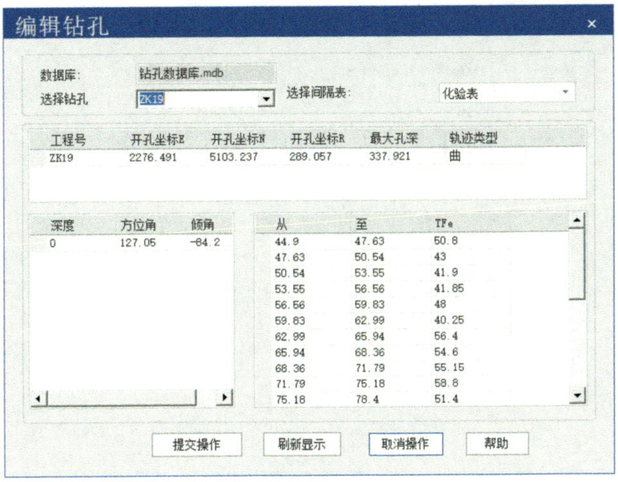


图 5-9　“编辑钻孔”对话框(一)

可以同时修改一个钻孔的开孔表、测斜表、岩性表和化验表等数据。对话框中只能同时显示三张表,其他表可通过【选择间隔表】下拉菜单指定显示非强制型表。修改后左键单击【提交操作】以保存修改信息。

### 5.2.2　录入单孔

可以快速录入一个钻孔的定位和测斜信息。选择【钻孔】→【编辑钻孔】→【录入单孔】,弹出“录入单孔”对话框,如图 5-10 所示。

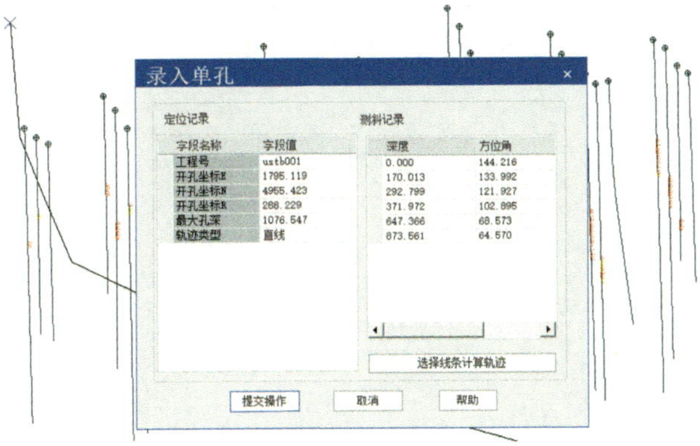


图 5-10　录入单孔

该功能可以快速录入坑道和探槽编录资料,通常是在实测资料的基础上绘制出取样位置,然后通过【选择线条计算轨迹】功能快速录入相关数据信息。这在日常工作中是非常实用的功能,可以节省大量的基础数据录入时间。定位记录中包括定位表内的所有字段,如工程号、开孔坐标、最大孔深、轨迹类型和勘探线编号等。测斜记录里包括深度、方位和倾角。左键单击【提交操作】按钮,系统提示是否继续导入化验及岩性数据,根据需要选择。如果选择了【是】,则进入“编辑钻孔”对话框,输入相应的数值,如图 5-11 所示。录入完毕后,左键单击【提交操作】。

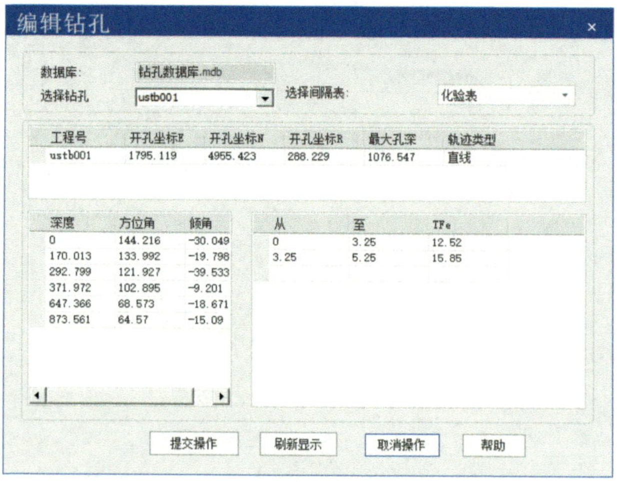


图 5-11 “编辑钻孔”对话框(二)

### 5.2.3 删除单孔

删除单个钻孔时,可以直接选择下拉列表中的钻孔号,或者点击【选择】,选择钻孔轨迹线进行删除,如图 5-12 所示。

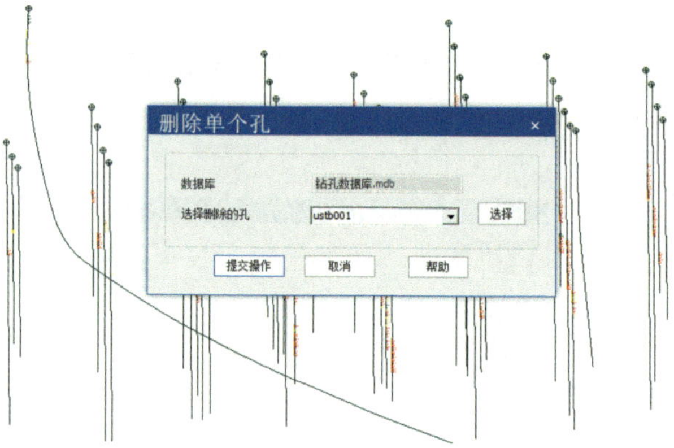


图 5-12 删除单孔

### 5.2.4 编辑数据表

导入数据完成后,选择某个表格,在数据库管理窗口右侧会显示该表格的内容,在显示表格数据处单击右键,可以删除单条记录。在数据库列表下的某个表格上单击右键,弹出右键菜单:可以编辑、删除以及清除表记录。在层浏览器中左键单击数据库前边的+号,数据库会展开,将包含的表格显示出来,在显示的表格处单击右键,弹出右键菜单,可以进行“显示表内容”“编辑表内容”“清空表数据”操作,如图 5-13 所示。如需关闭数据库,在数据库名称位置点击右键,在弹出的快捷菜单里选择【关闭】即可。

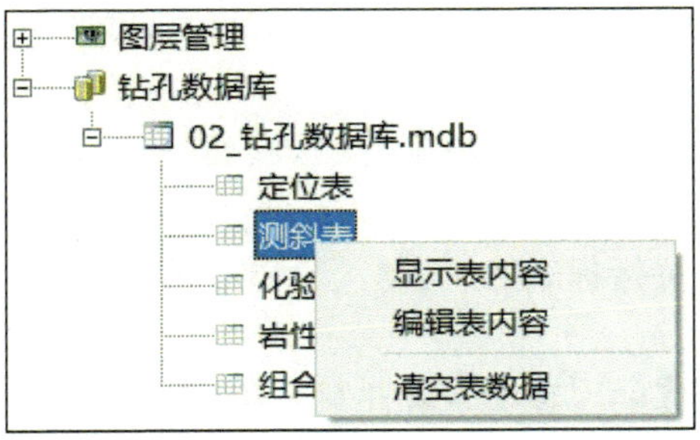


图 5-13 在层浏览器中对各表的操作示例

## 5.3 钻孔三维显示

钻孔数据库完整映射、记录了钻探成果，对钻孔数据进行三维显示有助于深入理解地质信息、构建三维地质模型。钻孔显示的基本功能包括显示钻孔轨迹、定义显示风格、定义钻孔约束、显示属性等。

### 5.3.1 显示钻孔轨迹

左键双击打开钻孔数据库，单击【钻孔】→【显示钻孔】，如图 5-14 所示。

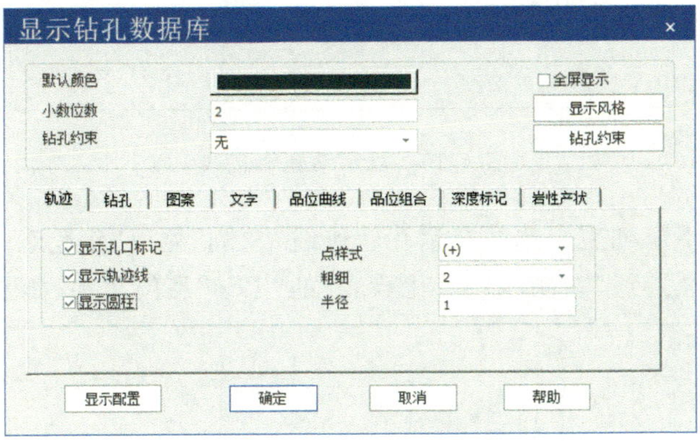


图 5-14 显示钻孔数据库

【显示钻孔数据库】对话框包含轨迹、钻孔、图案、文字、品位曲线、品位组合、深度标记和岩性产状等 8 个选项卡，还可以设置钻孔显示风格和钻孔约束，并可通过"显示配置"打开或保存显示样式。

如前所述，钻孔轨迹线对应强制型数据。只要在钻孔数据库中正确导入定位表、测斜表数据，即可显示钻孔轨迹。【显示钻孔数据库】对话框中各选项含义如下：

轨迹：指钻孔孔口标记及轨迹线，孔口标记点样式、轨迹线粗细可以根据需要设置；

钻孔：指在钻孔轨迹线的孔口或孔底位置，设置显示定位表中的字段及字体大小；

图案：指在钻孔轨迹线的左侧或者右侧，设置所显示的地质数据库表格中字段的地质图案及其显示宽度和偏移值；

文字：指在钻孔轨迹线的左侧或者右侧，设置所显示的地质数据库表格中字段的标注字体及其字体大小和偏移值；

品位曲线：指在钻孔轨迹线的左侧或者右侧，设置所显示的地质数据库表格中某字段的品位曲线；

品位组合：设置圈矿品位指标表达式，定义最小可采长度和夹石剔除长度等参数并进行品位组合和位置显示；

深度标记：关于钻孔深度的一种文字标注显示设置，包括文字大小、颜色、位置等基本设置，便于查看钻孔深度标识；

岩性产状：根据钻孔的岩性范围和岩性倾角，设置岩性产状。

设置【钻孔轨迹】，可在图形工作区内显示钻孔的轨迹线，如图 5-15 所示。

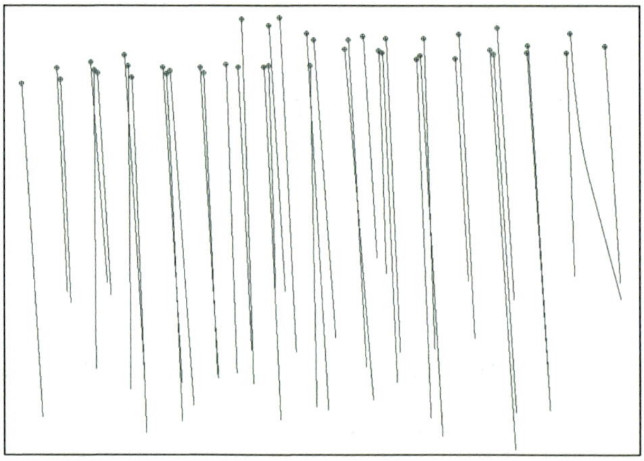

图 5-15　显示钻孔轨迹线

设置【图案】，从下拉列表中选择在钻孔轨迹线“左侧”显示“化验表”的“TFe”品位图案；设置【文字】，在钻孔轨迹线“右侧”显示“化验表”的“TFe”品位文字，如图 5-16 所示。

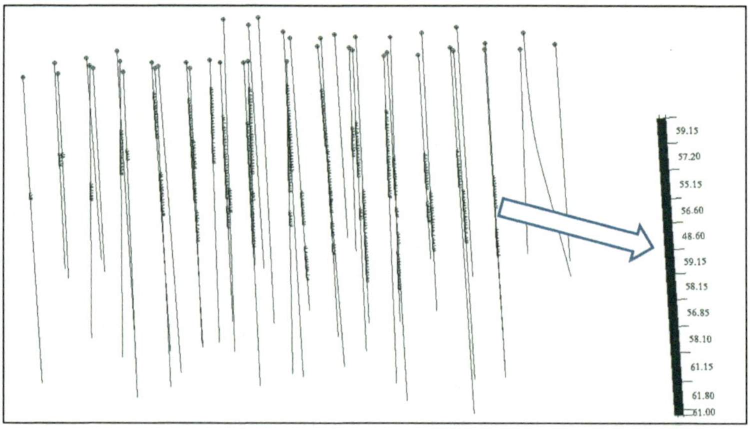


图 5-16　显示钻孔图案和文字

注意：因为没有设置【钻孔显示风格】，此处图案和文字的颜色与钻孔轨迹线的颜色是一致的。

### 5.3.2　显示属性

通过设置显示属性，可以按不同的区间或岩性类型使钻孔数据库中化验表和岩性表中的字段显示不同颜色和图案，便于三维状态下查看、打印出图及设置钻孔柱状图。设置好的显示风格可以通过【显示钻孔数据库】对话框中的“显示配置”进行保存。

(1) 选择【钻孔】→【显示钻孔】→【定义显示风格】，或者在层浏览器中数据库上单击右键，在快捷菜单选择【显示风格】。弹出“钻孔显示风格”对话框，如图 5-17 所示：

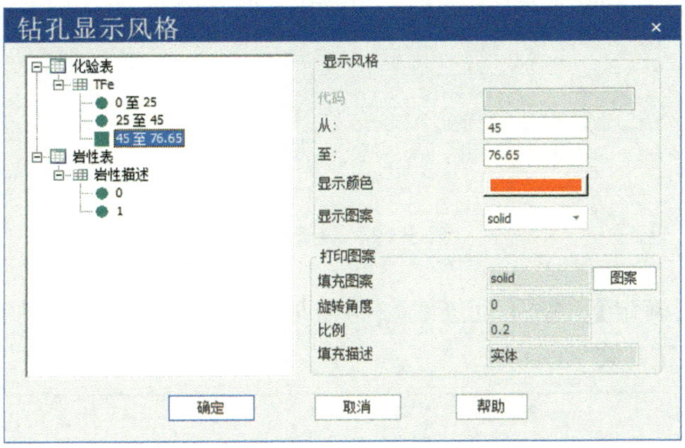


图 5-17　钻孔显示风格设置

窗口左侧是化验表和岩性表中用户自定义的字段名称；右侧是显示风格和打印图案参数设置，在没有划分品位区间或岩性分类前，右侧参数呈现灰色状态不可设置。

(2) 在“化验表→TFe”和“岩性表→岩性描述”位置分别单击右键，可以发现弹出的快捷菜单第二个选项内容不同，如图 5-18 所示。

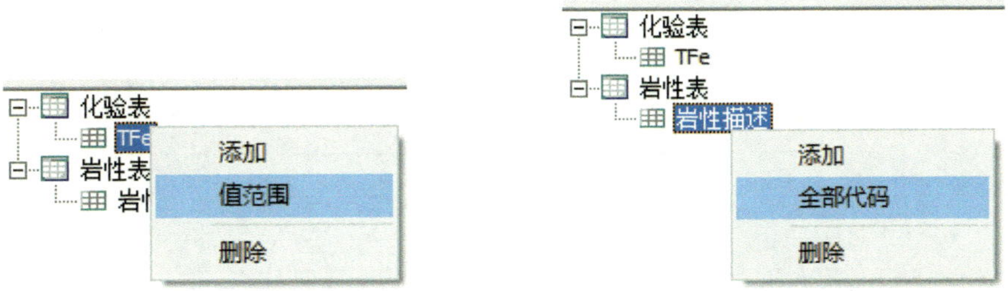


图 5-18　查看值范围和全部代码

因为 TFe 字段类型是数值型，岩性描述字段类型是文本型，所以在数据库建立字段时应正确设置字段类型。

(3) 获取 TFe 字段的值范围，以这个范围为依据，用【添加】功能添加适当的品位区间，为每一个区间设置不同的“起始值”“结束值”“显示颜色”“显示图案”等。获取的岩性代码由导入数据库中的内容决定，在右侧显示风格位置可以自定义设置。

“打印图案”相关设置主要用于打印模块，可发送到 AutoCAD 中或钻孔柱状图中体现，便于工程制图、出图。

(4) 设置完成，单击【确定】。选择【钻孔】→【显示钻孔】→【显示钻孔数据库】功能，设置

“图案”选项卡轨迹线左侧显示“化验表”字段“TFe”，如图 5-19 所示。“文字”选项卡轨迹线右侧显示“化验表”字段“TFe”。

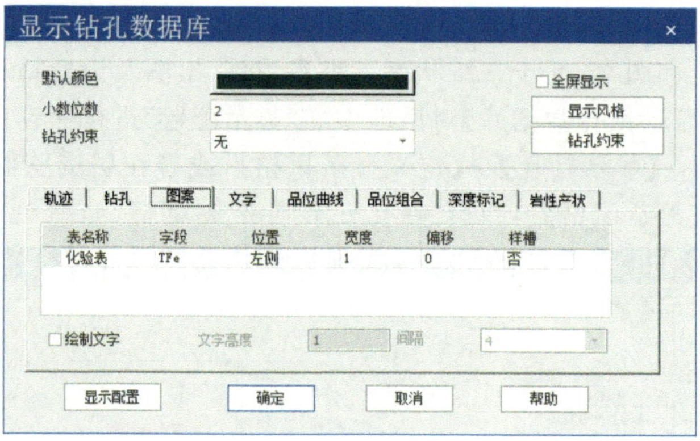


图 5-19　设置图案

设置完成，单击【确定】。钻孔轨迹线左侧增加了多种颜色图案，钻孔轨迹线右侧品位数值也以彩色显示，如图 5-20 所示。

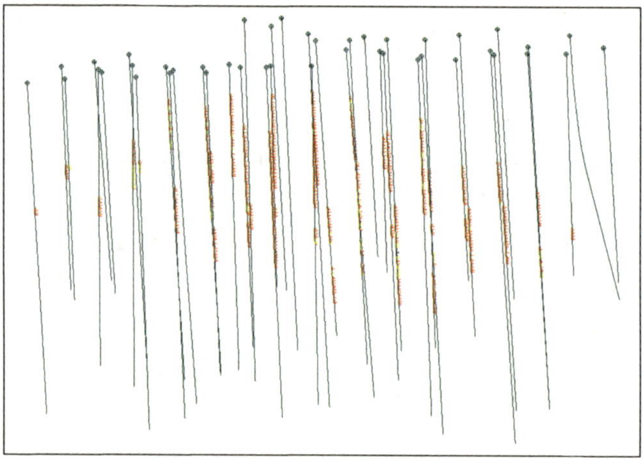

图 5-20　钻孔显示效果

# 5.4　钻孔打印成图

钻孔打印成图功能可将单个钻孔或剖面按照某种规格进行投影并打印输出。与绘图软件不同，3DMine 矿业软件的打印成图功能更容易批量化处理钻孔，出图效率更高。

## 5.4.1　钻孔柱状图

根据地质数据库，设置显示风格，自动生成钻孔柱状图。其操作步骤如下：

(1) 打开“专题示例/02_钻孔数据库/04_钻孔柱状图/01_地质数据库.mdb”文件。

(2) 选择【钻孔】→【打印成图】→【钻孔柱状图】，弹出对话框，如图 5-21 所示。

配置文件：用于新建、打开或保存钻孔柱状图的配置文件。为了操作方便，此处打开“02

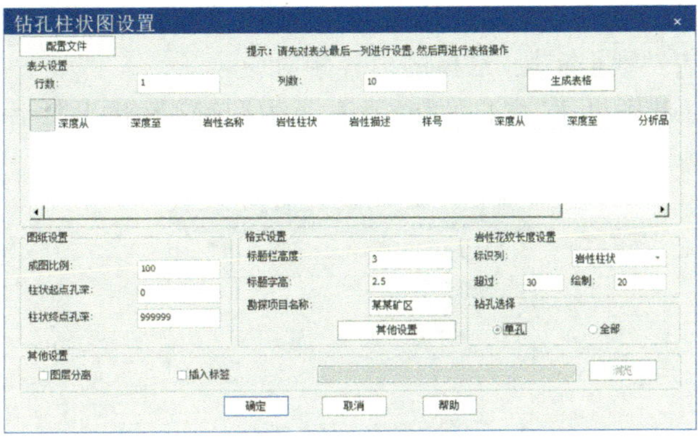


图 5-21 钻孔柱状图设置

_柱状格式配置.glog”文件。表头设置：设置钻孔状态图表头行数、列数及内容。生成表格：按照设置的行数和列数生成钻孔柱状图表头行数和列数。图纸设置：用于设定成图比例和柱状图的孔深范围。格式设置：用于设定标题栏的参数及勘探项目名称。岩性花纹长度设置：设置岩性花纹显示长度的上限。钻孔选择：钻进生成方式，单孔或全部。其他设置：可设置施工日期、勘探线号、地层列宽，单击【其他设置】，弹出对话框，如图 5-22 所示。

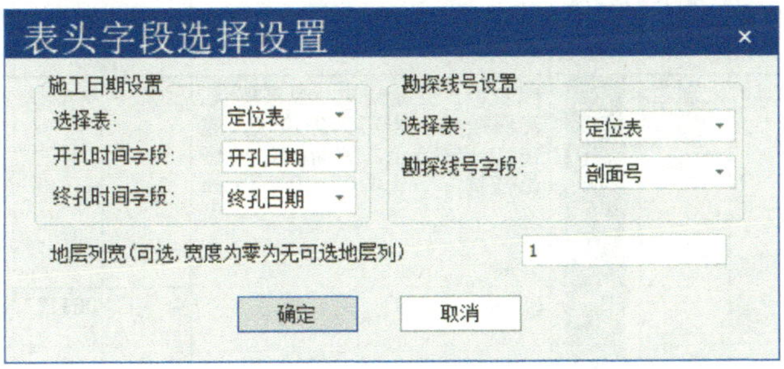


图 5-22 钻孔柱状图表头字段选择设置

(3) 选中并右键单击表格区的字段，弹出“列属性设置”对话框，可对每个字段设置属性，如图 5-23 所示。

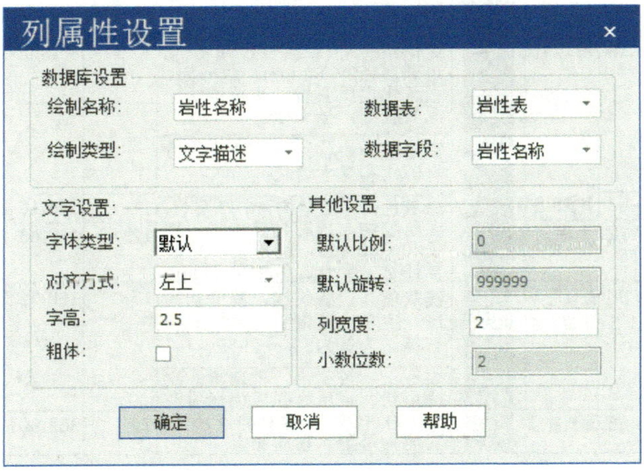


图 5-23 列属性设置

注意："数据库设置"下的 4 个选项是相互对应的，首先定义"绘制名称"，"绘制类型"应与"绘制名称""数据表""数据字段"选择的内容相对应。

(4) 选择"钻孔柱状图设置"窗口的【单孔】，点击【确定】，弹出对话框，选择想要生成的钻孔编号，如图 5-24 所示。

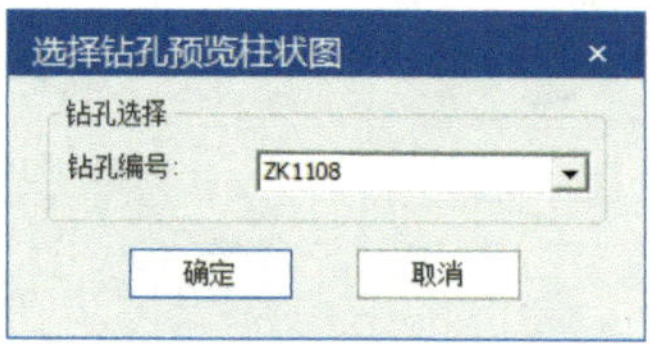


图 5-24　选择钻孔

单击【确定】，在当前窗口生成柱状图，如图 5-25 所示。

**某某矿区ZK1108钻孔柱状图**

**比例尺1:100**

| | | |
|---|---|---|
| **开孔日期：** 2007/9/1 | **勘探线号：** 11线 | **钻孔坐标X：** 33 571 324.880 |
| **终孔日期：** 2007/9/17 | **钻操方位：** 78.00 | **Y：** 3 907 880.020 |
| **终孔深度：** 410.54 m | **钻孔倾角：** -85.00 | **H：** 3 620.13 |

| 地层单位 | | | 深度从 | 深度至 | 岩性名称 | 岩性柱状 | 岩性描述 | 样号 | 深度从 | 深度至 | 分析品位 | 曲线 |
|---|---|---|---|---|---|---|---|---|---|---|---|---|
| 界 | 系 | 统 | | | | | | | | | | |
| | | | 348.73 | 353.13 | 大理岩 | | 深灰色，泥晶结构，中厚层状，泥质胶结。岩芯为碎块状，直径20～50 mm，棱角状，局部呈柱状，节长0.02～0.64 mm | 4 | 351.71 | 353.13 | 0.02 | |
| | | | 353.13 | 354.61 | 细脉浸染状铜硫矿 | | 浅灰色，块状结构，浸染状构造，主要为黄铜矿、黄铁矿和石英，含量为2%～29% | 5 | 353.13 | 354.61 | 1.18 | |
| | | | 354.61 | 356.52 | 大理岩 | | 深灰色，泥晶结构，中厚层状，泥质胶结。岩芯为碎块状，直径20～50 mm，棱角状，局部呈柱状，节长0.02～0.65 mm | 6 | 354.61 | 356.52 | 0.07 | |
| | | | 356.52 | 359.16 | 角砾岩 | | 泥化角砾岩（软弱带）：浅黄色，角砾直径2～58 mm，成分为强风化泥质灰岩，次棱角状，泥质胶结，呈土状<br>黄褐色，块状结构，硅化、黄铁矿化和夕卡岩化 | 7 | 356.52 | 357.63 | 0.12 | |
| | | | 359.16 | 359.66 | 黄铁矿脉 | | 深灰色，泥晶结构，中厚层状，泥质胶结。岩芯为碎块状，直径20～50 mm，棱角状，局部呈柱状，节长0.02～0.66 mm | 11 | 359.16 | 359.66 | 0.09 | |
| | | | 359.66 | 360.72 | 大理岩 | | | 12 | 359.66 | 360.72 | 0.02 | |
| | | | 360.72 | 362.90 | 细脉浸染状铜硫矿 | | 浅灰色，块状结构，浸染状构造，主要为黄铜矿、黄铁矿和石英。含量为2%～29%<br>块石土，灰黄色，稍密状，次棱角状。岩质为强风化泥质灰岩，约占65%，碎石约占16%，其他为可塑状粉质黏土 | 13 | 360.72 | 362.90 | 0.38 | |
| | | | 362.90 | 363.66 | 角质板岩 | | | 14 | 362.90 | 363.66 | 0.09 | |

图 5-25　生成钻孔柱状图（局部）

注意：岩性花纹的设置在【钻孔】→【显示钻孔】→【定义显示风格】中进行。钻孔显示风格设置如图 5-26 所示。

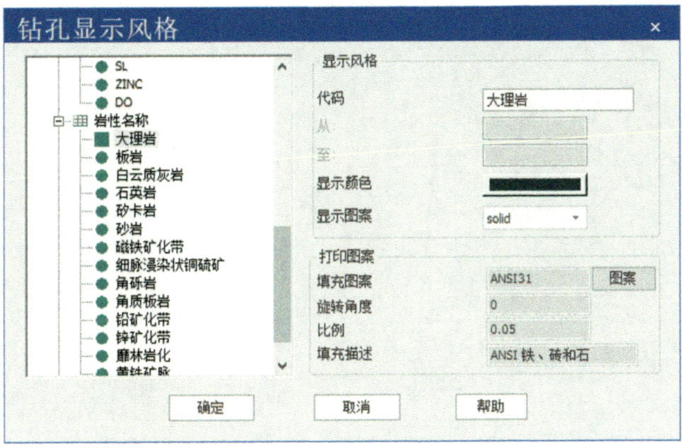


图 5-26　定义岩性花纹

单击【图案】，可弹出“选择图案”对话框，可选择 CAD 图案和 MapGIS 图案，见图 5-27。

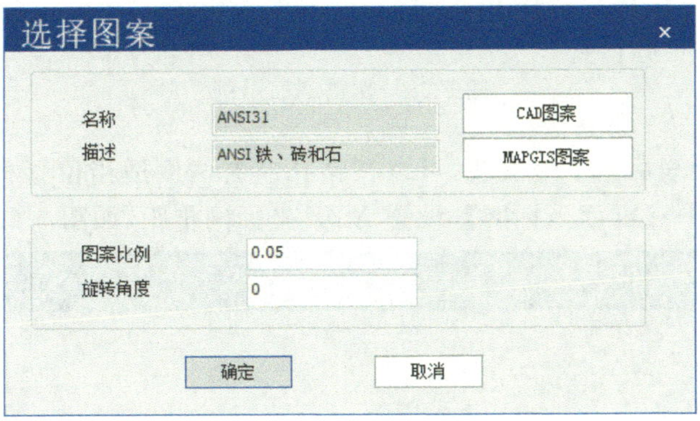


图 5-27　选择图案

### 5.4.2　剖面出图

利用 3DMine 矿业软件可以快速准确地进行剖面出图工作。剖面图元素包括钻孔数据、矿岩边界线、剖面坐标网、剖面小平面图、矿段组合样数据等。下面介绍如何添加这些元素到剖面图上。

(1) 打开“demo/金属矿山示例”文件夹。左键双击“00_数据库.mdb”文件，显示数据库。在图案选项卡中选择“化验表→TFe”，样槽显示为“是”；文字选项卡选择“化验表→TFe”；品位组合选项卡选择“圈矿品位组合：TFe→50”“小可采长度：1”“夹石剔除厚度：2”；其他按照默认设置。

(2) 选择【钻孔】→【块段圈定】→【手工矿段圈定】，对每个钻孔内提示为矿体的部分进行矿体圈定。

(3) 将“03_勘探线.3ds”“01_原始地表.3dm”“08_矿体线.3ds”文件调入 3DMine 矿业软件中。“08_矿体线.3ds”即矿岩边界线，圈定矿岩边界线需要按照相关地质规范要求进行，此处直接利用“08_矿体线.3ds”文件。沿“03_勘探线.3ds”切割剖面，如图 5-28 所示。

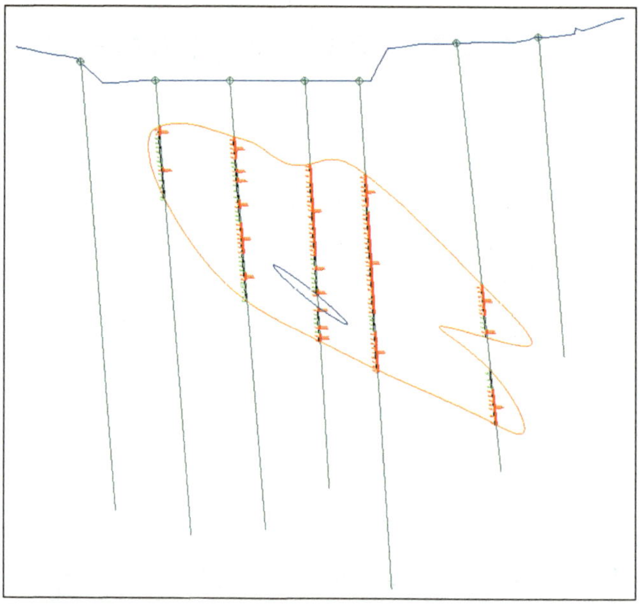

图 5-28　切割剖面示例

(4) 剖面坐标网

剖面切割原始地表后留下地表线，可以在钻孔左右两侧适当位置将地表线打断。选择【钻孔】→【打印成图】→【剖面坐标网】，设置 $XYZ$ 坐标网步距，如图 5-29 所示。

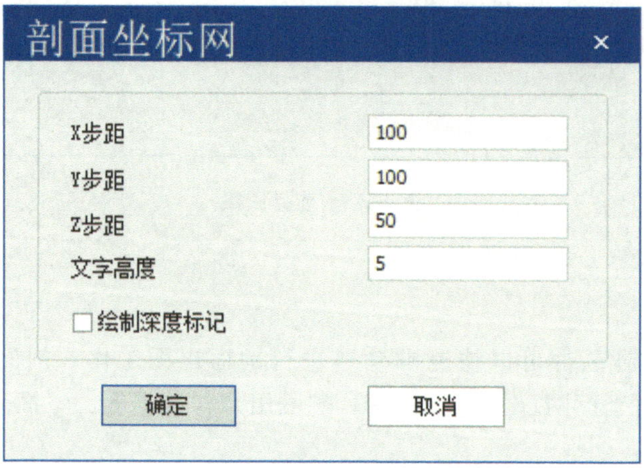


图 5-29　剖面坐标网设置

点击【确定】后，选择“地表线”，下拉至钻孔孔底某处结束，如图 5-30 所示。

(5) 剖面小平面图

选择【钻孔】→【打印成图】→【剖面小平面图】，设置剖面前宽、剖面后宽、间隔 $X$、间隔 $Y$、文字高度，添加附加线文件，如图 5-31 所示。附加线文件可以选原始地表等高线。如有原始地表等高线，直接添加即可。否则，可以利用“表面文件→等值线→DTM 等值线”，用“原始地表.3dm”生成等高线文件后，保存为“01_原始地表等高线.3ds”。

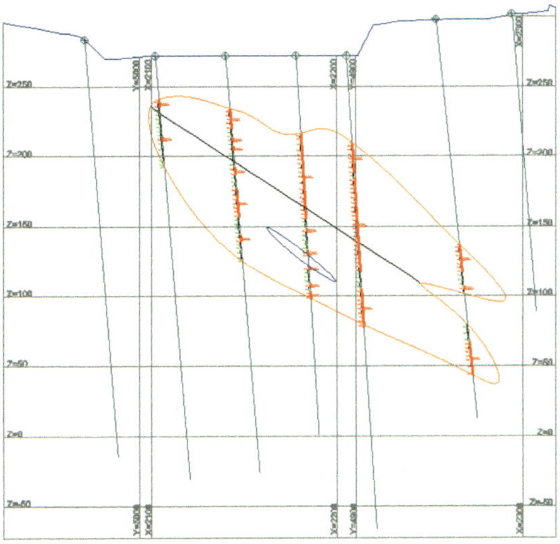

图 5-30 剖面坐标网生成示例

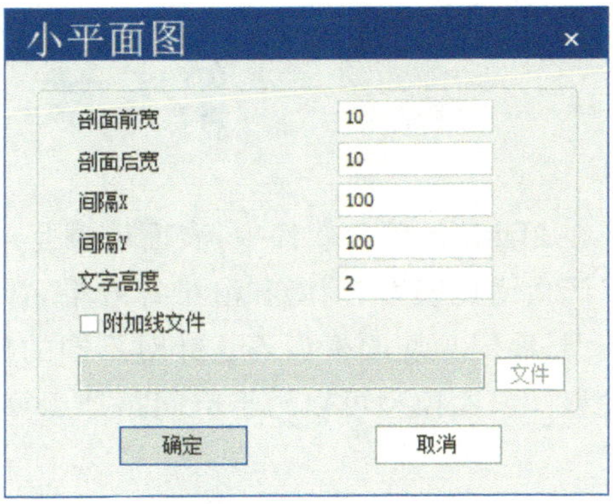


图 5-31 剖面小平面图设置

点击【确定】后，捕捉剖面坐标网的左下角，滑动至右下角结束。这样便得到了该剖面的小平面图，如图 5-32 所示。

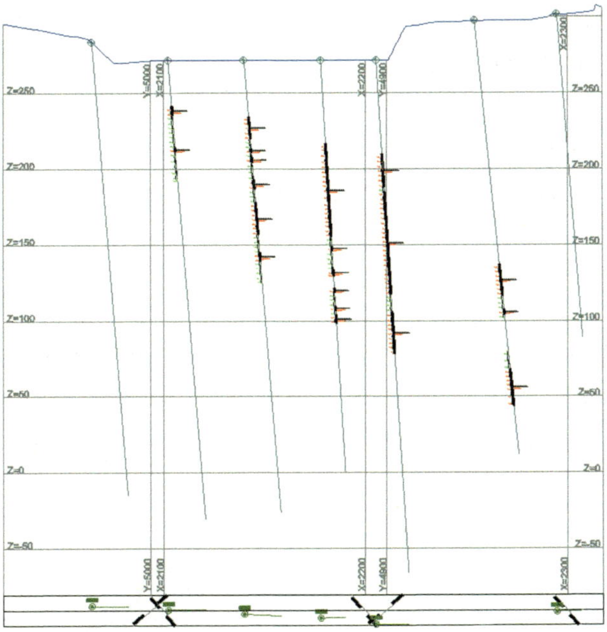

图 5-32 剖面小平面图生成示例

(6) 其他设置

经过以上步骤，剖面的主体元素已经添加完毕，下一步工作是添加图案填充，文字美化、图签图例等内容的填充，此处不再详述。

# 第 6 章　表面模型

在 3DMine 矿业软件中，表面模型是对空间散点连接三角网生成的，具有一定的轮廓，可以产生诸如阴影、消隐和渲染等效果，常见的表面模型有地表模型、露天坑现状模型、断层面模型、地层顶底面模型等。针对不同的使用场景可以选择多种不同的表面建模算法及建模过程。表面模型可以用于空间拓扑运算。

## 6.1　表面建模算法

表面模型即数字高程模型(Digital Terrain Model，DTM)，有多种方法可以用来生成 DTM，按照建模数据源的规则与否，可分为 TIN(Triangulated Irregular Network，不规则三角网)模型、Grid 模型。其中，TIN 模型考虑到采样密度和分布的非均匀性，将无重复散乱数据点集按某种规则进行三角剖分，并以此来描述三维物体的表面。TIN 模型具有许多优点，几乎能适用于任何复杂的表面。

三角剖分有两种常用方法，其一是将点投影到某一平面，运用平面的三角剖分算法完成剖分，而三维点间连接关系不变，用这种方法可将三维问题转化为平面问题，可称为平面投影法；其二是直接由三维点来构造剖分，称为直接剖分法。实用的直接剖分算法很少，因此二维三角剖分算法是表面建模的基础。

### 6.1.1　DT 定义

随机散点集的三角剖分，尤其是应用广泛的德劳内三角剖分(Delaunay Triangulation，DT)对数值分析和计算机图形学而言都是极为重要的一项处理技术，如图 6-1 所示。该技术是由苏联数学家 B. Delaunay 在 1934 年提出的，具有严格的数学定义和完备的理论基础。

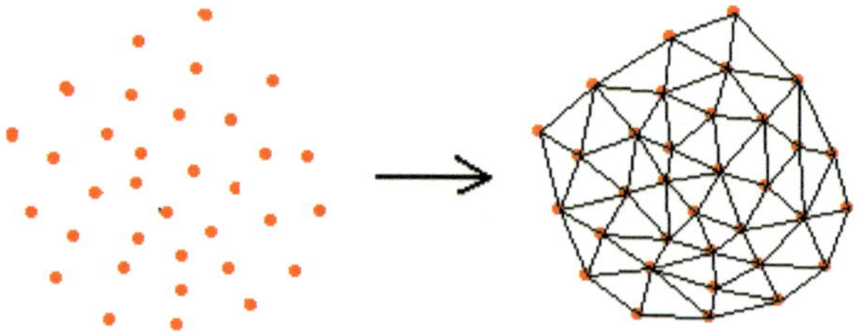

图 6-1　三角剖分示例

三角剖分：假设 $V$ 是二维实数域上的有限点集，边 $e$ 是由 $V$ 中的点作为端点构成的封闭线段，$e$ 的集合为 $E$。那么该点集 $V$ 的一个三角剖分 $T=(V,E)$ 是一个平面图 $G$，该平面图满足如下条件：

(1) 除了端点，平面图中的边不包含点集中的任何点。

(2) 没有相交边，即边与边没有交叉点。

(3) 平面图中所有的面都是三角面，且所有三角面的合集是散点集 $V$ 的凸包。

Delaunay 边：假设集合 $E$ 中的任意一条边 $e$（两个端点为 $a$,$b$）满足条件——存在一个圆经过 $a$,$b$ 两点，圆内不含点集 $V$ 中任何其他点，则称为 Delaunay 边。

Delaunay 三角剖分：如果点集 $V$ 的一个三角剖分 $T$ 只包含 Delaunay 边，那么该三角剖分称为 Delaunay 三角剖分，简称 DT。

### 6.1.2　DT 特性

要满足 DT 的定义，必须符合两个重要的准则：

(1) 空圆特性：在 Delaunay 三角形网中任一三角形的外接圆范围内不会有其他点存在。Delaunay 三角网是唯一的（任意四点不能共圆），不论从区域何处开始构建，最终都将得到一致的结果，如图 6-2 所示。

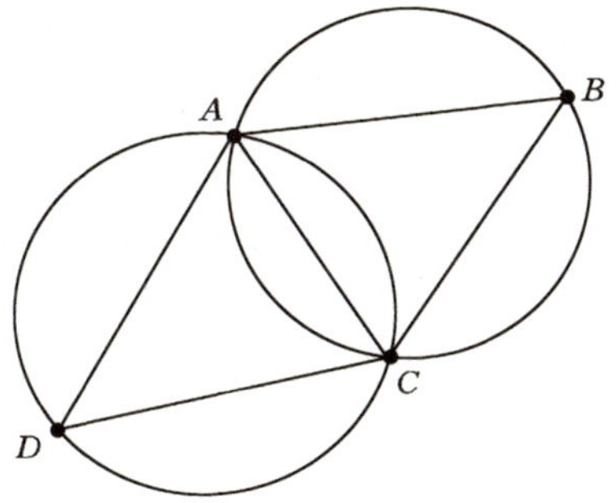


图 6-2　DT 的空圆特性示例

(2) 最大化最小角特性：在散点集可能形成的所有三角剖分中，DT 所形成的三角形的最小角最大。从这个意义上讲，Delaunay 三角网是最接近规则化的三角网。具体而言，就是将两个共边三角形所构成凸四边形的对角线相互交换后，其中一条对角线使内角的最小角不再增大，如图 6-3 所示。

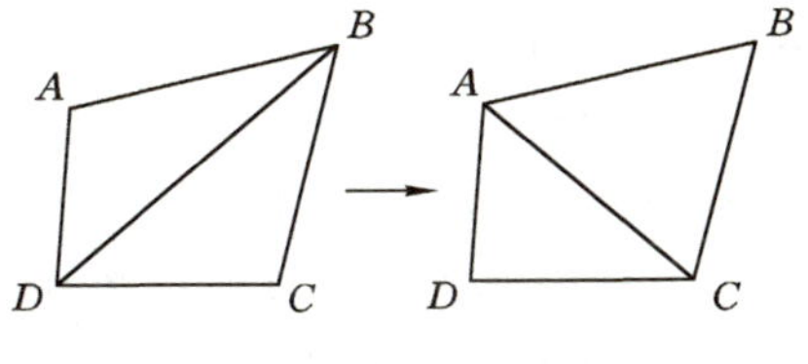


图 6-3　DT 的最大化最小角特性示例

为了构造 Delaunay 三角网，Lawson 提出了局部优化过程（Local Optimization Procedure，LOP）。一般三角网经过 LOP 处理，即可确保为 Delaunay 三角网，其基本做法如下：

(1) 将两个具有共同边的三角形合成一个多边形。

(2) 以空圆特性做检查，看其第四个顶点是否在三角形的外接圆内。

(3) 修正对角线，即将对角线对调，完成局部优化过程处理。

LOP 处理过程如图 6-4 所示。

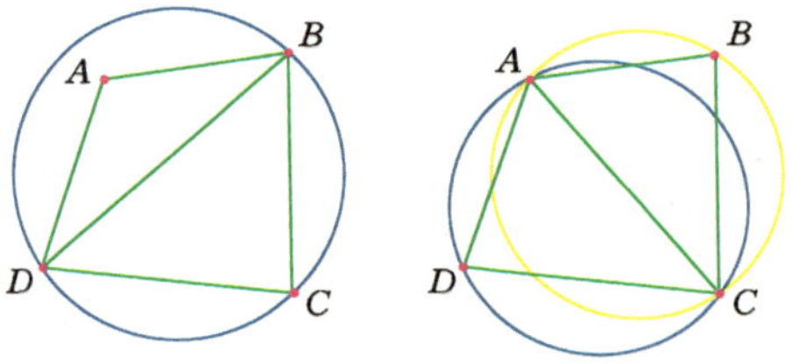


图 6-4　LOP 处理过程示例

### 6.1.3　DT 算法

DT 算法已基本成熟，主要有分治法、逐点插入法和三角网生长法等，目前常采用前两种之一或前两种方法的组合。

分治法基本思路是简化问题，把点集划分到足够小，使其易于生成三角网，然后把子集中的三角网合并，用 LOP 保证其成为 Delaunay 三角网。分治法时间效率高，递归执行，空间效率较低。当数据量很大时，分治法会产生许多中间层次而占用大量计算机内存，即要求栈空间非常大。如果计算机没有足够的内存，这一方法就无法使用。

逐点插入法思路清晰，易于编程实现，时间效率比较高，运行占用的空间较小，因而应用广泛。Lawson 于 1977 年提出了用逐点插入法建立 Delaunay 三角网的算法思想。之后 Lee，Schachlter，Bowyer，Watson，Sloan 等先后对其进行了发展和完善。他们的算法在初始三角网的建立、点所在三角形的定位以及插入的过程方面各具特点。

Lawson 算法可简单描述为：首先建立一个大的三角形，把所有数据点包围起来，向其中插入一点，将该点与包含它的三角形三个顶点相连，形成三个新的三角形，然后逐个对它们进行空外接圆检测，同时用 LOP 进行优化。根据逐点插入法原理，对非规则数据点集进行 Delaunay 三角剖分，其主要步骤为：

（1）获取点集坐标数组。

（2）构造超级三角形边界或点集外围边界凸包。

（3）根据边界及内部点采用逐点插入法生成三角网。

（4）输出 DT 结果并以图形化显示。

其中，步骤（3）为关键步骤，其过程如下：

假设目前已经有一个 Delaunay 三角网 $T$，在其内再插入一个点 $P$，需要找到该点 $P$ 所在的三角形。从点 $P$ 所在的三角形开始，搜索该三角形的邻近三角形，并进行空外接圆检测。找到外接圆包含点 $P$ 的所有三角形并删除这些三角形，形成一个包含点 $P$ 的多边形空腔。然后连接点 $P$ 与 Delaunay 空腔的每一个顶点，形成新的 Delaunay 三角网。当点集 $V$ 中所有点都已经插入三角形网格后，将包含超级三角形顶点的边全部删除。

在以上步骤中，快速定位点所在的三角形、确定点的影响并构建 Delaunay 空腔的过程是每插入一个点都会进行的，因此，缩短这个过程的计算时长是提高算法效率的关键。

### 6.1.4　逐点插入法实现

由于 DT 算法的重要性，很多程序都内置了其实现程序，如 Python、MATLAB 等仅需要非常简单的语句即可实现三角剖分算法的调用。在 3DMine 矿业软件中，Delaunay 三角剖分是用C++语言编程实现的。为了更清楚地理解算法的实现原理，下面给出逐点插入法 DT 关键步骤的伪代码。

输入：顶点数组(vertices)//为随机或无序顶点
输出：已确定的三角形列表(triangles)//即三角剖分
(1) 初始化点集数组
创建索引列表(indices=newArray(vertices.length))
//数组中的值为0,1,2,3,…,vertices.length−1
基于 vertices 中的顶点 $x$ 坐标对 indices 进行排序
//排序后的 indices 值顺序即顶点坐标 $x$ 从小到大的顺序(也可对 $y$ 坐标排序)
(2) 构建超级三角形边界
根据点集坐标生成超级三角形边界，使边界内包含所有 vertices
//也可以是点集外围边界凸包，凸包生成已有较成熟算法
将超级三角形保存至未确定三角形列表(temp)
将超级三角形放到 triangles 列表
(3) 生成三角网
遍历基于 indices 顺序的 vertices 中的每一个点
初始化边缓存数组(edgebuffer)
遍历 temp 中的每一个三角形
计算该三角形外接圆的圆心和半径
如果该点在外接圆的右侧
则该三角形为 Delaunay 三角形，保存到 triangles，并在 temp 里去除掉
如果该点在外接圆外(而且不是外接圆右侧)
则该三角形为不确定三角形，保存至 temp
如果该点在外接圆内
则该三角形不为 Delaunay 三角形
(4) 保存三角网
将三边保存至 edgebuffer
在 temp 中去除掉该三角形
对 edgebuffer 去重
将 edgebuffer 中的边与当前的点组合成若干三角形并保存至 temp 中
将 triangles 与 temp 合并
删除与超级三角形顶点有关的边
保存并输出结果

## 6.2 表面建模过程

可用于表面建模的数据可分为点数据和线数据，散乱点集表面建模算法的理论基础是DT，有线数据参与的表面建模的理论基础是有约束的 DT。通常情况下，我们首先直接获得的是点数据，可以人工或者自动加密为线数据(非必要步骤)，其次进行三角网化，最后生

成表面模型。

### 6.2.1 点数据处理

受限于数据采集手段，可获取的绝大多数原始数据均是点数据，为了能够更加全面地认识地质现象，人们建立了各种各样的模型，对点数据进行空间插值及属性估计。表面建模过程的实质也是一种空间插值和估计。一般情况下，点数据由位置坐标和属性信息构成。对空间位置坐标的获取有很多技术手段，包括全站仪测量、三维激光扫描仪测量、无人机摄影测量等，属性信息的获取手段包括物探、化探、传感器数据获取等。

点数据以 $X$、$Y$、$Z$ 坐标和属性 1、属性 2、…、属性 $N$ 的格式存储。与钻孔数据库类似，坐标信息可称为强制型数据，属性信息为附加型数据。根据研究目标的不同，属性信息可以是各种类型的数据。

外部点数据导入 3DMine 矿业软件非常简单，直接复制粘贴点坐标即可；也可从钻孔数据库中提取点数据，如按约束条件提取工程点、地层顶底板点。双击打开“demo/煤炭矿山示例/钻孔数据库.mdb”文件，点击菜单【钻孔】→【提取数据】→【提取样品点】，弹出对话框，如图 6-5 所示。

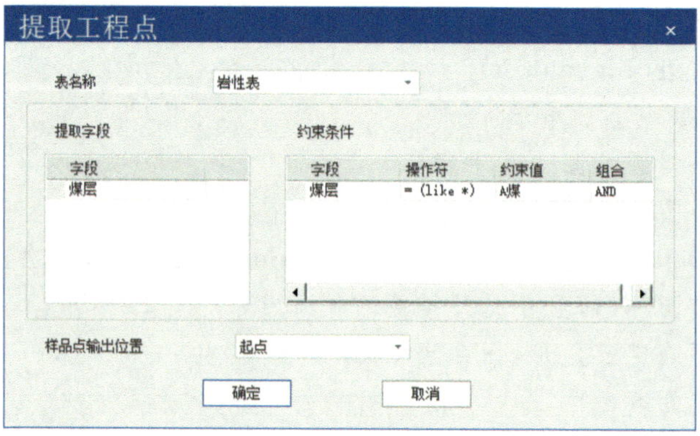


图 6-5　提取样品点

点击【确定】，A 煤顶板点信息就被提取出来了，如图 6-6 所示。

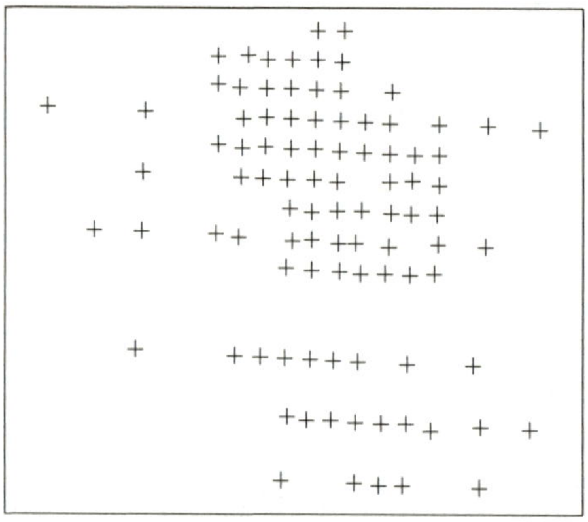

图 6-6　提取样品点结果示例

空间点数据可以直接用于表面建模，但通常由于点密度不够，生成的 DTM 面比较突兀，建模效果并不理想。为解决这个问题，需要对空间点数据进行插值加密处理，规则网格估值是其中一种方法。

网格估值方法很多，其中比较常用的一种方法是距离幂次反比法。矿山生产实践中，人们发现空间取样值是相关的，这种相关性的程度主要由距离决定。一般而言，待估点距取样点越近，受取样点的影响越大；反之，取样点对待估点的影响越小。距离幂次反比法估值原理如图 6-7 所示。

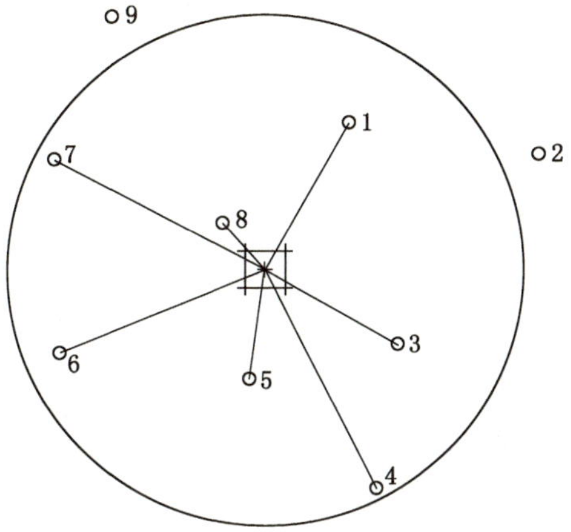


图 6-7　距离幂次反比法估值原理

距离幂次反比法的基本计算公式为：

$$\bar{\xi} = \sum_{i=1}^{n} \frac{\xi_i}{d_i^m} - \sum_{i=1}^{n} \frac{1}{d_i^m}$$

式中　$\bar{\xi}$——待估点的平均品位；

$\xi_i$——参与估值的各取样点品位；

$d_i$——参与估值的各取样点至待估点的距离；

$m$——幂次，一般 $1 \leqslant m \leqslant 3$，通常用距离平方反比法，即 $m$ 取值为 2。

在上式中，随 $m$ 取值不同将出现两种极端情形：$m=0$，即各已知点权值均相等，是算术平均法；$m=\infty$，最靠近待估点的取样值为待估点值，即多边形法。研究表明：距离幂次反比法的幂次大小随变量的变异性强弱而变化，变异性强的变量 $m$ 的取值应该偏大；变异性弱的变量 $m$ 就偏小些。

双击打开“demo/专题示例/03_表面模型/03_三维面模型/00_样品点. 3ds”文件，选择**【表面】→【网格估值】**，弹出创建网格对话框，如图 6-8 所示。

数据源：选择参与估值的点数据属性，如 $X$ 值、$Y$ 值、$Z$ 值及其他属性值。

统计：将数据源信息进行统计，并在图形工作区显示统计柱状图。

数据源参与生成表面：不在网格交叉点的原始数据点参与三角网生成。

插值方法：可以选择距离幂次反比法、普通克里格法或分段贝塞尔法进行网格估值。

估值设置：可对不同插值方法的关键参数进行设置。

搜索参数：是对参与插值的已知样品点进行搜索和筛选的参数设置。

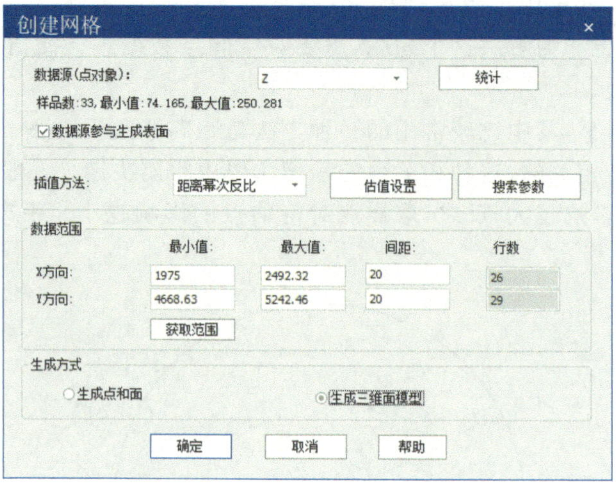


图 6-8 “创建网格”对话框

数据范围:软件可通过点击【获取范围】自动判断出网格估值的数据范围,也可以手动输入范围极值。间距可以根据情况自定义,间距越小,插值点数据密度越大。

生成点和面:网格估值计算完成后在图形工作区生成网格点和 DTM 表面。

生成三维面模型:网格估值计算完成后在图形工作区生成三维面模型。

输入相应参数,点击【确定】,结果如图 6-9 所示。

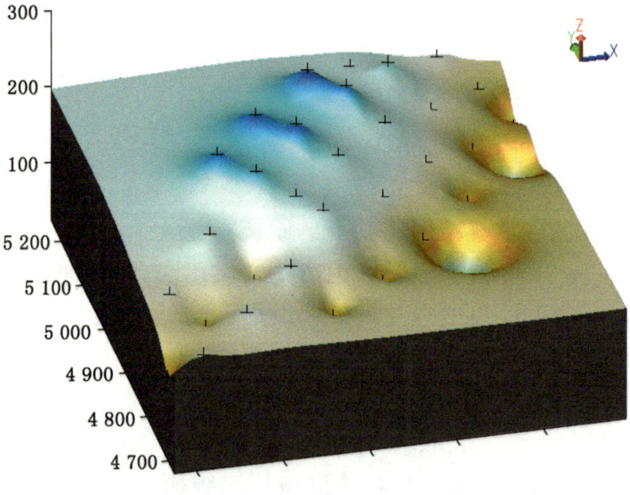


图 6-9 点数据网格插值结果示例

在二维状态下,双击生成的三维面模型,弹出“三维面模型”对话框,在【图形显示】选项卡下可以设置模型的颜色、图例、底面等,如图 6-10 所示;【高级运用】选项卡可以用于绘制等值线、标注文字高度和绘制流水方向,如图 6-11 所示。

点击【确定】,三维面模型结果如图 6-12 所示。

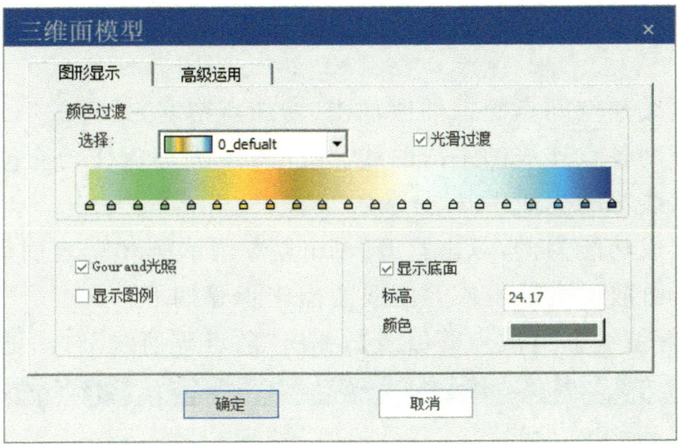


图 6-10　三维面模型图形显示设置(一)

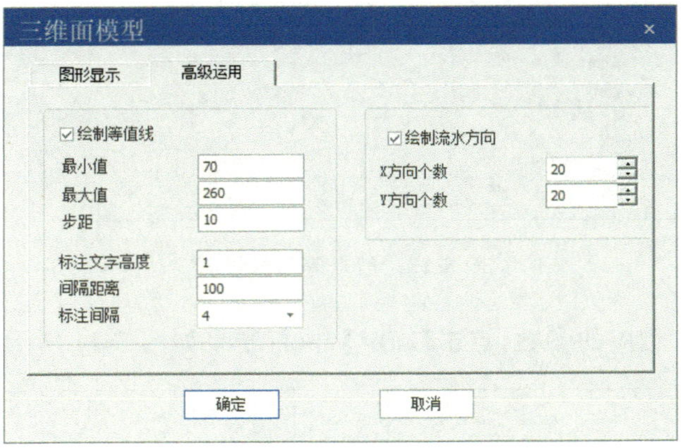


图 6-11　三维面模型高级运用设置(一)

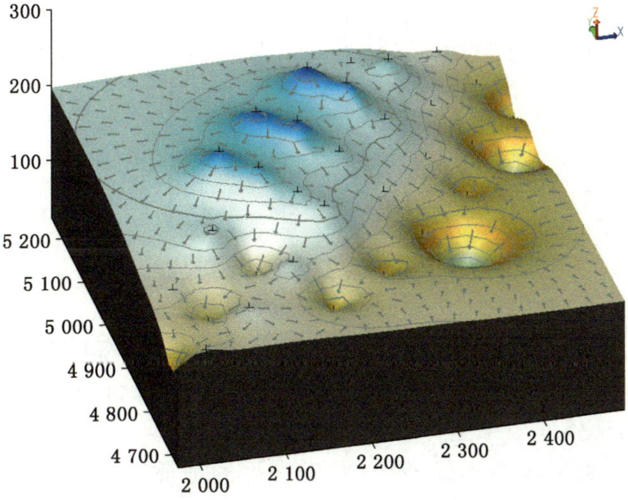


图 6-12　带等值线和流水方向的三维面模型示例

### 6.2.2 线数据处理

由散点生成等值线是空间点数据插值加密(增加点密度)处理的一种方法。等值线是由某一数量指标值相等的各点连成的平滑曲线。3DMine 的等值线功能包括 DTM 等值线、散点等值线和厚度等值线等的生成。

以散点等值线生成功能为例,双击打开“demo/专题示例/03_表面模型/04_等值线/01_原始散点.3ds”文件,由散点直接生成等值线的操作步骤如下:

选择【表面】→【等值线】→【散点等值线】,弹出“散点等值线”对话框,如图 6-13 所示。

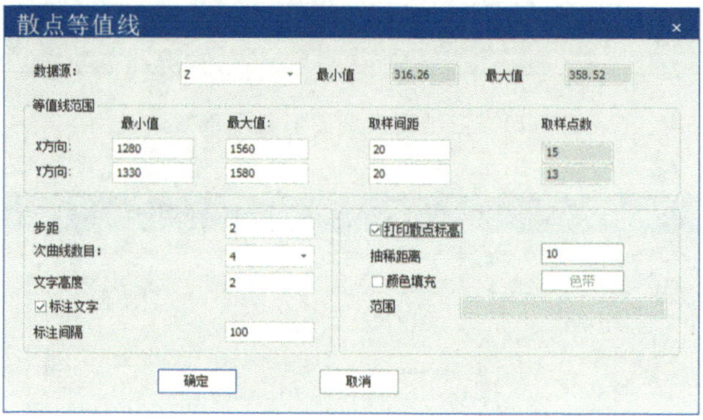


图 6-13 散点等值线设置

在对话框中输入相应的参数,点击【确定】,执行结果如图 6-14 所示。

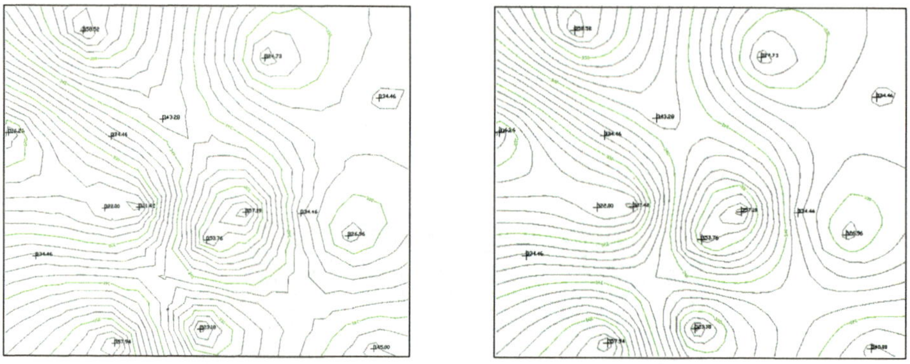

(a) (b)

图 6-14 散点等值线生成示例

除由散点自动生成等值线外,另一种线数据处理方式是,对已有线条进行数字化并将获得的开放或闭环多段线用于表面建模。通常,需要对线条进行重复点检查、圆滑、线赋高程等预处理,以使表面建模的效果更好。

线条数字化的关键步骤是坐标转换,对于常见的地质剖面图,坐标转换分为以下 5 个步骤:

(1) $Y$、$Z$ 坐标交换(将剖面图立起来),运行菜单【工具】→【坐标转换】→【坐标调换($X-Y-Z$)】。

(2) 在剖面图上找两个特征点(例如,地表与坐标网格的交点),记录特征点平面坐标值($X_1$,$Y_1$)、($X_2$,$Y_2$)。

(3) 在平面图上读取对应特征点的真实坐标($X'_1$,$Y'_1$)、($X'_2$,$Y'_2$)。

(4) 平面坐标转换,完成 XY 方向平移、旋转、缩放。运行菜单【工具】→【坐标转换】→【平面两点坐标转换】,填入相应的坐标参数。

(5) 通过图元数学计算,对 $Z$ 值进行缩放、平移。

可用"demo/专题示例/01_基本操作/05_2D_3D 坐标转换"文件夹内的数据进行实践操作。完成坐标转换后,提取表面建模所需线条并另存为".3ds"文件,作为 DTM 建模的基础。

### 6.2.3　建立表面模型

基于三角网生成算法,利用已处理好的点或线可以快速生成 DTM。双击打开"demo/专题示例/03_表面模型/01_生成 DTM 面/02_处理中间文件.3ds",这是经过赋高程和预处理的等高线文件,选择【表面】→【生成 DTM 表面】,弹出生成 DTM 参数对话框,如图 6-15 所示。

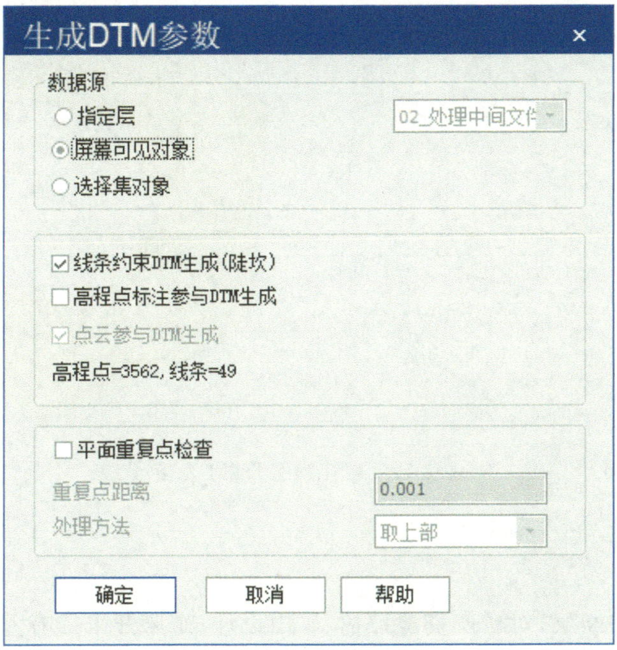


图 6-15　生成 DTM 参数

在数据源部分选择生成 DTM 表面的对象信息,可以选择指定层、屏幕可见对象或选择集对象,点击【确定】,完成 DTM 的生成,如图 6-16 所示。

闭合线内生成 DTM 表面。闭合线可以用【生成 DTM 表面】命令生成表面模型。如果闭合线间存在嵌套关系,可以选择【表面】→【闭合线内生成 DTM 表面】。在图形工作区画嵌套多边形,选择该功能后,在弹出的【多边形内创建 DTM】对话框中选择【生成内空的面】,并点击【确定】,生成结果如图 6-17 所示。

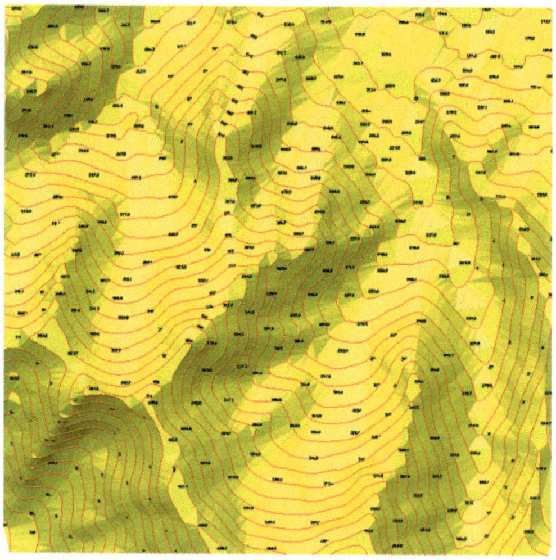

图 6-16　地形表面示例

图 6-17　带孔洞的 DTM 表面

### 6.2.4　断层建模

地质构造特别是断层，对矿产资源评估、矿山设计、矿床开采等有重大影响，准确掌握断层的几何形态、空间展布及相互关系等是矿山地质人员的一项重要任务。传统的断层描述手段是各种类型的平面图、剖面图、岩性编录表格、钻孔柱状图等。这些资料一般局限于二维的表达和显示方式，难以给人直观、完整、准确的感受，往往造成不同人对同一断层有不同理解，不能满足实际工作需求。为此，需要建立断层的三维空间模型，将复杂断层的空间展布及其与矿体之间的关系真实地展现出来。

一个矿区往往有数条乃至数十条断层，为了方便断层实体模型的建立，需要对各个断层剖面文件中的断层线分别进行提取、存储。须对提取出的各剖面断层线进行多源数据间的准确性验证，特别是要和地质数据库中的岩性信息进行比对，选取可信度高的信息对断层线进行修正，最后利用软件生成断层面或断层实体。断层建模的基本流程如图 6-18 所示。

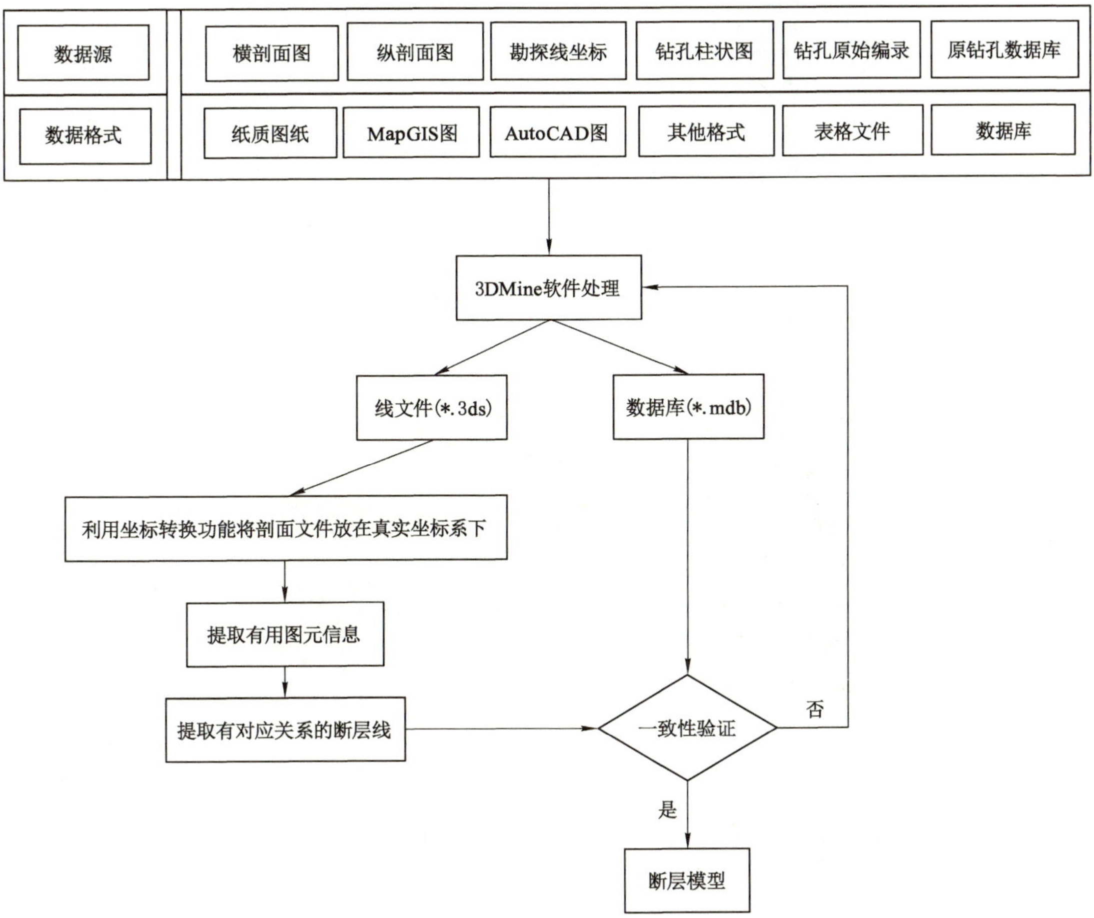


图 6-18　基于 3DMine 矿业软件的矿山断层建模基本流程

断层并不是孤立存在的，其总会影响某些地层或地质体。因此，建立断层面或断层实体模型后，还要考虑断层对地层的影响及空间关系表达问题。调入一个地表模型与一个断层模型，如图 6-19 所示。选择【表面】→【断层建模】，设置参数，如图 6-20 所示。依照软件界面右下方的提示点选地表面和断层面，生成断层与地表融合模型，如图 6-21 所示。

图 6-19　断层模型与地表模型融合前

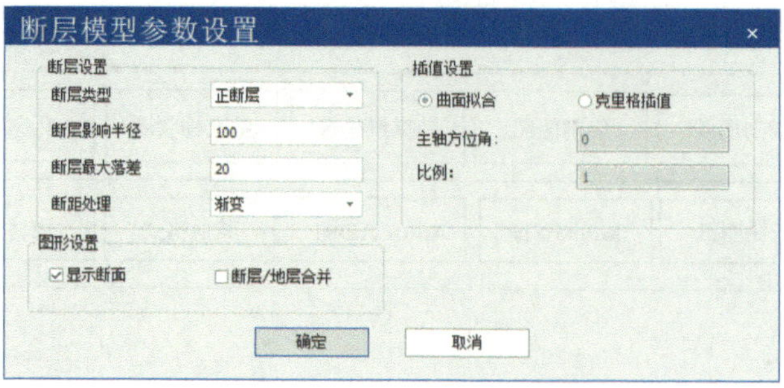


图 6-20　断层模型参数设置

图 6-21　断层模型与地表模型融合后

双击打开“demo/专题示例/03_表面模型/03_三维面模型/00_样品点.3ds 和/01_断层线.3ds”,如图 6-22 所示。

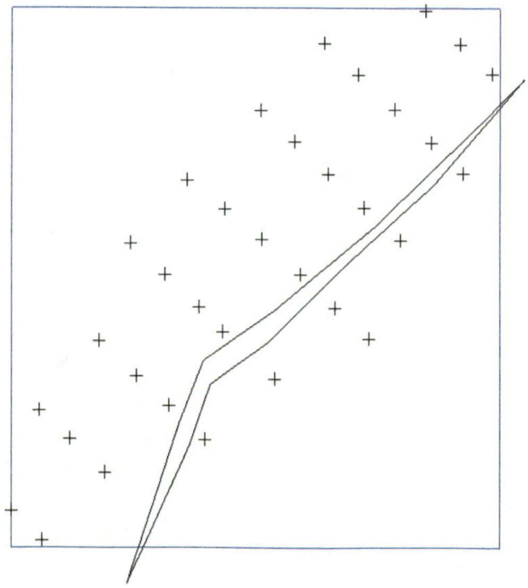

图 6-22　断层线与地表高程点

选择菜单【表面】→【网格估值】，如图 6-23 所示。

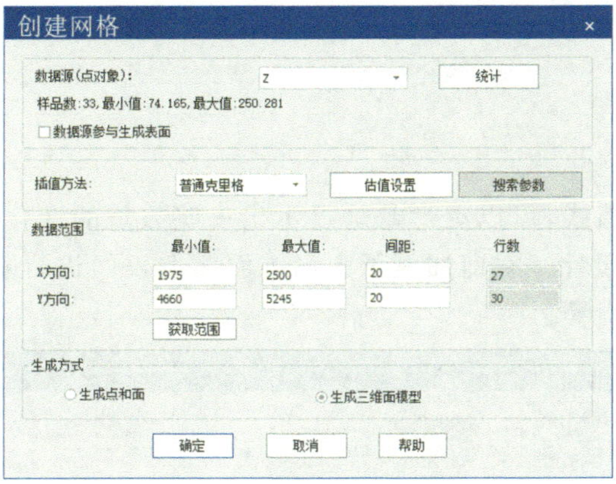


图 6-23　网格估值参数设置

点击【搜索参数】，弹出对话框，点击【文件】，选择断层线文件名，如图 6-24 所示。

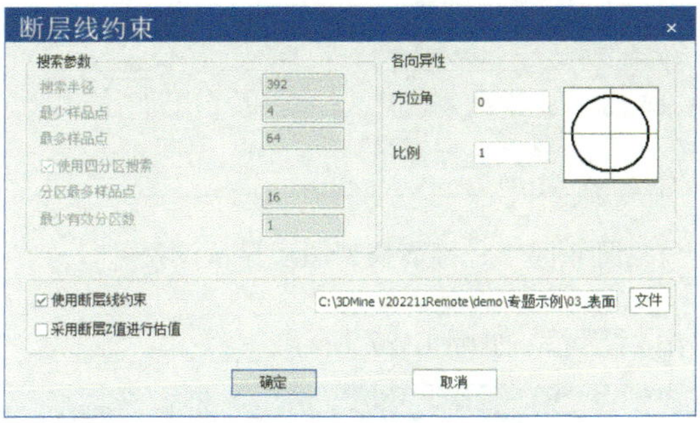


图 6-24　网格估值搜索参数设置

点击【确定】，得到建模结果，如图 6-25 所示。

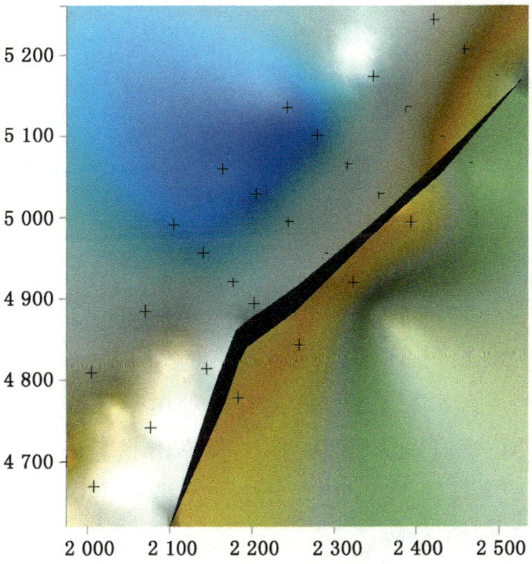


图 6-25　基于网格估值的断层建模结果示例

# 6.3 表面模型操作

## 6.3.1 DTM 等值线

在 DTM 上显示等值线，可以更形象地显示出一些数量的变化特征，DTM 等值线功能还可用于露天煤矿采矿设计。对前述例子中三维面模型表面进行双击，弹出【三维面模型】显示对话框，如图 6-26 所示。

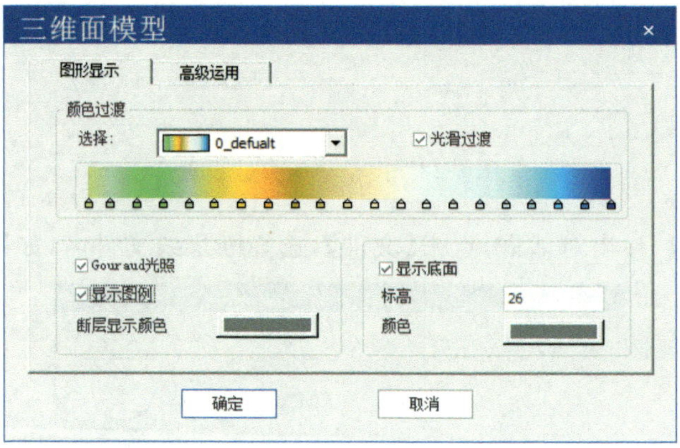


图 6-26 三维面模型图形显示设置(二)

点击【高级运用】，弹出对话框，如图 6-27 所示。

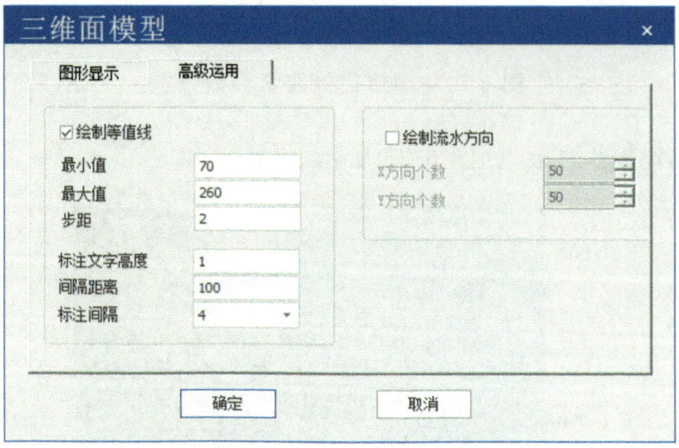


图 6-27 三维面模型高级运用设置(二)

点击【确定】，得到的效果如图 6-28 所示。

双击打开“demo/专题示例/03_表面模型/04_等值线/04_DTM 表面.3dm”文件，选择【表面】→【等值线】→【DTM 等值线】，然后用左键单击选择一个要生成等值线的 DTM 表面，弹出“DTM 等值线”对话框，如图 6-29 所示，填入相应参数。若继续选择【色带】，则弹出对话框如图 6-30 所示，填入相应参数。

在图 6-29 中，数据源：可以选择 $Z$ 值(即等高线)或其他属性值作为等值指标。最大

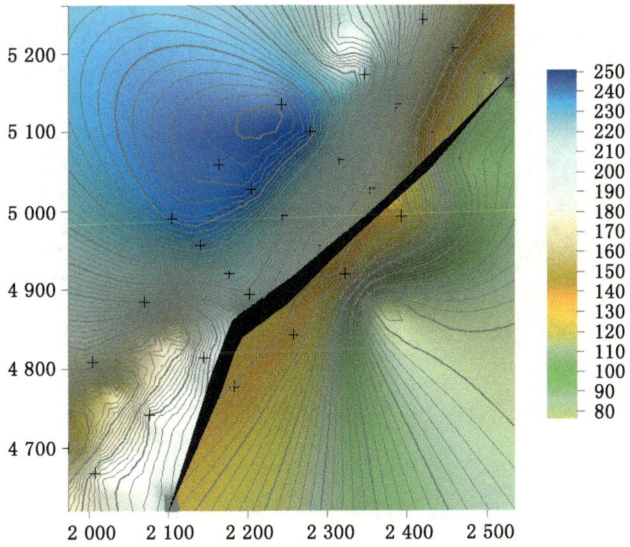


图 6-28 三维面模型显示效果示例

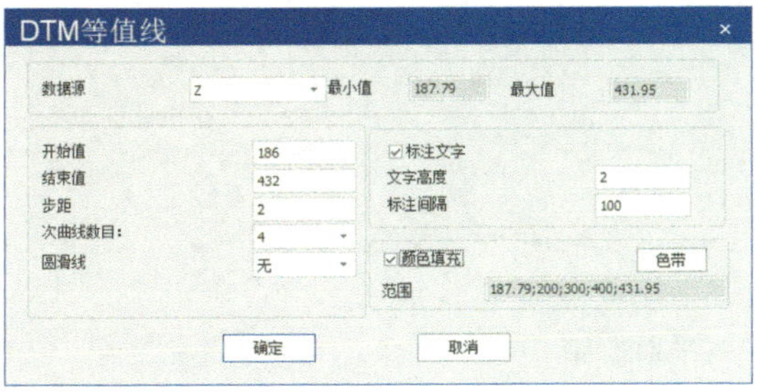


图 6-29 DTM 等值线设置

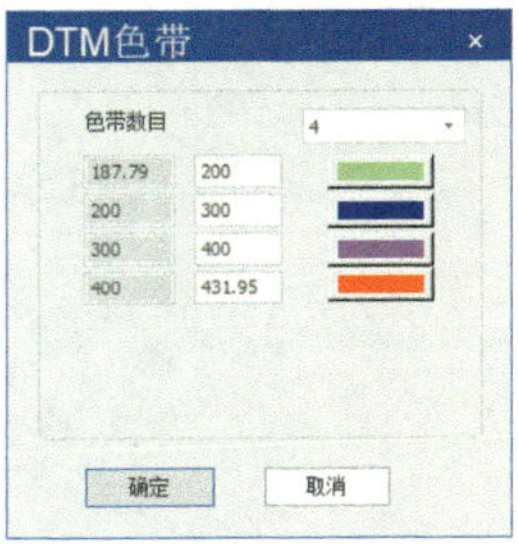


图 6-30 色带设置

(小)值:所选字段的大(小)值,选定“数据源”后该值由软件自动给出。开始值:预设的开始生成等值线的起始值。结束值:预设的生成等值线的结束值。步距:预设的需要显示的等值线间隔。次曲线数目:指的是在设定的步距内,显示的等值线条数。圆滑线:选择生成等值线的圆滑方式。文字高度:等值线标注文字的字体高度。标注间隔:同一条等值线上两相邻标注文字的距离大小。颜色填充:按照不同的值范围将不同区域填充相应颜色。

参数设置完毕后,点击【确定】,将在图形工作区地形表面显示等值线和色带,如图 6-31 所示。

### 6.3.2 线与面的运算

线与面的空间关系判断是通过运算实现的,比较常用的是【线扩展到 DTM 面】和【闭合线裁剪 DTM】。以一个矿区公路设计为例来理解【线扩展到 DTM 面】和【闭合线裁剪 DTM】功能。双击打开“demo/专题示例/03_表面模型/02_公路设计/00_中线.3ds 和 01_原始地表.3dm”,在层浏览器中隐藏原始地表。

选择【工具】→【线的操作】→【中线扩展】功能,将线条左右各扩展 20 m 形成公路路面,如图 6-32 所示。

(a)　　　　　　　　(b)

图 6-31　DTM 等值线和颜色填充

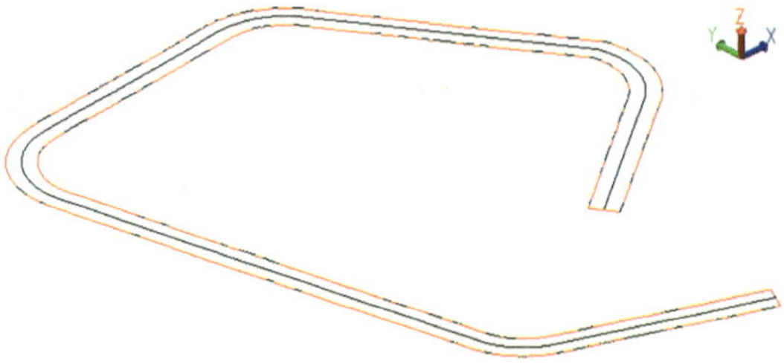

图 6-32　公路中线平面扩展

在层浏览器中设置原始地表为可见状态，选择【表面】→【线扩展到 DTM 面】功能，弹出“线条扩展至 DTM 表面”对话框，如图 6-33 所示。

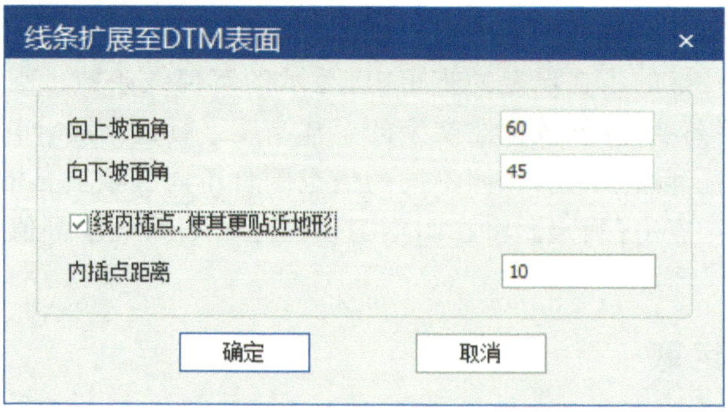


图 6-33　公路扩展至 DTM 表面参数设置

如图 6-33 所示，设置线向上或向下扩展时的坡面角，按照设置的坡度将公路边界线扩展到表面。点击【确定】后，根据状态栏提示先选择边界线，点击右键执行选择，再点击表面，可以看到边界线扩展到表面，如图 6-34(a)所示。

选择【表面】→【闭合线裁剪 DTM】功能，弹出“面裁剪”对话框，选择“保留外部”，如图 6-34(b)所示。

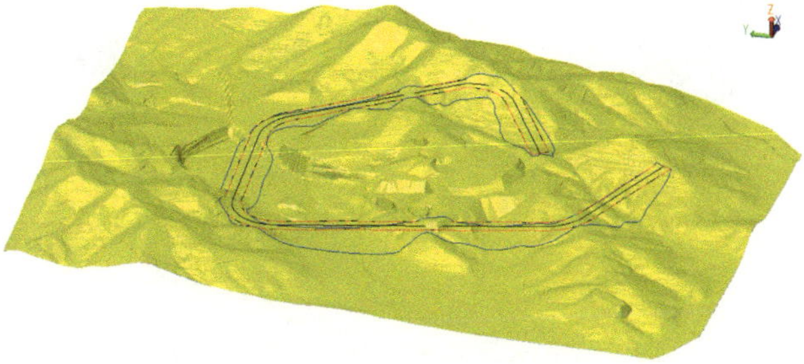

(a) 公路扩展至DTM表面

(b) 公路及边坡外DTM表面

图 6-34 DTM 表面模型显示

在层浏览器中隐藏原始地表，选择【表面】→【闭合线内生成 DTM】功能，勾选“生成内空的面”，选择外侧扩展的边界线，更改实体颜色，如图 6-35 所示。

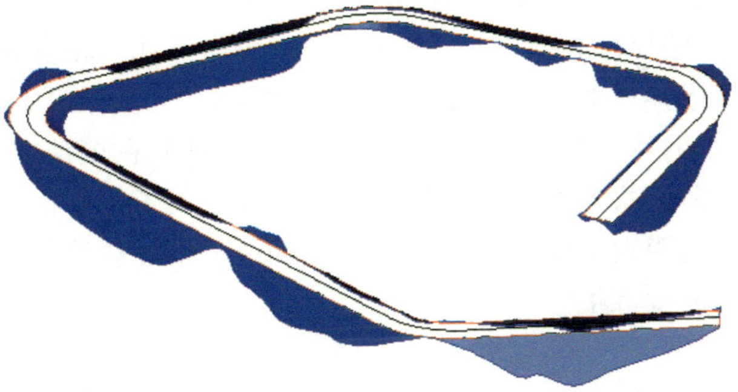

图 6-35 公路边坡 DTM 表面

选择【表面】→【闭合线内生成 DTM】功能，不勾选“生成内空的面”，选择内侧扩展的边界线，更改实体颜色，如图 6-36 所示。

在层浏览器中将原始地表设置为可见状态，如图 6-37 所示。至此，公路 DTM 模型设计完毕，可根据设计目标调整中线标高并不断调整优化设计。

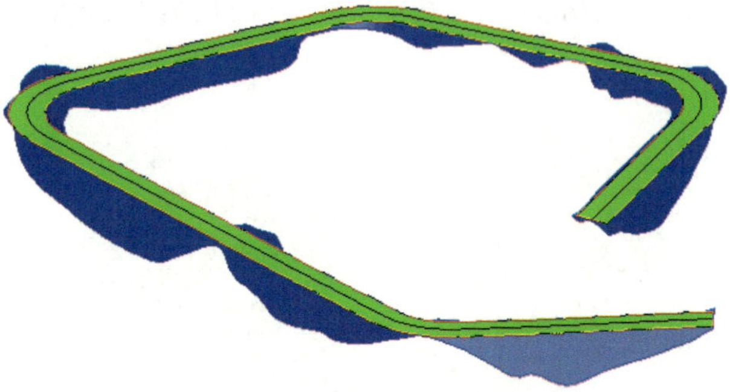

图 6-36　公路路面及边坡 DTM 表面

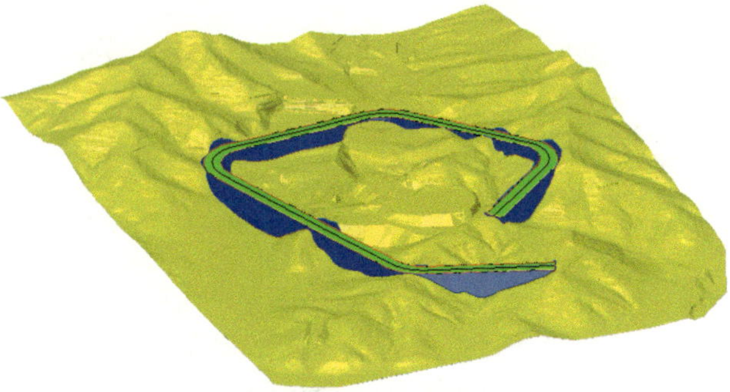

图 6-37　地形与公路三维效果显示

# 6.4　填挖方量计算

根据不同计算原理，两个 DTM 表面间填挖方体积计算分为三种方法：三角网法、网格法和断面法。三角网法的原理是对上、下表面三角网节点互相做垂直投影，使两个 DTM 的节点一一对应，新节点连接成的三角网延伸成为三棱柱，将三棱柱作为计算单元，累加算出总体积。用该方法计算的体积具有唯一性。网格法的原理是在填挖方的空间里填充规则块体，累加算出总体积。断面法的原理是在填挖方位置切割出若干断面，计算每个断面的填挖方面积，然后乘以断面间距得出体积。网格法和断面法的估计精度取决于计算参数，如规则块体尺寸、断面间距等的输入值。

## 6.4.1　三角网法

双击打开“demo/专题示例/06_测量/00_露天测量/01 体积计算/01_2 月份现状. 3dm，02_三月份现状. 3dm 和 03_范围线. 3ds”文件。

选择【表面】→【体积计算】→【三角网法】，弹出“两个 DTM 之间体积计算”对话框，如图 6-38 所示。

生成实体：生成挖填方部分的实体模型。垂直移动距离：将生成的实体沿 $Z$ 轴方向移动的距离。打印报告：计算出高程、三角网面积、工程量等参数，用于查看、编辑和打印等。

图 6-38　两个 DTM 之间体积计算

按台阶分类汇报：分不同的高度区间进行报量。计算闭合线内的量：报告内容包括选择挖填方量、挖方量或填方量。网格图报量：将计算区域划分为若干网格，分别为每个网格报量。

设置完毕，单击【确定】，根据状态栏提示，单击或框选上部开采边界线，单击右键选择"完毕"，再依次点击"开挖前表面 01_2 月份现状""开挖后表面 02_3 月份现状"，操作完成，生成了挖填方部分实体模型，如图 6-39 所示；填挖方量验收单分类报告如表 6-1 所示。

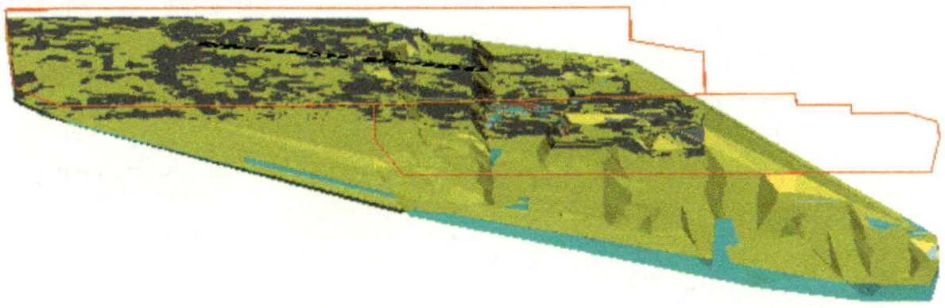

图 6-39　填挖方实体模型

**表 6-1　填挖方量验收单分类报告**

| 工程量计算验收单 | | | |
|---|---|---|---|
| 施工单位 | | 验收单位 | |
| 标段位置 | | 验收日期 | |
| 台阶 | 挖方体积/m³ | 填方体积/m³ | 净挖方/m³ |
| 920～930 | 381.73 | 0 | 381.73 |
| 930～940 | 35 636.71 | 0 | 35 636.71 |
| 940～950 | 235 068.54 | 0 | 235 068.54 |
| 950～960 | 648 941.43 | 1 426.22 | 647 515.21 |
| 960～970 | 912 931.13 | 2 961.84 | 909 969.29 |

**表 6-1(续)**

| 台阶 | 挖方体积/m³ | 填方体积/m³ | 净挖方/m³ |
|---|---|---|---|
| 970～980 | 1 088 714.21 | 0 | 1 088 714.21 |
| 980～990 | 1 073 734.15 | 1.72 | 1 073 732.43 |
| 990～1 000 | 110 653.05 | 3.86 | 110 649.2 |
| 小计 | 4 106 060.94 | 4 393.63 | 4 101 667.31 |

## 6.4.2 网格法

清空图形工作区，选择【表面】→【体积计算】→【网格法】，出现对话框，调入准备的数据文件(同三角网法)，如图 6-40 所示。

顶部 DTM：填挖方前的上层 DTM 文件，点击【打开】在文件夹中查找到该文件后点击【确定】，该文件的路径就会在上面空白方框内出现。底部 DTM：填挖方后的下层 DTM 文件。边界文件：待计算区域的边界线文件。网格密度：用来填充挖填方的柱状块体的密度，密度越大，体积越精确。最小厚度：指两个 DTM 之间的最小厚度，当厚度小于设置的数值时，该部分的体积计算会忽略不计。创建实体：创建挖填方部分的实体模型。创建网格图：创建挖填区域的网格图并报量。分层报量：分不同的层厚区间进行报量。

根据上图设置好参数，计算结束后生成了网格实体模型，如图 6-41 所示；该网格法相应计算结果报告如表 6-2 所示。

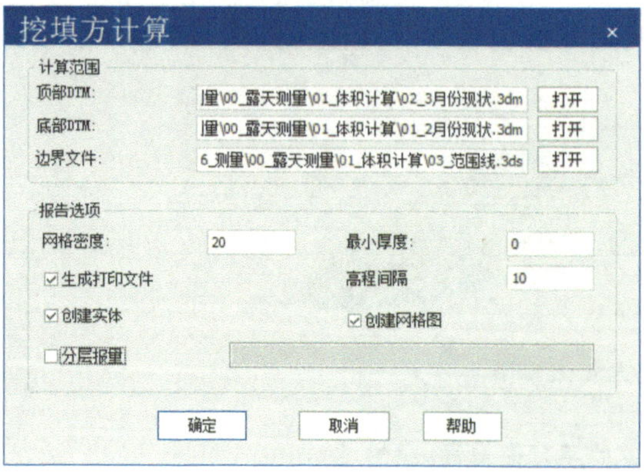


图 6-40　网格法挖填方计算

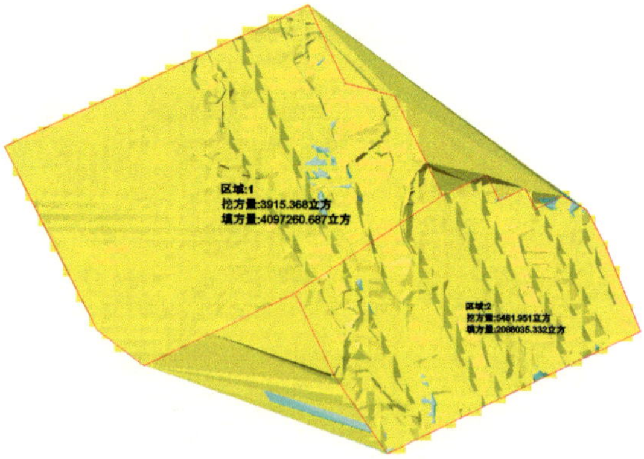


图 6-41　填挖方部分实体展示

**表 6-2　网格法填挖方量计算报告**

| 工程量计算验收单 | | | |
|---|---|---|---|
| 施工单位 | | 验收单位 | |
| 标段位置 | | 验收日期 | |
| 区域 | 挖方量/m³ | 填方量/m³ | 填挖总量/m³ |
| 1 | 3 915.368 | 4 097 260.687 | 4 101 176.056 |
| 2 | 5 461.951 | 2 086 035.332 | 2 091 497.284 |
| 合计 | 9 377.32 | 6 183 296.02 | 6 192 673.339 |

### 6.4.3 断面法

调入准备的数据文件(同三角网法),选择【表面】→【体积计算】→【断面法】,出现对话框,如图 6-42 所示。

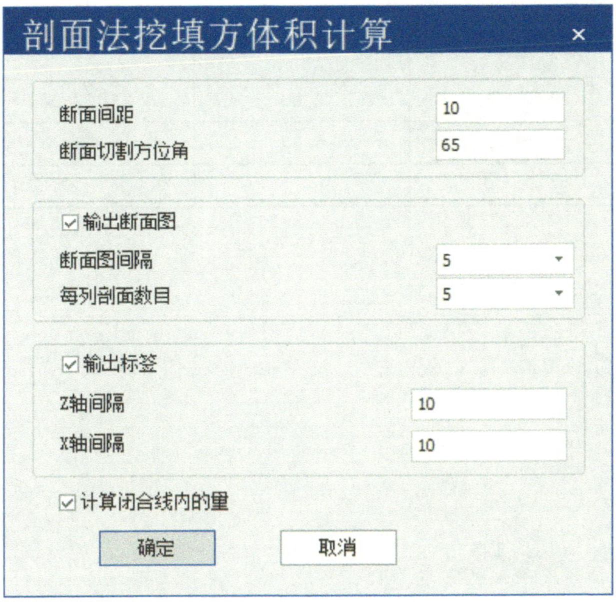


图 6-42　断面法挖填方体积计算参数设置

断面间距:在开采边界范围内划分若干平行剖面,两个剖面之间的距离。断面切割方位角:切割剖面所在的方位。断面图间隔:间隔几个剖面输出断面图。每列剖面数目:输出的剖面图按纵向排列的数目。输出标签:指的是在 $X(Z)$ 轴方向上输出的坐标间隔。

设置完参数后,点击【确定】,根据状态栏提示,先选择开采边界线,点击右键执行选择后,再选择开挖前表面和开挖后表面,这时出现一个方块,用于输出断面图,在图形工作区选择合适的位置左键单击,操作完成。生成了部分计算断面图,如图 6-43 所示;断面体积计算报告如表 6-3 所示。

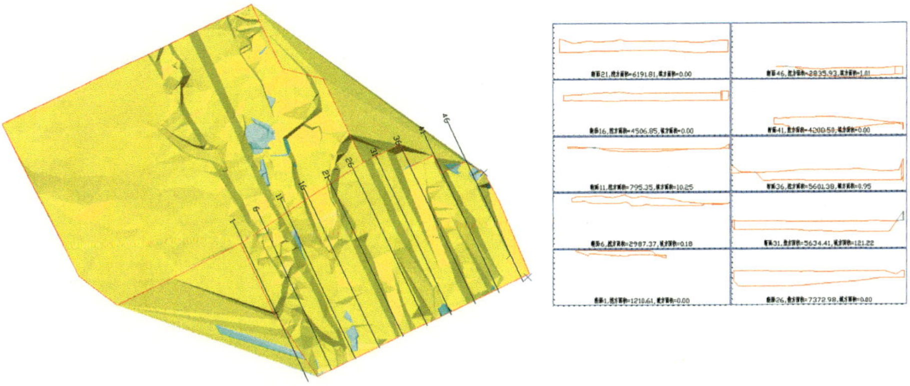

图 6-43　断面法挖填方体积部分计算展示

**表 6-3　断面法填挖方量计算报告**

| 断面号 | 挖方面积/$m^2$ | 填方面积/$m^2$ | 挖方体积/$m^3$ | 填方体积/$m^3$ |
|---|---|---|---|---|
| 1 | 1 210.61 | 0 | 4 035.37 | 0 |
| 2 | 2 017.99 | 0 | 15 972.04 | 0 |
| 3 | 2 856.93 | 1.47 | 24 253.39 | 4.91 |
| … | … | … | … | … |
| 47 | 1 828.24 | 3.80 | 23 137.27 | 22.55 |
| 48 | 566.52 | 6.33 | 11 374.90 | 50.09 |
| 合计 | | | 2 052 323.87 | 3 917.34 |

# 第7章　实体模型

实体模型又称为线框模型，是用线把目标体轮廓上相邻的采样点或特征点连接起来，形成一个封闭的几何体空壳，模拟三维物体的表面。常见的实体模型有矿体模型、坑道模型、采空区模型及建筑物模型等。

实体模型可为矿山设计生产提供指导，资源评价、巷道设计、采矿方法设计、生产进度计划等工作均离不开三维实体模型。实体模型与表面模型的共性和区别是：

(1) 实体模型封闭，有内外之分；表面模型不封闭，有上下之分。这两者都可以用作空间约束。

(2) 实体模型可计算体积和表面积；表面模型只能计算面积。

(3) 实体模型和表面模型都可以在任意方向上切剖面。

(4) 实体模型之间，表面模型之间，实体模型和表面模型之间都可以进行逻辑运算。

## 7.1　实体建模方法

地质体的形状和产状是由多种因素决定的，如矿床成因、构造条件、围岩性质等。按照地质体空间延展的维度，可将地质体分为等轴状、板状(层状)、柱状三种，分别对应三向、二向、一向延展。通常，可根据地质体的大致形状和产状布置各种勘探工程，以探明其空间展布规律。实体建模方法是对各种勘探成果进行整理、分析、解译、三维呈现的一套技术。目前，地学领域主流的实体建模方法有三种：基于剖面的三维实体建模、地层建模、隐式建模。为了便于表达，本节主要以矿体建模为例进行表述，其他地质体的三维实体建模的原理、方法与之类似。

### 7.1.1　基于剖面线的三维实体建模

在进行实体几何重构之前，首先需要明确相邻剖面上各轮廓线间的逻辑对应关系。矿体三维实体建模的轮廓线对应问题一般由地质人员根据地质规律判定。轮廓线三维重建的原理很简单，就是将相邻两层切片图像中目标轮廓线顶点按照某种规则连接起来，构成一组三角形面片的集合，从而形成重建物体表面的多面体近似。

假设上下两层切片的目标轮廓线分别为点集 $P$ 和 $Q$，构成上轮廓线 $P$ 的点集可以写为 $p_0, p_1, p_2, p_3, \cdots, p_{m-1}$；构成下轮廓线 $Q$ 的点集可以写为 $q_0, q_1, q_2, q_3, \cdots, q_{n-1}$。轮廓线上的顶点均按逆时针排布，如图 7-1 所示。

将一层切片图像中的轮廓线顶点依次用直线连接，就可以得到由轮廓线组成的近似多边形。线段：每一条直线段 $p_ip_{i+1}$ 或 $q_jq_{j+1}$ 称为线段。跨距：连接上轮廓线顶点与下轮廓线顶点之间的直线称为跨距。实体侧面三角形面片(以下简称三角片)由一条轮廓线线段与两

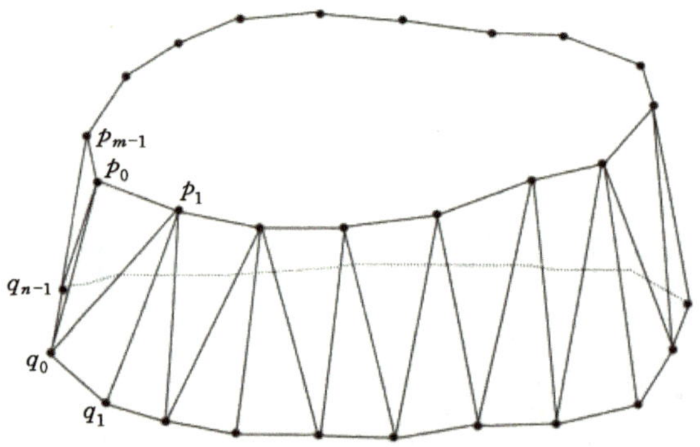


图 7-1　基于剖面线的三角网连接示意图

段跨距构成，连接上下两条轮廓线的三角片应该满足以下三个条件：

条件 1：三角片的 3 个顶点只能且必须同时具有轮廓线 $P$ 和 $Q$ 中的顶点。

条件 2：每条轮廓线线段必须是一个而且只能是一个三角片的一条边。

条件 3：一条跨距只能属于两个相邻的三角片。

如果上下轮廓线各有 $m$ 和 $n$ 条轮廓线线段，而每条轮廓线线段为一个三角片的一条边，则相邻轮廓线围成的三维表面将包含 $m+n$ 个基本三角片。满足这三个条件的连接方式有很多种，为了保证重建表面自然光滑，我们需要用一些准则进行优化。

三角网连接算法可分为全局优化算法和局部优化算法两大类。最大体积法和最小表面积法属于全局优化算法，其目标是使重建表面包围的体积最大或表面积最小。经典的最小跨距算法（或称为最短对角线法）就是局部优化算法。最短对角线法把跨距看成对角线，以最短对角线为目标来决定轮廓线顶点的连接，使用这种方法构造的三维物体表面简单、计算量小、易于实现。

最短对角线法的一种实现步骤如下：

步骤 1：对轮廓线的顶点排序，通常按逆时针排列。

步骤 2：在下层轮廓线上选取一点 $q_j$ 作为起点，计算上层轮廓顶点到 $q_j$ 的距离并选择出距 $q_j$ 最近的一个点，设为 $p_i$，将 $q_j$ 和 $p_i$ 作为重建三角片的两个顶点。

步骤 3：分别计算轮廓顶点 $q_j$ 和 $p_{i+1}$ 的距离 $D_1$，轮廓顶点 $p_i$ 和 $q_{j+1}$ 的距离 $D_2$。

步骤 4：如果 $D_1 < D_2$，则三角片的第 3 个顶点为 $p_{i+1}$，形成三角面片 $\triangle p_i q_j p_{i+1}$，更新 $i=i+1$；否则三角片的第 3 个顶点为 $q_{j+1}$，三角片为 $\triangle q_j p_i q_{j+1}$，更新 $j=j+1$。转到步骤 3，直到遍历所有轮廓线顶点，确定每个三角片的顶点。

步骤 5：依次连接各顶点，完成表面重建。

在最短对角线法中，当轮廓线形态差异较大时，可能出现三角网扭曲，产生不合理的结果。针对此情况，可采用加密轮廓线点数据或创建控制线的方法解决。控制线是常用的人工控制三角网连接的技术手段，带控制线的最短对角线法是先将上下轮廓线以控制线进行分割，再对分割后的轮廓线执行最短对角线三角网化算法。另外，当需要连接的两条轮廓线几何中心点在水平方向上偏差较大时，容易产生错误的连接，此时可采用坐标转换的方法将轮廓线几何中心点平移至相同坐标（如坐标原点），完成三角网化后再通过坐标逆变换平移回原坐标，从而提升三角网连接的质量。

### 7.1.2　全地层建模方法

地质体经历了长期的地质作用过程，其空间形态和拓扑关系非常复杂（如断层、褶曲、尖灭、侵入体、分支等）。在进行三维地层划分时，无论是面模型还是体模型或混合模型，手工建模都存在工作量大、建模结果有多解性等问题。为解决此类问题，出现了自动化程度较高的全地层建模方法。

由于地学对象极为复杂，数据的获取又甚为困难，因而地质数据一般具有有限、离散、稀疏、空间分布不均匀等特点。这些特点决定了地层三维建模时，要综合运用勘探、生产、管理中的多源数据，以使建模结果最大限度地逼近真实情况。

通常，地质数据主要有：钻孔资料数据、断层数据、地质剖面图、底板等高线图等。全地层建模的任务就是基于这些原始数据，更加准确、高效地完成复杂地层建模。面模型构建被认为是描述复杂地质界限的有效解决方案，目前已被 GOCAD、GemCom、Earth Vision 等商业建模系统使用。基于面模型的全地层建模关键技术包括地层层序划分、空间插值和断层处理等。沉积地层建模的一般流程是：

步骤 1：进行地层分析及预处理，建立区域地层层序关系。按地层沉积先后顺序把研究区域内钻孔所揭示的全部地层进行顺序编号，最终生成一个完整的“区域地层层序表”。

步骤 2：标准化钻孔数据库，将地层分为完整地层和特殊地层（如地层颠倒、重复、缺失等）。

步骤 3：采用规则（Grid）网格与不规则（TIN）网格相结合的方式，建立地层分界三角网估值点。首先生成 Grid 网格，把钻孔、断层等投影到网格上，形成 TIN。

步骤 4：自上而下，以一定的网格间距采用空间插值算法创建地层界面。从地表模型开始，根据钻孔数据描述的地层厚度信息，采用空间插值算法估计 Grid 网格交点处的地层厚度。在建模过程中，需要注意对用插值算法求出的高程进行处理，如果插值出来的高程大于下个地层的标高，则修改插值结果。

步骤 5：断层处理。三维地层建模中断层的处理是难点之一，目前仍处于探索阶段。其中一种处理方法是：在断层面 $F$ 的两侧分别构造地层面的 TIN 模型（$S_1$，$S_2$），并将地层面适当延伸超过断层面，将两侧的地层面（$S_1$，$S_2$）分别对断层面 $F$ 求交并裁剪，如图 7-2（a）所示。

步骤 6：按照指定的边界线和断层面，裁切地层界面并生成三维实体模型，如图 7-2（b）所示。

### 7.1.3　隐式建模方法

传统地质模型方法首先定义剖面，并在剖面上绘制岩性、断层和矿体界限等，然后连接多个剖面，生成实体或表面。这种方法既耗时费力又不灵活，模型更新困难。隐式建模是一场颠覆性的变革，该方法可使地质人员摆脱繁重的手工建模，将更多的精力用于专业化思考。

在基于剖面的交互式实体建模难以实现的情况下，矿体隐式建模方法具有明显优势。隐式建模的优点是较少需要人工干预，因此建模自动化程度高、速度快、有趋于一致的建模结果。隐式曲面建模方法有很多种，其中基于径向基函数（Radial Basis Function，RBF）的

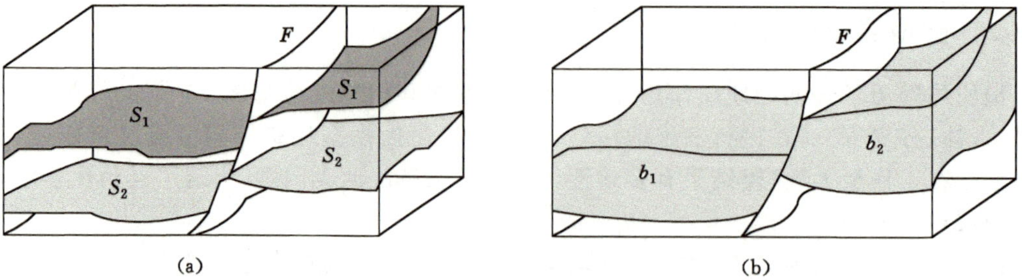


图 7-2　断层建模示意图

建模方法适用范围广、建模效率高。

径向基函数被公认为是解决散点空间插值问题的极其稳定、极其准确的方法之一。径向基函数是 20 世纪 80 年代后期，Powell 在解决“多变量有限点精确插值问题”时引入的，目前已成为数值分析研究中的一个重要领域。径向基函数只含有一个自变量，即表示距离的径向量，利用该函数很容易表示带任意拓扑结构的复杂模型，是神经网络、模式识别、几何数据分析中的常用工具，在隐式曲面重建领域广泛应用。

以点(0,0)为圆心、半径为 4 的圆形为例，其隐式表达为 $f(x,y)=0$，即 $x^2+y^2-4^2=0$，如图 7-3 所示。

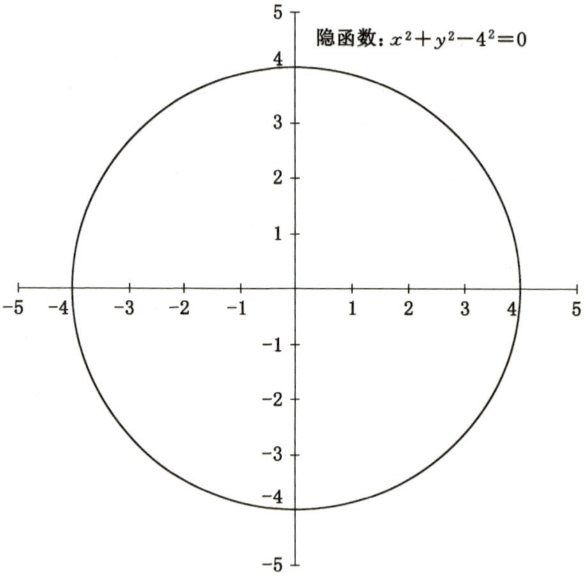


图 7-3　圆的隐函数表达

在计算机中，不能据此函数逐点画出圆形，即不能求出所有满足隐函数的解，隐函数模型不能直接用于可视化。但是，可以根据隐函数很容易地判断任意点$(x,y)$是在圆内、圆外还是在圆上，从而实现分类，这个特性恰好可用于矿化域的圈定。

基于 RBF 的隐式曲面拟合问题可描述为：给定三维空间中的 $N$ 个点$\{x_1,x_2,\cdots,x_N\}$，每个点对应一个函数值$\{f_1,f_2,\cdots,f_N\}$，可以构造函数 $s(R^2\rightarrow R)$，使空间中每一个点都满足约束：

$$s(x_i)=f_i,(i=1,2,\cdots,N) \tag{7-1}$$

则由方程 $s(x)=0$ 可以定义一个隐式曲面，其光滑性可以通过能量函数 $E$ 来衡量：

$$E=\int_{R_3}\left(\frac{\partial^2 f}{\partial x^2}+\frac{\partial^2 f}{\partial y^2}+\frac{\partial^2 f}{\partial z^2}+2\frac{\partial^2 f}{\partial x\partial y}+2\frac{\partial^2 f}{\partial x\partial z}+2\frac{\partial^2 f}{\partial y\partial z}\right)\mathrm{d}x\mathrm{d}y\mathrm{d}z \tag{7-2}$$

使用径向基函数建立的隐式曲面方程可以使能量函数 $E$ 取得最小值，其一般表达形式为：

$$s(x)=\sum_{i=1}^{N}\lambda_i\varphi(\|x-x_i\|)+p(x)=0 \tag{7-3}$$

式中 $x$——曲面上的任意数据点；

$x_i$——定义曲面方程的数据点，称为采样点或者插值中心点；

$\|x-x_i\|$——欧几里得范数，是点对间的欧几里得距离；

$\varphi(\|x-x_i\|)$——径向基函数，其中全局支撑常选择 $\varphi(r)=r^3$；

$\lambda_i$——径向基函数权系数，为待求未知数；

$p(x)$——一阶多项式，通常为了使线性系统的系数矩阵正定，增加此一次多项式 $p(x)=c_1x+c_2y+c_3z+c_4$，如果控制点较多，则 $p(x)$ 并不是必需的。

根据约束值的不同，用于定义隐式曲面方程的约束点可以分为两类。一类称为插值约束点，即点云中的已知数据点，它们位于隐式曲面上，对应的约束值为 0；另一类称为离面约束点，它们不位于隐式曲面上，对应的约束值不为 0。

求解权系数（$N$ 个 $\lambda_i$）和一阶多项式 $p(x)$ 的系数（$c_1,c_2,c_3,c_4$），需要加上正交条件：

$$\sum_{i=1}^{N}\lambda_i=\sum_{i=1}^{N}\lambda_i x_i=\sum_{i=1}^{N}\lambda_i y_i=\sum_{i=1}^{N}\lambda_i z_i=0 \tag{7-4}$$

令 $\varphi_{ij}=\varphi(\|x_i-x_j\|)$，则可以建立以下线性方程组：

$$\begin{bmatrix}\varphi_{11} & \varphi_{12} & \cdots & \varphi_{1N} & x_1 & y_1 & z_1 & 1\\ \varphi_{21} & \varphi_{21} & \cdots & \varphi_{2N} & x_2 & y_2 & z_2 & 1\\ \vdots & \vdots & \ddots & \vdots & \vdots & \vdots & \vdots & \vdots\\ \varphi_{N1} & \varphi_{N1} & \cdots & \varphi_{NN} & x_N & x_N & x_N & 1\\ x_1 & x_2 & \cdots & x_N & 0 & 0 & 0 & 0\\ y_1 & y_2 & \cdots & y_N & 0 & 0 & 0 & 0\\ z_1 & z_2 & \cdots & z_N & 0 & 0 & 0 & 0\\ 1 & 1 & \cdots & 1 & 0 & 0 & 0 & 0\end{bmatrix}\begin{bmatrix}\lambda_1\\ \lambda_2\\ \vdots\\ \lambda_N\\ c_1\\ c_2\\ c_3\\ c_4\end{bmatrix}=\begin{bmatrix}f_1\\ f_2\\ \vdots\\ f_N\\ 0\\ 0\\ 0\\ 0\end{bmatrix} \tag{7-5}$$

解此线性方程组，将得到的权系数 $\lambda_i$ 和多项式 $p(x)$ 的系数（$c_1,c_2,c_3,c_4$）代入通解 $s(x)$ 中，即可得隐式曲面方程。对于较大规模的空间点云，曲面重构计算量大，可采用单元分解（Partition of Unity，POU）算法将全局问题分解成局部问题（在小范围内进行求解），然后对这些隐式曲面进行局部加权求得点函数值。当然，隐式曲面重构还可以同时考虑数据点的位置及法向，Hermite 型隐函数及其改进算法就属于此类。

得到 RBF 隐式曲面方程后，需要对该曲面进行绘制，即等值面提取。目前应用最为广泛的边界抽壳算法是移动立方体（Marching Cubes，MC）算法。MC 算法将空间分成若干个小长方体体素单元（Cube），每个 Cube 有 8 个顶点，每个顶点与隐式曲面的空间关系分为在曲面内和在曲面外两种，共 $2^8=256$ 种状态。考虑到旋转对称和逆反对称两种情况后，状态组合的可能情形归结为 15 种(图 7-4)。

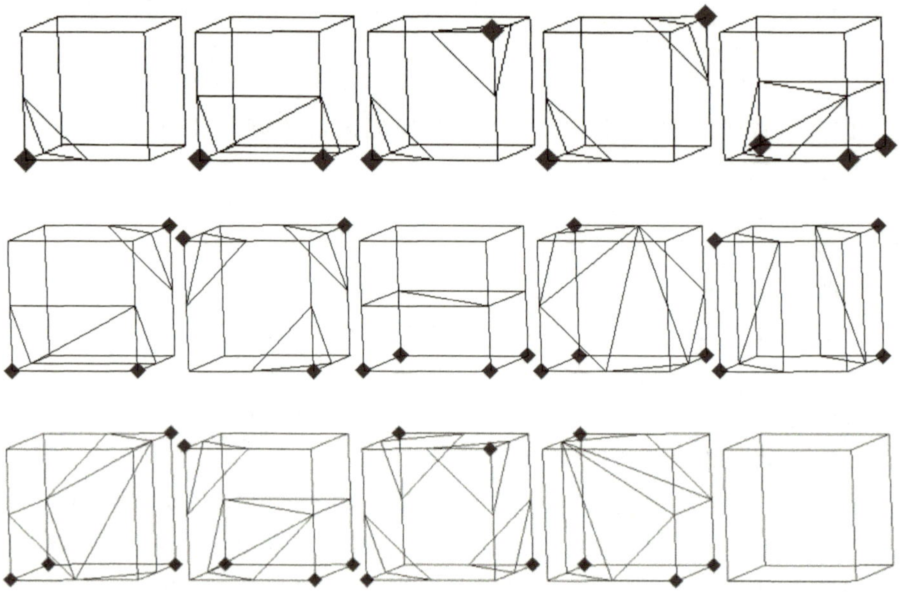

图 7-4　15 种基本等值面连接模型

得到等值面中各点唯一的空间拓扑关系后，还要计算等值面与体素单元的交点坐标，并给出等值面法向量，利用交点坐标和法向量就可以绘制出三维等值面。等值点坐标和法向量计算公式如下：

$$P = P_1 + (V_i - V_1)(P_2 - P_1)/(V_2 - V_1) \tag{7-6}$$

$$N = N_1 + (V_i - V_1)(N_2 - N_1)/(V_2 - V_1) \tag{7-7}$$

式中　$P$——等值点坐标；

$P_1$，$P_2$——端点坐标；

$V_1$、$V_2$，$V_i$——端点属性值，阈值；

$N_1$、$N_2$，$N$——端点法向量，等值点法向量。

对于等值面上的点，其梯度矢量方向代表等值面在该点处的法向量：

$$g(x,y,z) = \nabla f(x,y,z) \tag{7-8}$$

设三维数据场中某点的函数值用 $f(x,y,z)$ 表示，在 $x$、$y$、$z$ 方向上相邻两点的间距分别为 $\Delta x$、$\Delta y$、$\Delta z$。则该点的梯度矢量($g_x$，$g_y$，$g_z$)可用下式计算：

$$\begin{cases} g_x(x,y,z) = \dfrac{f(x+\Delta x,y,z) - f(x-\Delta x,y,z)}{z\Delta x} \\ g_y(x,y,z) = \dfrac{f(x,y+\Delta y,z) - f(x,y-\Delta y,z)}{z\Delta y} \\ g_z(x,y,z) = \dfrac{f(x,y,z+\Delta z) - f(x,y,z-\Delta z)}{z\Delta z} \end{cases} \tag{7-9}$$

基于 MC 算法生成等值面的一般流程为：

步骤 1：按照某种顺序选择一个体素单元。

步骤2:确定体素顶点的状态值。

步骤3:生成体素顶点状态值索引表。

步骤4:根据该索引值在状态表中找到其等值面连接模式。

步骤5:根据等值面连接模式,求出交点的几何位置及其相应的法向量。

步骤6:绘制等值面。

# 7.2 实体建模数据准备

地质剖面图是按一定比例尺表示地质剖面上实际或推断的地质现象及其相互关系的图件。地质剖面图可分为:横剖面图(勘探线剖面图)、纵断面图、水平断面图等。地质剖面是研究地层、岩体、构造和矿产的基础资料,也是实体建模的数据来源。实体建模的数据准备大多数都是在地质剖面图上完成的。

## 7.2.1 工业指标

圈矿工业指标简称工业指标或圈矿指标,是圈定矿体、评价矿床价值、估算矿产资源/储量的标准和依据。工业指标有两类:一类是一般性指标,由国家主管部门制定,供普查或详查阶段评价矿床和估算储量时参考;另一类是具体的矿床指标,根据各项技术经济政策、资源情况、开采和加工技术水平,由地勘单位提出初步意见,经设计部门提供经济技术论证,报请主管机关批准后下达给地质勘探部门,它是地质勘探报告中圈定矿体、评价矿床、估算储量的具体指标。

工业指标主要包括:边界品位、最低工业品位、最小可采厚度、夹石剔除厚度、有害杂质最大允许含量、共(伴)生组分最低含量、最低工业米百分率等。其中,边界品位、最低工业品位、最低工业米百分率等为品位指标,最小可采厚度、夹石剔除厚度为生产技术指标。以岩金矿为例,地质勘查规范中推荐的工业指标参考值如表7-1所示。

**表7-1 岩金矿工业指标参考表**

| 项目 | 指标 |
| --- | --- |
| 边界品位(质量分数) | $1\times10^{-6}\sim2\times10^{-6}$,堆浸 $0.5\times10^{-6}\sim1\times10^{-6}$ |
| 最低工业品位(质量分数) | $2.5\times10^{-6}\sim4.5\times10^{-6}$ |
| 矿床平均品位(质量分数) | $4.5\times10^{-6}\sim5.5\times10^{-6}$ |
| 最小可采厚度 | 0.8~1.5 m 陡倾斜者取下限,缓倾斜至水平者取上限 |
| 夹石剔除厚度 | 2~4 m 地下开采者取下限,露天开采者取上限 |

我国在圈定矿体时还要利用块段最低工业品位、矿床最低工业品位、剥采比等指标,对矿体进行多方面的考量,如果不满足块段或矿床指标,就不能圈定为矿体。工业指标的确定应保证矿产资源开发的技术可行性和经济合理性,矿床工业指标应该是动态的。

应用钻孔数据库进行矿化域圈定,有时也会用到品位和厚度指标,只是在指标的选取上有不同的思路。矿化域不必直接用来报告资源量,因此对品位指标要求并不严格,主要可从矿化连续性角度进行分析。厚度指标是品位指标的"承载"或"支撑",为保证矿化域的连续性，厚度指标相对灵活，并不十分强调。这是很多人说“国外圈矿较粗，国内圈矿过细”的原因。

### 7.2.2 单工程圈矿

基于钻孔的矿体圈定是矿体实体模型构建的基础，该步骤工作量大，而且由于圈矿指标变动有可能重复多次，因此有必要借助计算机手段实现单工程自动圈矿，减少重复劳动、提高圈矿效率和准确性。

单工程矿体边界圈定应遵循一个原则：尽量保持矿化的连续完整性，避免漏圈。由此，产生了所谓的“穿鞋戴帽”。钻孔单工程自动圈矿与人工手动圈矿的思路基本一致，不同的是前者利用计算机程序将矿岩判别的过程固化，对钻孔数据进行多次遍历、循环判断，实现自动圈矿功能。基于钻孔数据库的单工程自动圈矿流程如图 7-5 所示。

### 7.2.3 组合样品

地质数据库中的分析数据是矿床储量估算的依据，根据地质统计学原理，为确保参数的无偏估计量，所有样品数据应落在相同承载上，即同一类参数的地质样品的长度应该一致。组合样品的过程是将品位信息通过长度加权的方法提取到若干点上。在 3DMine 矿业软件中有两类组合方法：一是按圈矿指标组合；二是根据约束组合。

按圈矿指标组合是根据实际矿山情况，设置圈矿条件对样品进行组合。双击打开“demo/金属矿山示例/00_数据库.mdb”，选择【钻孔】→【组合样品】→【按圈矿指标组合】，弹出“按圈矿指标组合”对话框，如图 7-6 所示。

组合品位：选择元素进行组合，亦可以选择处理特高品位值。特高品位值通常是用地质统计学方法确定的，或者是根据国内特高品位处理规则得到的值。最小可采长度：只有在此长度以上的且符合边界品位条件的才可以圈定矿体，对于矿山来讲，可以结合采矿方法或矿体规模确定。夹石剔除厚度：允许夹在矿体中的非工业矿石（夹石）部分的最大厚度，厚度大于此指标的，作为围岩（夹石），不圈入矿体；反之，作为矿体的一部分，与工业矿石部分一并计算平均品位。缺失或≤0 样处理方式：对于缺失或者品位≤0 的样可以根据实际情况按忽略、按零或按平均值等三种方式处理。等长组合：按给定的距离以相等的长度组合样品，通常是平均样长或是按照有关采样规范的长度。组合到中点：在组合的矿段上将组合品位（样长加权计算）置于该段的中点，这与通常所说的见矿中点是一致的。组合成线段：是将该矿段组合样以直线段的形式表示出来。

圈矿品位指标：设置圈矿的品位条件，一般根据有关规定进行。选择【输入】，弹出“品位指标”对话框，如图 7-7 所示。

根据品位所在的表格设置字段判断值，如 TFe≥45；对于多种元素的矿床，可以用 or（或者，即两者之一）或 and（并且，即两者都满足）两个逻辑词将若干条件组合成逻辑表达式，用于筛选符合条件的组合。点击【确定】后，在图形工作区显示按圈矿指标组合的样品点，如图 7-8 所示。

利用相同的数据，将钻孔数据库按照约束条件对样品进行重新组合。选择【钻孔】→【组合样品】→【组合样品点】，弹出对话框，如图 7-9 所示。

需要组合字段：需要组合的表格和品位字段，在品位字段红色窗口空白位置单击右键，

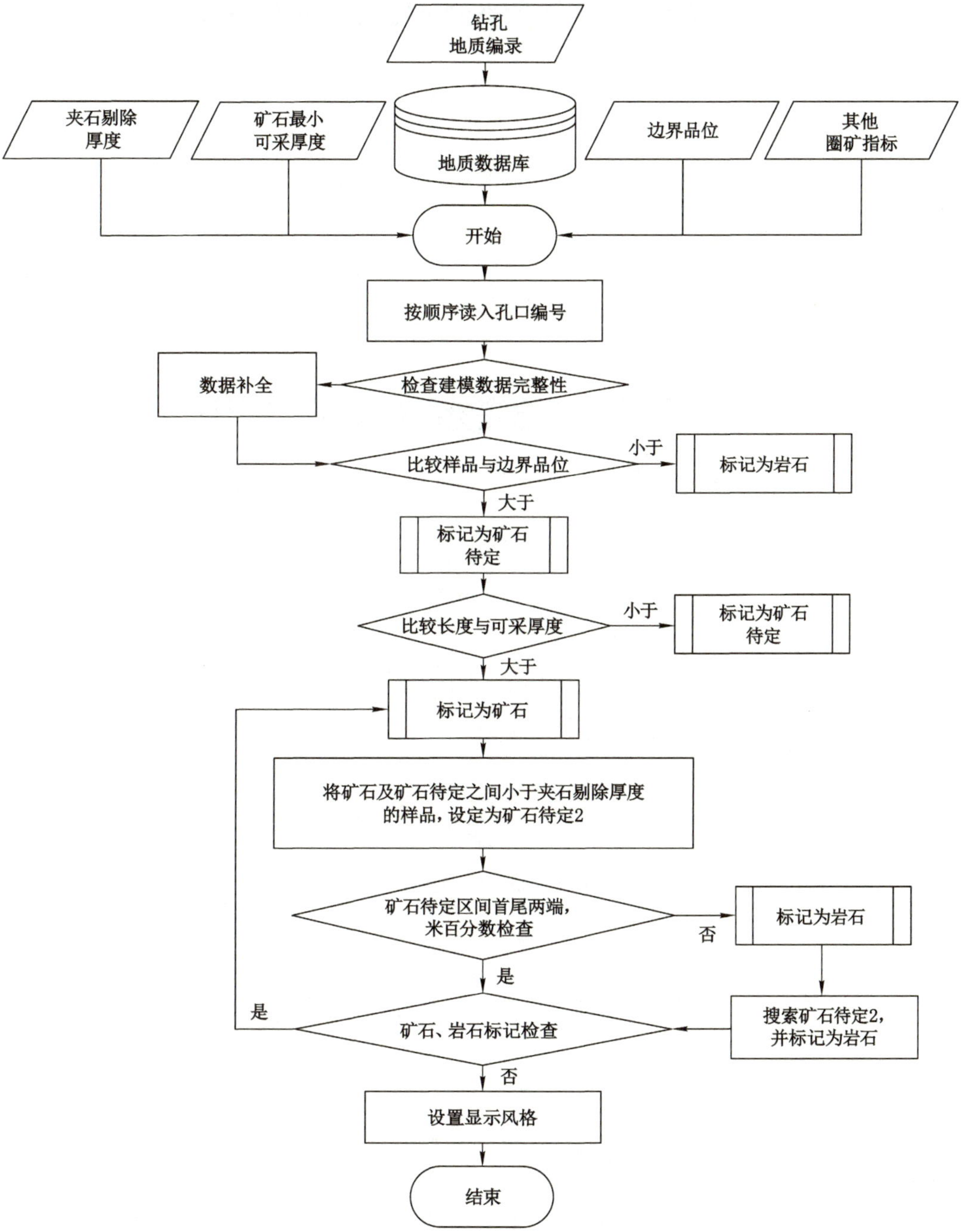


图 7-5 钻孔单工程自动圈矿流程

选择“添加”或“删除”。约束方式：样品组合的约束条件，包括地质带约束、顶底板约束、实体约束、台阶高度约束、DTM 面约束五种方式。地质带约束：根据样品矿段或岩性字段约束组合范围；顶底板约束：根据地层或岩性顶板、底板约束组合范围；实体约束：以矿体实体文件的内外约束组合范围；台阶高度约束：根据台阶起始和截止高度约束组合范围；DTM 面约束：以上(下)部 DTM 面为条件约束组合范围。缺失样处理：样品数据化验数据丢失后，

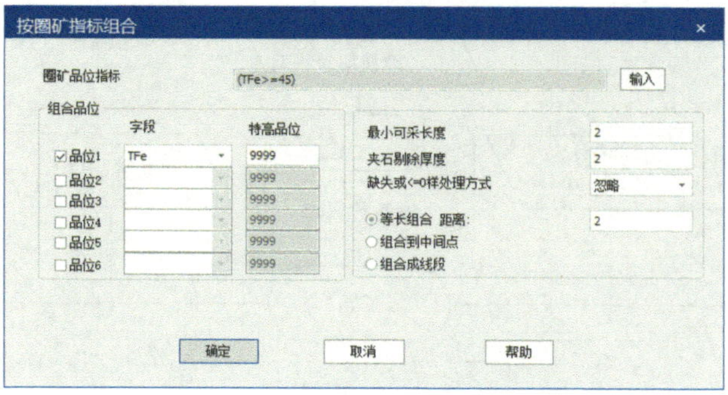


图 7-6 按圈矿指标组合参数设置

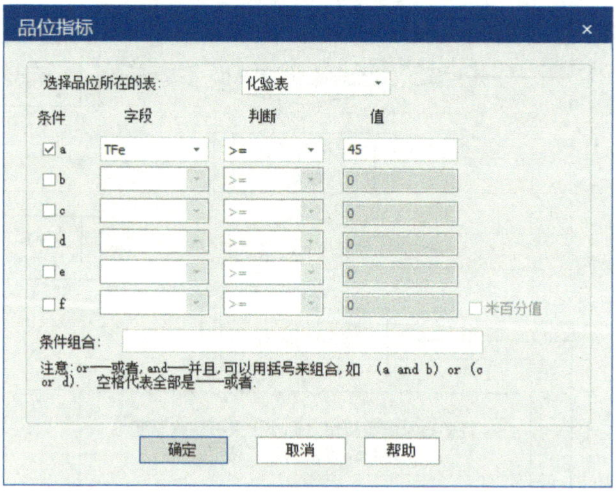


图 7-7 品位指标参数设置

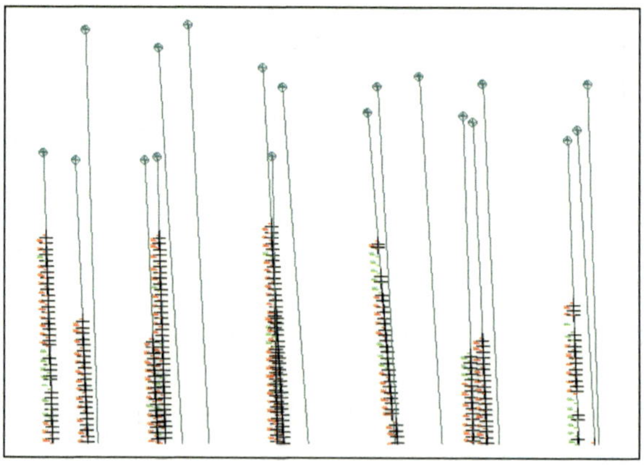

图 7-8 组合样品结果

参与样品组合的处理方法,包括按照平均值、零和忽略等方法。组合方式:包括等距离组合、一个点和原样提取等三种方式。组合长度:指单个钻孔组合样品点在钻孔轨迹上的间距,通常是平均样长或是按照采样规范的长度。样品最小长度:大于该值,保留组合样品点;否则

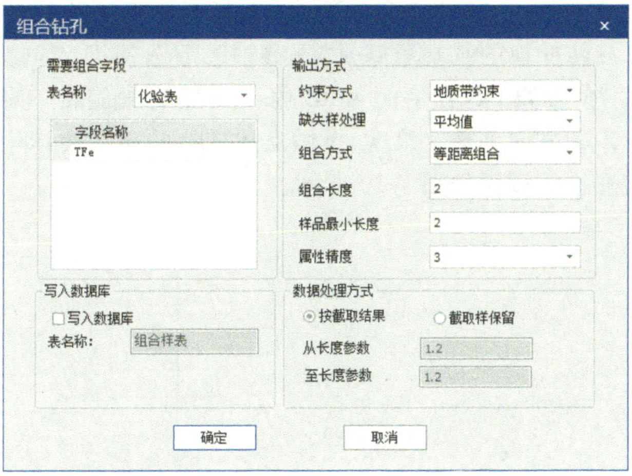


图 7-9　组合样品点

不进行组合。写入数据库:将组合信息单独存放在钻孔数据库的一张表中,表的名称可自定义。按截取结果:就是按照设置的约束方式、组合方式、组合长度、样品最小长度等截取样品。截取样保留:就是对样品段进行“穿鞋戴帽”,即先使样品段两端增加相应的长度,再对样品段进行处理。

点击【确定】后,根据不同的约束方式,弹出约束范围窗口,设置好后即可进行样品组合,然后通过【视图】→【点和属性库】→【显示描述文字】可以将组合样品点的属性值显示出来。

### 7.2.4　剖面坐标转换

三维软件未普及之前,地质工作者只能根据钻孔的二维投影估计地质剖面,利用平面图纸描述地质规律。其中,最常见的图件是地质平面图和剖面图,平、剖面图的二、三维坐标转换是以往研究成果可视化的基础。此外,物探有多种手段,其最终结果多以等值线剖面图的形式展示。坐标变换的作用是把不同参照系的模型统一到同一个三维坐标系下,以便对不同来源和不同格式的模型进行统一分析。

剖面图坐标变换的步骤如下:首先,交换 $YZ$ 坐标;其次,读取剖面图及对应平面图上两点坐标,按照矩阵运算公式进行坐标转换,实现剖面图在水平方向的平移、旋转、缩放;最后,对变换后图形进行垂向坐标的缩放、平移运算,从而完成剖面图坐标变换。

在三维图形坐标变换中,平移、旋转、缩放是所有变换的基础,其原理是矩阵运算。

(1) 平移变换

在三维坐标系中,任意点 $P(x,y,z)$ 可由以下矩阵运算变为点 $Q(x',y',z')$:

$$\begin{bmatrix} x' \\ y' \\ z' \\ 1 \end{bmatrix} = \boldsymbol{T}' \begin{bmatrix} x \\ y \\ z \\ 1 \end{bmatrix} = \begin{bmatrix} 1 & 0 & 0 & \mathrm{d}x \\ 0 & 1 & 0 & \mathrm{d}y \\ 0 & 0 & 1 & \mathrm{d}z \\ 0 & 0 & 0 & 1 \end{bmatrix} \begin{bmatrix} x \\ y \\ z \\ 1 \end{bmatrix} \tag{7-10}$$

式中　$\mathrm{d}x,\mathrm{d}y,\mathrm{d}z$——点 $P(x,y,z)$ 沿 $x$ 轴、$y$ 轴、$z$ 轴的平移量。

(2) 旋转变换

三维空间中任意点 $P(x,y,z)$绕任意轴线 $RS$ 旋转任意角度$\theta$，得到点 $Q(x',y',z')$的矩阵运算为旋转变换。旋转变换的基本思路是：平移轴线 $RS$，使 $R$ 点与坐标原点 $O$ 重合，$OS$ 绕 $X$ 轴旋转一定角度，使轴线 $OS$ 在平面 $XOZ$ 内，$OS$ 绕 $Y$ 轴旋转一定角度，使 $OS$ 与坐标系 $Z$ 轴重合，点 $P$ 绕 $Z$ 轴方向旋转$\theta$角度，再做上述变换的逆变换，即可得到旋转变换的新坐标。空间坐标旋转变换的过程如图 7-10 所示。

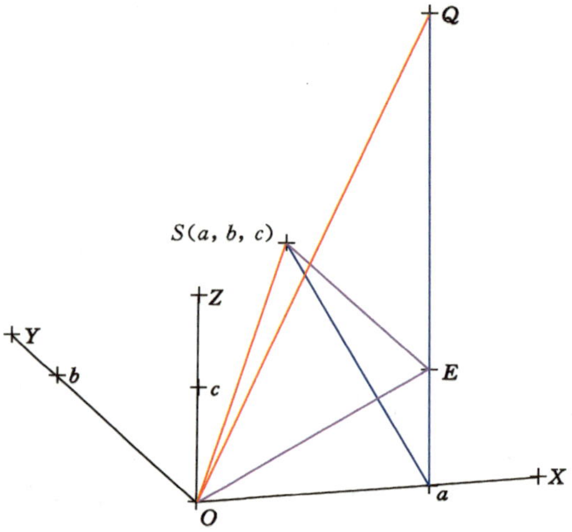


图 7-10　空间坐标旋转变换示意图

设 $OS$ 绕 $X$ 轴旋转的角度为$\alpha$，绕 $Y$ 轴旋转的角度为$\beta$，得：

$$\begin{cases}\cos\alpha = b/\sqrt{b^2+c^2}\\ \sin\alpha = c/\sqrt{b^2+c^2}\\ \cos\beta = a/\sqrt{a^2+b^2+c^2}\\ \sin\beta = \sqrt{b^2+c^2}/\sqrt{a^2+b^2+c^2}\end{cases} \tag{7-11}$$

旋转变换可用矩阵表示为：

$$[x' \quad y' \quad z' \quad 1] = [x \quad y \quad z \quad 1]\boldsymbol{R} \tag{7-12}$$

其中：

$$R = \boldsymbol{T}\boldsymbol{R}_x\boldsymbol{R}_y\boldsymbol{R}_z\boldsymbol{R}_y^{-1}\boldsymbol{R}_x^{-1}\boldsymbol{T}^{-1},$$

$$\boldsymbol{R}_x = \begin{bmatrix}1 & 0 & 0 & 0\\ 0 & \cos\alpha & -\sin\alpha & 0\\ 0 & \sin\alpha & \cos\alpha & 0\\ 0 & 0 & 0 & 1\end{bmatrix}, \boldsymbol{R}_y = \begin{bmatrix}\cos\beta & 0 & \sin\beta & 0\\ 0 & 1 & 0 & 0\\ -\sin\beta & 0 & \cos\beta & 0\\ 0 & 0 & 0 & 1\end{bmatrix},$$

$$\boldsymbol{R}_z = \begin{bmatrix}\cos\theta & -\sin\theta & 0 & 0\\ \sin\theta & \cos\theta & 0 & 0\\ 0 & 0 & 1 & 0\\ 0 & 0 & 0 & 1\end{bmatrix}。$$

(3) 缩放变换

在三维坐标系中，任意点 $P(x,y,z)$相对于坐标原点的缩放变换矩阵为：

$$\begin{bmatrix} x' \\ y' \\ z' \\ 1 \end{bmatrix} = \begin{bmatrix} s_x & 0 & 0 & 0 \\ 0 & s_y & 0 & 0 \\ 0 & 0 & s_z & 0 \\ 0 & 0 & 0 & 1 \end{bmatrix} \begin{bmatrix} x \\ y \\ z \\ 1 \end{bmatrix} \tag{7-13}$$

式中　$s_x, s_y, s_z$——点 $P(x,y,z)$ 在 $X,Y,Z$ 轴方向的缩放因子。

双击打开“demo/专题示例/01_基本操作/05_2D_3D 坐标转换/01_平面图.3ds”，查询坐标网格交点坐标是否正确，如与标注坐标不符，可用【工具】→【坐标转换】→【平面 2 点坐标转换】功能进行变换。查询并记录 46 线与坐标网格线 $X_1=541400$、$X_2=541600$ 的交点坐标，清空图形工作区。

双击打开“demo/专题示例/01_基本操作/05_2d_3d 坐标转换/02_剖面图 46 线.3ds”，运行菜单【工具】→【坐标转换】→【坐标调换(X－Y－Z)】，选择 YZ 调换功能进行变换。查询并记录坐标网格线 $X_1=541400$、$X_2=541600$ 的 $X$ 坐标，此坐标为“转换前坐标”。

运行菜单【工具】→【坐标转换】→【平面 2 点坐标转换】，如图 7-11 所示，填写对应的坐标值。

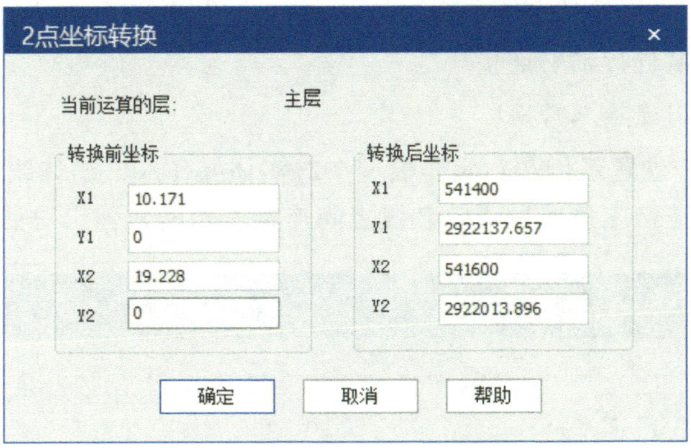


图 7-11　平面两点坐标转换参数

点击【确认】→【执行】完成水平方向坐标转换，如图 7-12 所示。

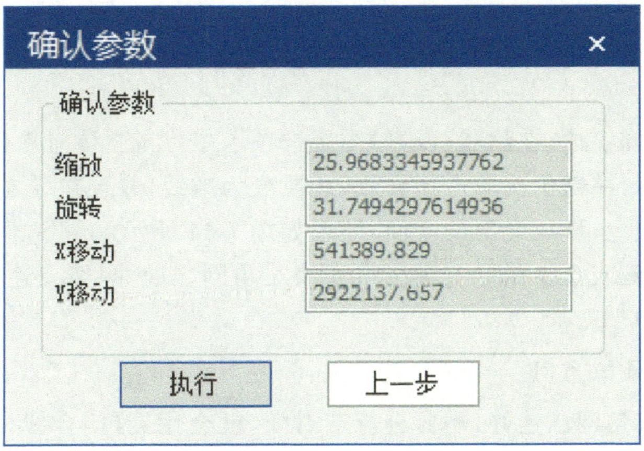


图 7-12　平面两点坐标转换参数确认

同理，对剖面图46线垂直方向进行缩放、平移，完成二、三维坐标转换。至此，46线剖面图已呈现真三维坐标，可将其保存为新的线文件。对其他勘探线剖面图重复以上步骤，从而完成图件坐标转换工作。

## 7.3 连接和编辑三角网

连接三角网是用实体建模方法生成合格三角网(DTM)的过程，根据数据源的不同，可分为闭合线连接三角网、点云生成三角网、混合剖面建模、隐式建模等。编辑三角网指对已经连接好的三角网进行修改、删除，其方法包括删除选择框内的三角片、删除与橡皮线相交的三角片、删除连接在线上的三角片、删除单个线内的三角片、删除连接在点上的三角片、删除单个三角片和挪动依附在线上的三角网等。

### 7.3.1 连接三角网

连接三角网是实体建模的基本操作，在闭合线之间、闭合线内、开放线到闭合线、开放线之间、线到点、单个三角形等情况下都可以连接成三角网，对于复杂实体的建模还需要借助控制线、分区线等要素进行辅助连接。

#### 7.3.1.1 闭合线之间连接三角网

双击打开“demo/专题示例/04_实体模型/02_实体操作/00_矿体线.3ds”文件。

选择【实体】→【连接三角网】→【闭合线之间连接三角网】，弹出对话框，如图7-13所示。

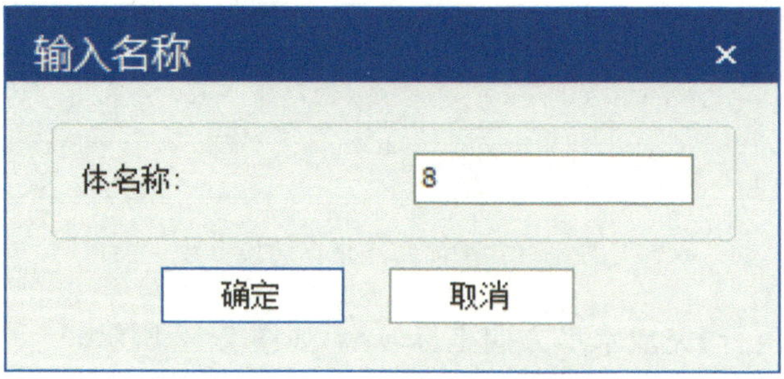


图7-13 实体体名称设定

体名称：区分不同实体，在【系统设置】图层选项卡中可设置体号颜色。

根据状态栏提示，左键依次单击闭合线，线段变为虚线，并且在线之间连接起三角网，这些三角网被填充了颜色，形成光滑的表面，效果如图7-14所示。

在没有按【Esc】键或点击鼠标右键结束连接三角网之前，只需要连续点击多根线段，就可以依次连接三角网。

#### 7.3.1.2 闭合线内连三角网

如果线段之间三角网已连好，需要进行端封闭，就会用到【闭合线内连三角网】命令，对首末两端的闭合线填充三角网。

选择【实体】→【连接三角网】→【闭合线内连三角网】，弹出输入体号的对话框，输入体号

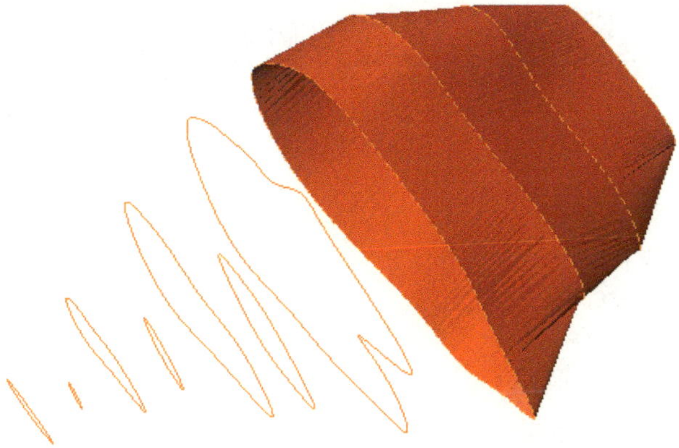

图 7-14 闭合线间连接实体示意图

2,以便区分 8 号实体。分别单击首、末端的闭合线,闭合线内连接了三角网(蓝色),如图 7-15 所示。

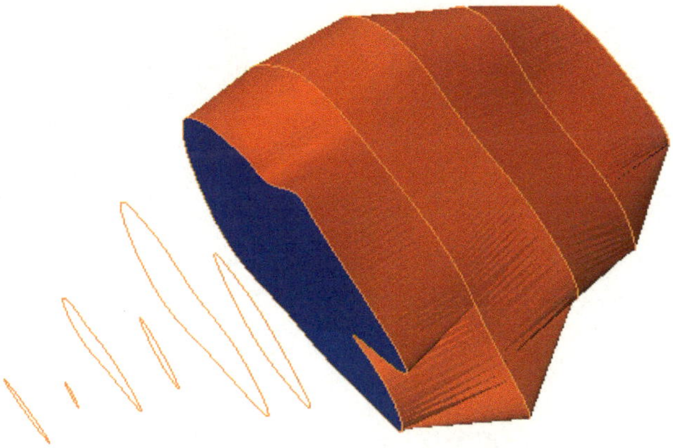

图 7-15 闭合线内连三角网示意图

7.3.1.3 外推连接三角网

其他三角网连接方式还有【局部连三角网】、【闭合线到开放线】、【开放线到开放线】、【线到点】、【单个三角形】、【局部连三角网】等,不再赘述。

地质体端部外推是一种常见的三角网连接方法。调入任意封闭曲线,如上例中的端部线段,选择【实体】→【连接三角网】→【扩展外推线/体】,根据状态栏提示,选择需要外推的线条,在线条上出现两个箭头,分别指向线条两侧,并且弹出“外推连三角网”对话框,如图 7-16 所示。

缩放面积比例(%):外推线段与原始线段的比例。外推一侧/另一侧距离:设置线段在不同方向上外推的距离。扩展方向:针对设置的方位角、倾角,选择一侧、另一侧或两侧的扩展方向。封闭外推端:对外推线段进行闭合线内连三角网操作。如图 7-16 所示,两侧均外推 40 m,缩放面积比例为 10%,默认方位角为 223.48°,倾角为 0°,封闭外推端,显示效果如图 7-17 所示。

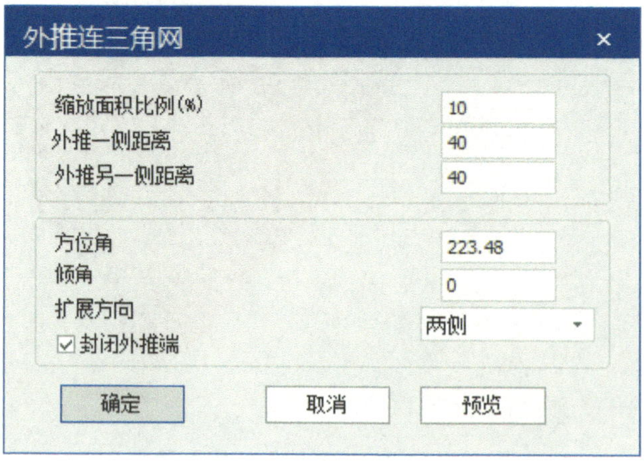


图 7-16　外推连三角网

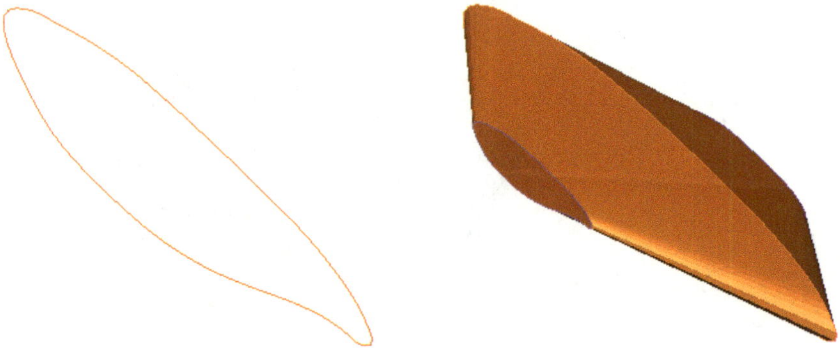

图 7-17　外推线并封闭实体

7.3.1.4　点云生成三角网

空间散点又称为点云,可以直接生成三角网。双击打开“demo/专题示例/04_实体模型/04_实体工具/点云生成实体凸壳.3ds”,选择【实体】→【实体工具】→【点集生成实体凸壳】命令,选择工作区内点云,生成模型如图 7-18 所示。

双击打开“demo/专题示例/04_实体模型/04_实体工具/点云生成实体外形.3ds”,选择【实体】→【实体工具】→【点云生成实体外形】命令,选择工作区内点云,生成模型如图 7-19 所示。

7.3.1.5　混合剖面建模

基于点云的建模结果往往不够理想,为此提出了混合剖面建模技术。双击打开“demo/专题示例/04_实体模型/10_交叉剖面/03_横纵剖面.3ds”,选择【实体】→【连接三角网】→【混合剖面建模】命令,框选工作区内线条,弹出对话框,如图 7-20 所示。

按照图 7-20 中的参数输入,再点击【初始化模型】、【平滑实体】,生成的实体会更加平滑,如图 7-21 所示。

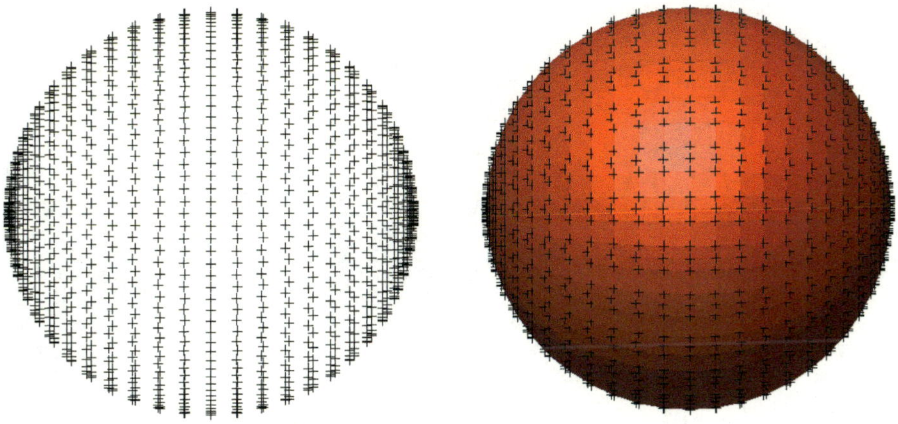

图 7-18 点云生成实体凸壳示例

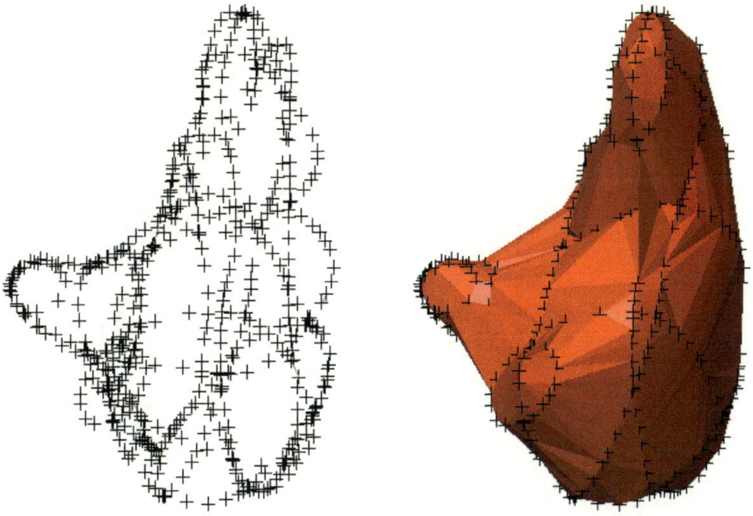

图 7-19 点云生成实体示例

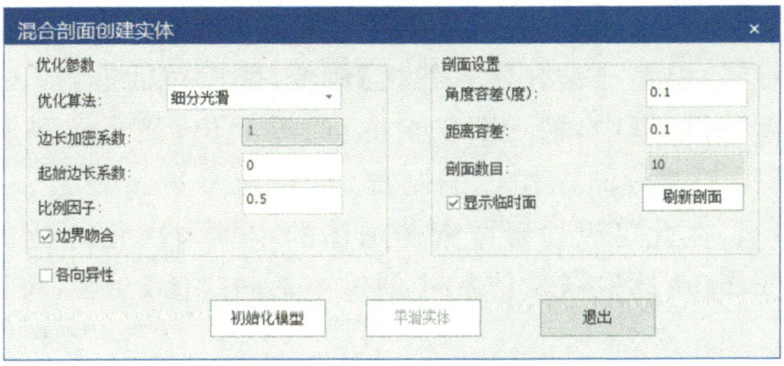


图 7-20 混合剖面建模参数设置

同理,双击打开“demo/专题示例/04_实体模型/10_交叉剖面/00_horse.3ds”,选择【实体】→【连接三角网】→【混合剖面建模】命令,框选工作区内线条,弹出对话框,按默认选项执行,结果如图 7-22 所示。

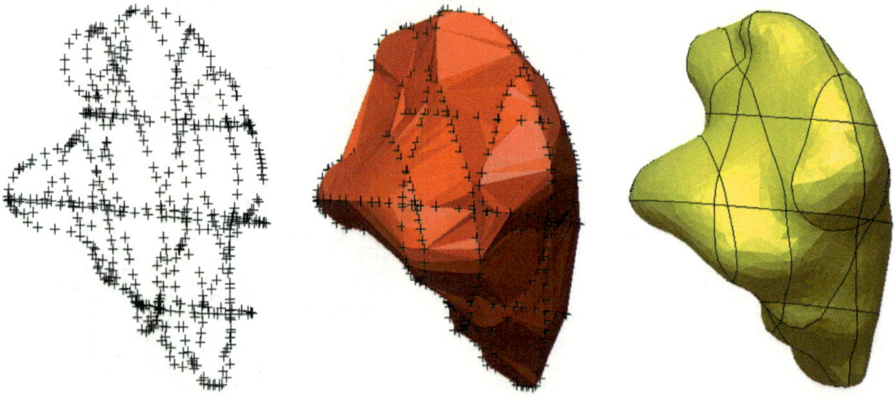

图 7-21 混合剖面建模及优化示例

图 7-22 混合剖面建模示例

#### 7.3.1.6 隐式建模

双击打开“demo/专题示例/02_钻孔数据库/01_建立数据库/02_钻孔数据库.mdb”文件，选择【钻孔】→【地层建模】→【钻孔隐式建模】命令，弹出对话框，如图 7-23 所示。

在“钻孔隐式建模”对话框中，输入圈矿指标：边界品位、最小可采厚度、夹石剔除厚度。网格设置：表示在 $X$、$Y$、$Z$ 轴方向上插值的距离，可自定义进行设置。各向异性：表示某种特性随方向不同而不同，在此可以设置搜索椭球体的主轴与次轴之比、主轴与短轴之比、方位角、倾角等参数。选择【块体】→【赋值】→【创建搜索椭球体】命令，可以观察各向异性椭球体与矿体产状的关系，如图 7-24 所示。

以上参数设置完成后点击确定，可以在图形工作区内快速获得满足参数要求的实体模型，用于分析矿体信息。隐式建模结果及剖面检查如图 7-25 所示。

基于地质剖面解译线（闭合线），也可以采用隐式建模技术。双击打开“demo/专题示例/04_实体模型/02_实体操作/00_矿体线.3ds”文件，选择【实体】→【连接三角网】→【边界隐式建模】命令，弹出对话框，如图 7-26 所示。

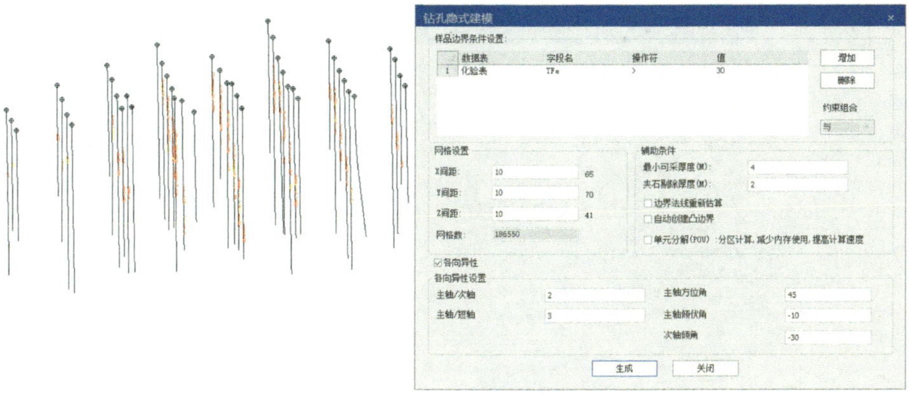


图 7-23　基于钻孔数据库的隐式建模参数设置

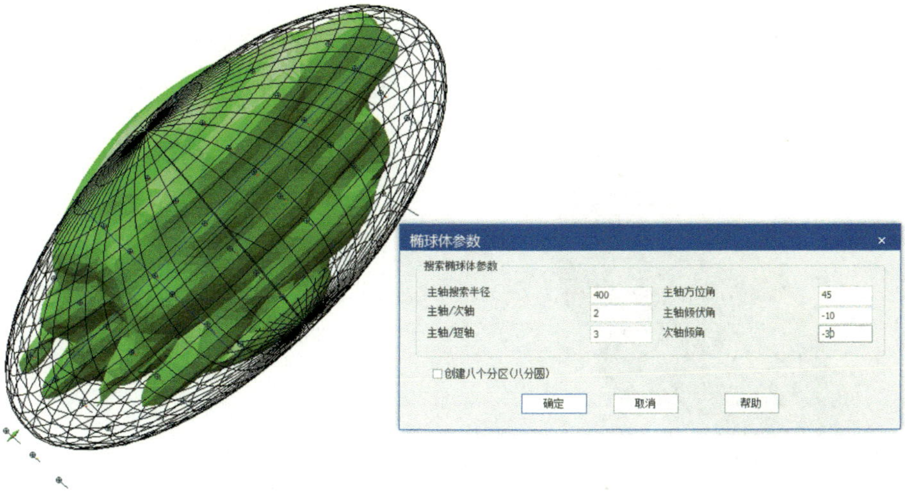


图 7-24　各向异性参数设置

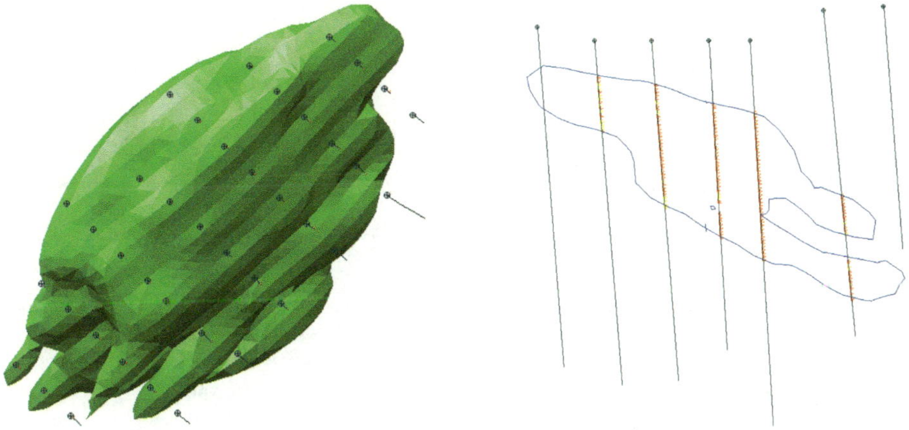

图 7-25　隐式建模结果及剖面检查

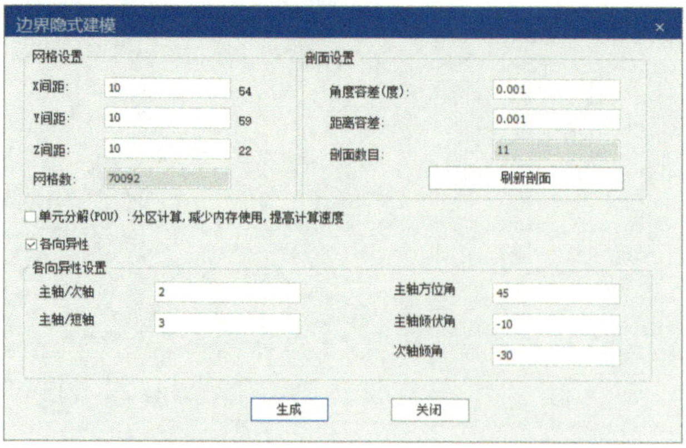


图 7-26　基于闭合线的隐式建模参数设置

点击【生成】,按提示框选闭合线,生成实体模型,如图 7-27 所示。

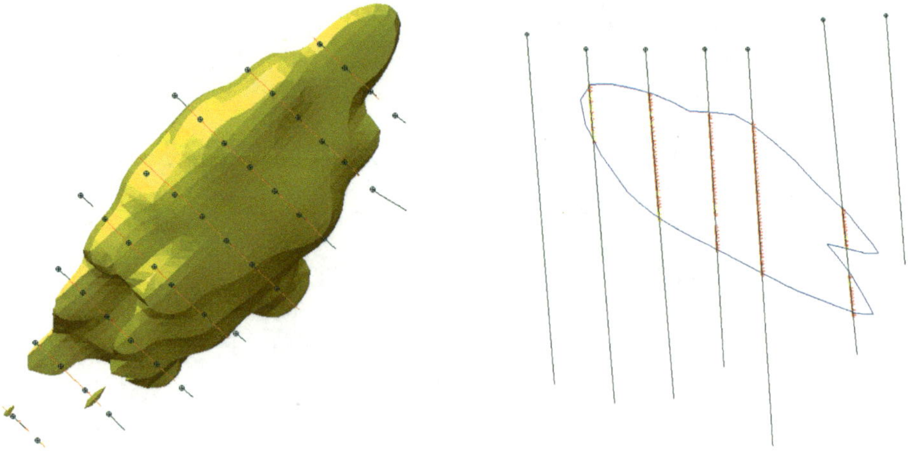

图 7-27　基于闭合线的隐式建模结果及剖面检查

## 7.3.2　三角网连接技巧

在剖面间连接矿体模型时往往需要人工干预,从而保证模型的合理性。实际操作时,需要有较好的空间理解能力,同时需要对矿体的特征如分支复合规律等有所了解。复杂地质体建模(特别是分支复合情况)需要一定的技巧,常用的手段包括创建控制线、使用分区线、内插过渡段等。

连接三角网时,会出现一个剖面的两条闭合线与另一个剖面的一条闭合线连接的现象,这时需要分区连接的现象,否则连接的三角网会交叉变形。双击打开"demo/专题示例/04_实体模型/02_实体操作/00_矿体线.3ds"文件,删除两端一一对应的闭合线,仅保留矿体分叉部位的线条。选择【实体】→【实体工具】→【创建分区线】,根据状态栏提示,在闭合线上依次点击两个点,此时可拉起的一条弧形线就是创建的分区线,如图 7-28 所示。

选择【实体】→【连接三角网参数配置】→【使用分区连接】,先选择分区线一侧的两条闭

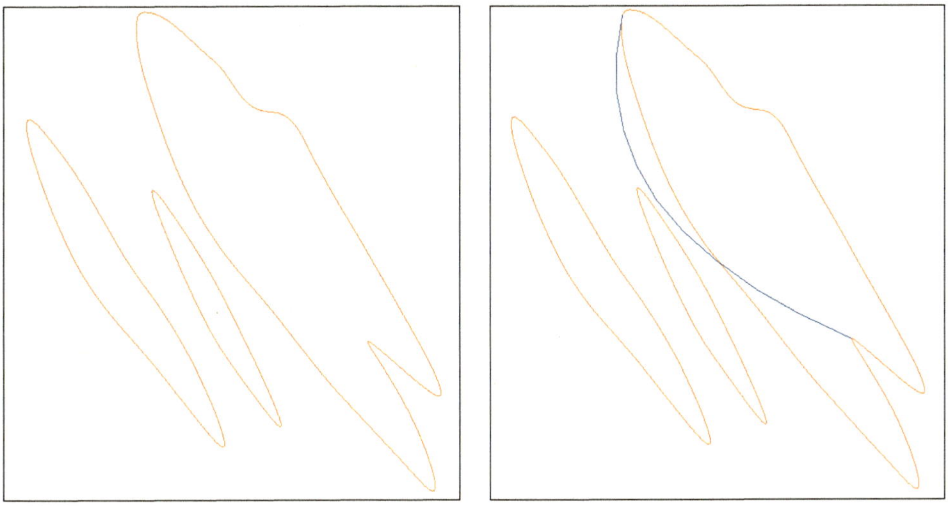

(a)　　　　　　　　　　　　(b)

图 7-28　创建分区线

合线并连接，连接后单击右键结束，然后连接分区线另一侧的两条闭合线，单击右键结束，如图 7-29 所示。

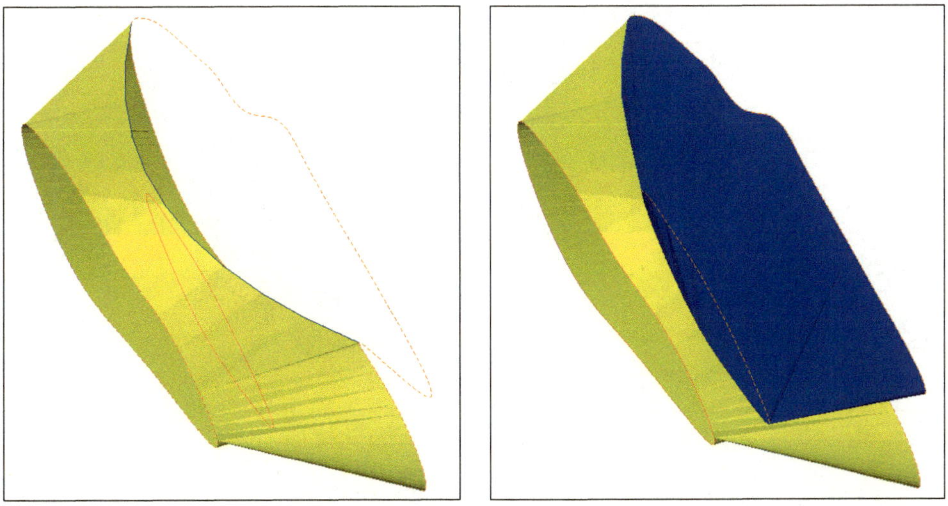

(a)　　　　　　　　　　　　(b)

图 7-29　使用分区线连接三角网

可能因为相邻剖面上的矿体界线间距比较大、形态有较大差异等情形，所创建的实体模型往往是不符合实际需要的或者不正确的。为此可以通过内插过渡段的方式，加密形成剖面线，改善建模效果。

双击打开"demo/专题示例/04_实体模型/02_实体操作/00_矿体线.3ds"文件，选择【实体】→【实体工具】→【内插过渡线】，弹出创建过渡剖面对话框，输入过渡剖面数目，选择两个剖面上的矿体线，操作完成，得到的结果如图 7-30 所示。

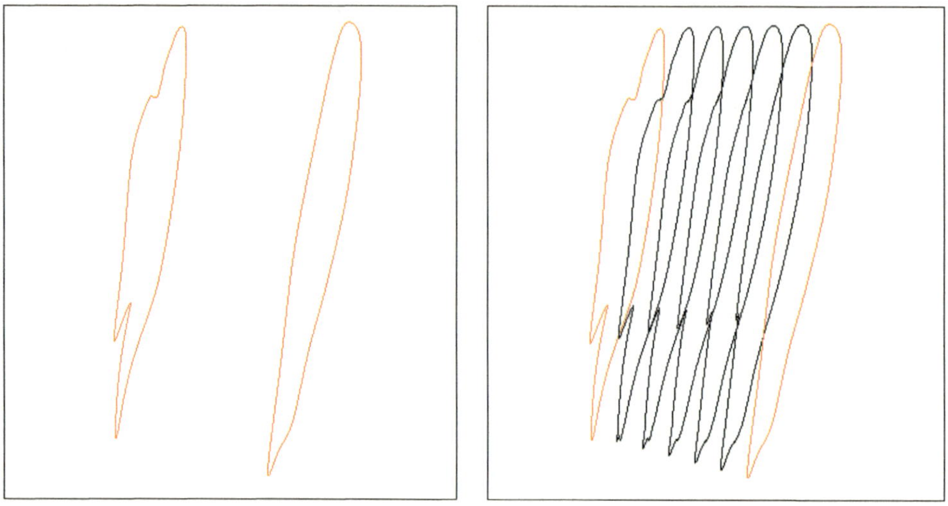

(a)　　　　(b)

图 7-30　剖面间内插过渡段

形成内插的剖面后，还需要对其进行剖面修改方可对矿体进行连接，这样才能达到理想的实体连接效果。经过剖面解译和利用各种实体建模技巧可以生成比较复杂的实体模型，某矿建模效果如图 7-31 所示。

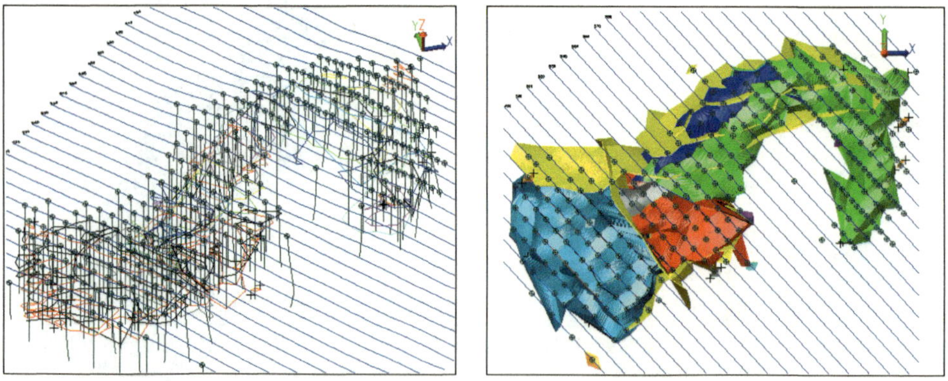

(a)　　　　(b)

图 7-31　某矿实体模型示例

### 7.3.3　编辑三角网

本节以“demo/专题示例/04_实体模型/02_实体操作”文件夹下的数据为例，介绍几种主要的三角网编辑方法。

#### 7.3.3.1　删除三角片

选择【实体】→【编辑三角网】→【删除选择框内三角片】后，根据状态栏提示，在图形工作区拖动鼠标，形成一个矩形框，与实体相交区域将被删除，单击右键或按【Esc】键退出操作，如图 7-32 所示。

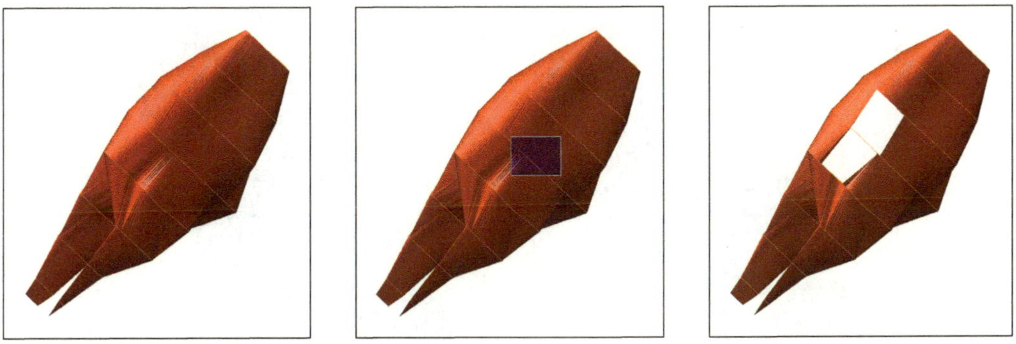

(a)　(b)　(c)

图 7-32　删除选择框内三角片

橡皮线是在图形工作区由鼠标拖动产生的虚拟的线。选择【实体】→【编辑三角网】→【删除与橡皮线相交三角片】后，根据状态栏提示，在屏幕上拉一根线，确定终点位置，单击左键后，删除与该线相交的三角片，单击右键或按【Esc】键退出操作，如图 7-33 所示。

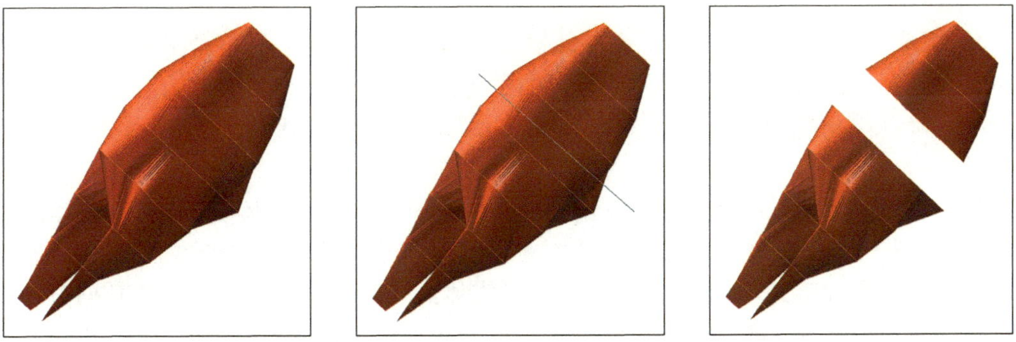

(a)　(b)　(c)

图 7-33　删除与橡皮线相交三角片

【删除连接在线上三角片】、【删除单个线内三角片】、【删除连接在点的三角片】、【删除单个三角片】功能操作与上述类似，不再赘述。

7.3.3.2　合并三角网

在连接三角网时，可能会创建不同的体号以示区分。【合并三角网】命令，就是将不同体号的三角网合并为同一体号的三角网。双击“demo\专题示例\04_实体模型\01_三角网操作”，调入矿体模型文件，该矿体模型由不同体号的三角网组成。

选择【实体】→【实体编辑】→【合并三角网】命令，输入新的体号，选择是否优化/验证实体。选择需要合并的部分，右键单击即可完成合并，对比效果如图 7-34 所示。

同理，可以将合并后的两个不连通的实体分离开来，选择【实体】→【实体编辑】→【分离不连通三角网】，框选待分离实体即可将两部分分离。例如，矿体和夹石是两个单独连接的实体，但是在运行【合并三角网为实体】命令时，往往会将全部三角网框选，造成矿体和夹石被合并为一个实体文件而无法单独编辑，这时可以用【分离不连通的实体】命令将两个实体分开。

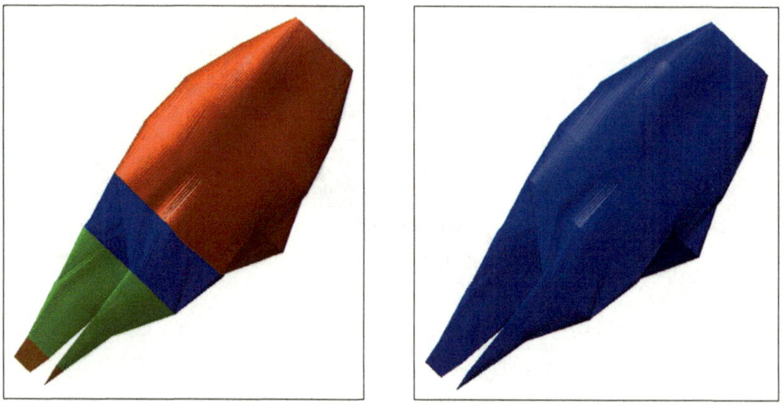

(a) (b)

图 7-34　合并前后对比图

### 7.3.4　实体验证与优化

如果组成矿体模型的各三角面存在自相交(三角面产生相交,不符合空间关系)、开放边(实体中发现有三角面无相邻边,即内外不封闭)和无效边(一个三角网的边有两个以上的相连边),则该矿体模型实体不是一个有效的实体,无效实体不能用于计算体积、空间约束、逻辑运算等。

双击"demo/专题示例/04_实体模型/01_三角网操作",调入矿体模型文件,选择【实体】→【实体验证】→【验证实体】命令后,单击左键选择或框选需要验证的矿体,此时矿体成三角网状,单击右键执行验证,弹出验证窗口,选择【实体】→【实体编辑】→【合并三角网】命令,输入新的体号,选择是否优化/验证实体,弹出实体是否通过验证的窗口,如图 7-35 所示。

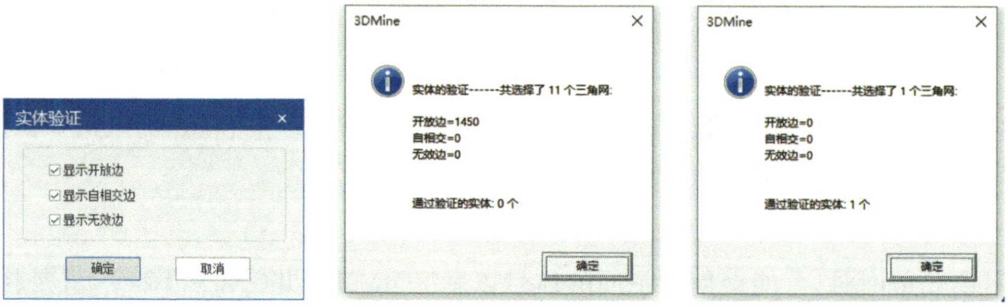


(a) (b) (c)

图 7-35　实体验证

## 7.4　实 体 操 作

生成合格实体后,可以进行多种实体操作。通常,实体操作包括实体布尔运算、实体体积报告、厚度等值线生成、实体模型导出等。

### 7.4.1 实体布尔运算

不同实体之间可以进行布尔运算,其中最基本的是交、并、差三种运算类型。两个实体之间的公共部分,为交运算的结果;将两个实体合并为一个整体,为并运算的结果;某个实体被另一个实体裁剪,为差运算的结果。利用交、并、差运算的基本原理,可以实现诸如保留面以上(下)实体、保留实体以内(外)表面、分离两实体、三角面分离实体等操作。实体布尔运算是后续资源量估算、采矿设计等的基础。以两条巷道模型为例,经过交、并、差运算后可得到如图 7-36 所示的结果。

图 7-36 实体间交、并、差运算结果示例

### 7.4.2 实体体积报告

报告实体的体积,是一种十分常用的操作。双击打开"demo/专题示例/04_实体模型/03_布尔运算/01_矿体.dtm"文件,选择【实体】→【实体体积】,弹出"实体体积报告"对话框,如图 7-37 所示。

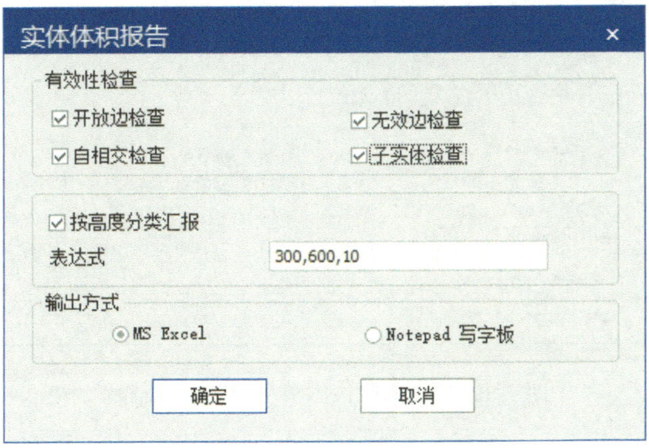


图 7-37 实体体积报告

选择好有效性检查项目,再根据需要选择按高度分类报告,报告的表达式书写格式可分为三种:枚举型、步距型、混合型。枚举型:数字之间以";"间隔,如"0;1;3"表示 0～1、1～3 两段分类。步距型:数字之间以","间隔,如"1,300,5"表示以 1 为起点、300 为终点、5 为步距的分段信息。混合型:以上两种类型的混合。

操作该命令之前,应确保实体通过验证,否则不能准确报告实体体积。实体体积报告有

MS Excel、Notepad 写字板两种输出方式。点击【确定】，左键单击所要查询的实体，再单击右键确定，从而生成实体体积报告。

为了方便操作，3DMine 矿业软件提供了基于闭合线约束的体积报告功能。选择【实体】→【实体工具】→【闭合线获取实体体积】，先选择多边形闭合线，再选择实体，单击右键结束选择，如图 7-38 所示。

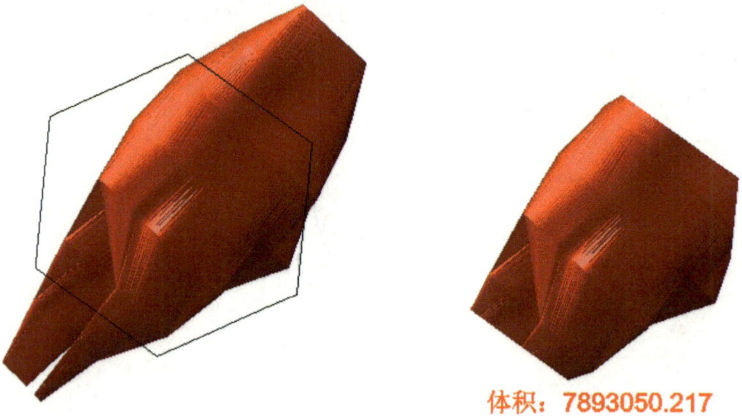


图 7-38　基于闭合线约束的实体体积报告示例

实体网格是另外一种快速实用的实体体积计算方法。其原理是将实体投影到 $XY$ 面，每隔一定的步距绘制一个点，用来记录厚度，由若干表示厚度的网格点形成厚度面模型。运行【实体】→【实体网格】命令后，弹出对话框，如图 7-39 所示。

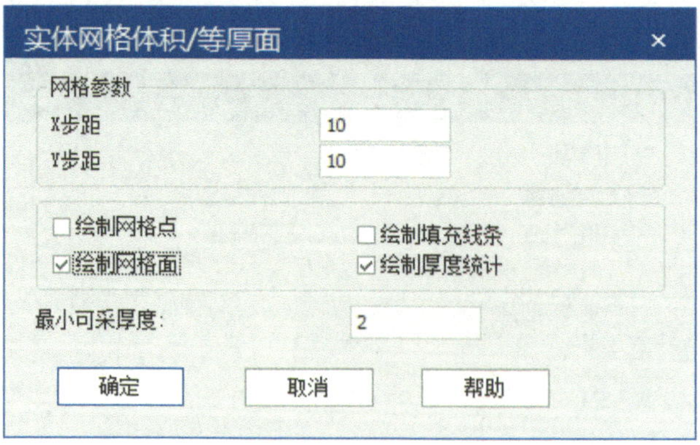


图 7-39　“实体网格体积/等厚面”对话框

$X$、$Y$ 步距：在 $X$ 和 $Y$ 方向上每隔几米显示一个点，由这些点连接成网格。绘制网格点：在图形工作区显示网格点；绘制网格面，在图形工作区显示网格点构成的面。绘制填充线条：为实体内部充填线条。绘制厚度统计：统计每个网格点的厚度以及平均厚度，并且以直方图的形式表达出来。最小可采厚度：低于设置的数值将不参与计算。

参数设置确定后，单击实体模型，图形工作区显示出实体网格和实体厚度统计参数，如样品点数、大小值和变异系数等。

### 7.4.3　厚度等值线生成

厚度等值线可以更形象地显示出实体厚度的变化特征。调入“demo/专题示例/04_实体模型/02_实体操作/02_矿体.3dm”，选择【表面】→【等值线】→【厚度等值线】，弹出“DTM厚度等值线”对话框，如图 7-40 所示。

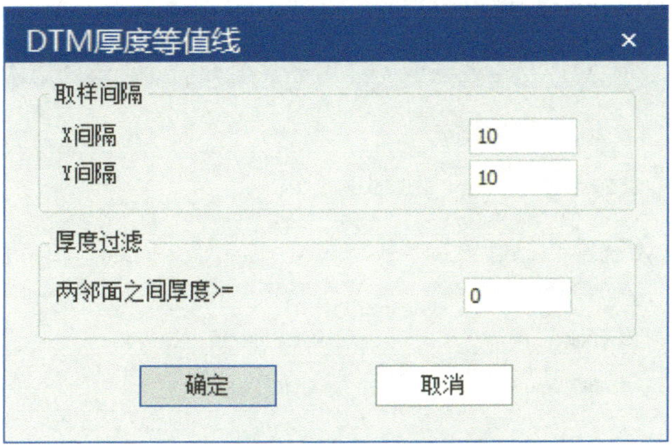


图 7-40　厚度等值线参数设置

参数选择如图 7-40 所示，点击【确定】，然后框选 DTM 对象后右键确定，弹出“DTM 等值线”对话框，如图 7-41 所示。

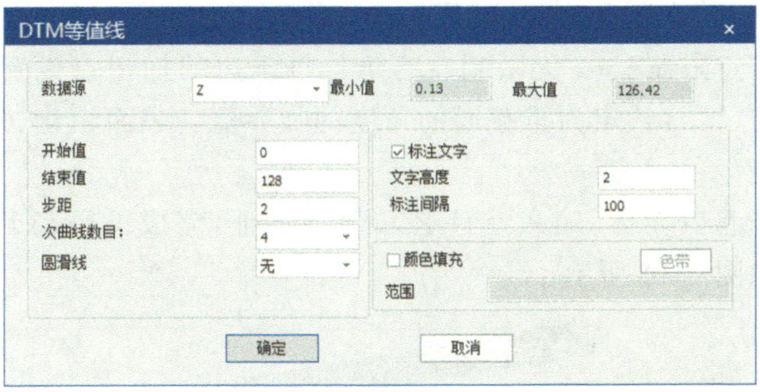


图 7-41　等值线绘制参数设置

根据需要填写参数，点击【确定】，从而生成矿体的厚度等值线，如图 7-42 所示。

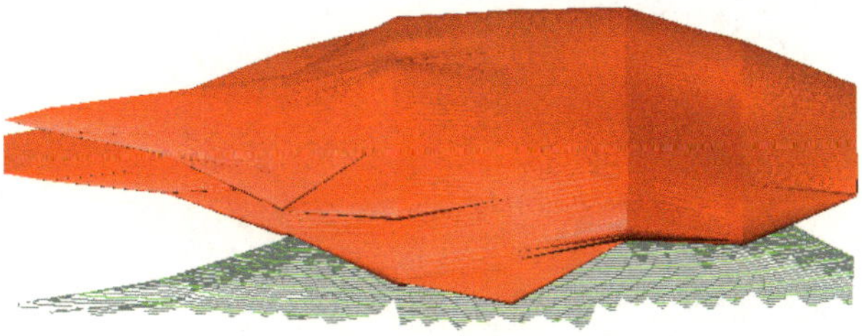

图 7-42　厚度等值线生成示例

## 7.4.4 实体模型导出

3DMine 矿业软件所定义的实体格式不能在其他软件中直接打开。以 FLAC3D 力学分析软件为例，需要对通过验证的实体进行四面体化，并导出为“. flac3d”的网格文件。

调入“demo/专题示例/04_实体模型/03_布尔计算/02_巷道. 3dm”文件，选择【实体】→【实体工具】→【实体四面体化】，弹出对话框，如图 7-43 所示。

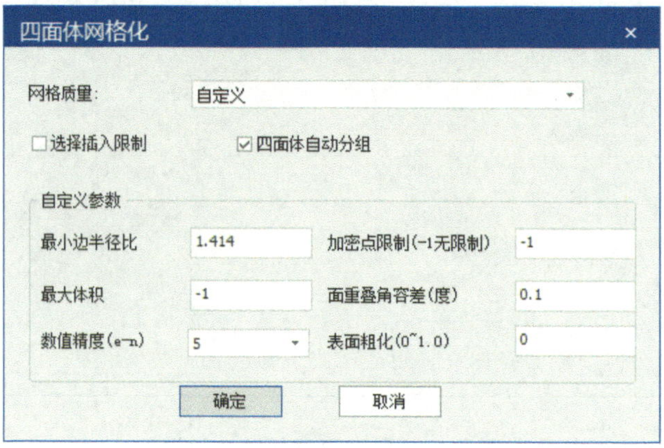


图 7-43 实体四面体化参数设置

最小边半径比：四面体外接圆半径和最短边之比，比例系数要大于 1，默认的 −1 表示自由剖分。最大体积：四面体最大体积，默认的 −1 表示自由剖分。数值精度(e-n)：材料的疲劳损伤曲线值。加密点限制(−1 无限制)：三角片每条边的加密点设置，默认的 −1 表示无限制。面重叠角容差(度)：认定为重叠面的角度的临界值。表面粗化(0～1.0)：表面抽稀比例，通常默认不抽稀。

按照提示栏选择巷道实体，输入文件名和保存地址，完成“. flac3d”网格文件导出。该实体四面体化结果如图 7-44 所示。

图 7-44 实体四面体化结果示例

# 第8章 块体模型

地质体可用空间信息和属性信息进行描述。空间信息如产状、位置、形态等，属性信息如品位、质量、岩性等。DTM 模型仅能表达实体表面，对实体内部属性不具备细分能力。为了实现属性信息的真三维表达，提出了块体模型技术。理解块体模型相关原理、概念等，掌握块体模型的创建、块体模型的约束、块体模型属性赋值、块体模型报告等操作是地质建模的核心内容。

## 8.1 块体建模原理

体元是块体模型的基本单元，可分为规则体元和非规则体元两大类型。目前，三维矿业软件中比较常见的是规则体元块体模型。八叉树是一种用于描述三维空间对象的层次树状数据结构。八叉树由于具有数据结构简单、运算方便、存储效率高等特点，被广泛地应用于块体模型。八叉树是一种变块结构，属性相同的区域用大块表示，属性变化复杂的区域用小块表示，这样既较准确地拟合了地质体边界又有效地节省了存储空间。

块体模型实际上是一个内容全面的数据库，八叉树结构可保证矿体边缘的块体尽可能地与矿体界线相一致，从而保证几何形态的仿真度。将块体模型与地质统计学结合，提高了属性估计的精度，在资源储量估算中，利用块体模型可以快速地进行资源量和品级报告。沿三个方向将空间分为大小相等的各规则子块，每次细分都产生 $8n(n \in N, 1 \leqslant n \leqslant 7)$ 个次级块，如图 8-1 所示。

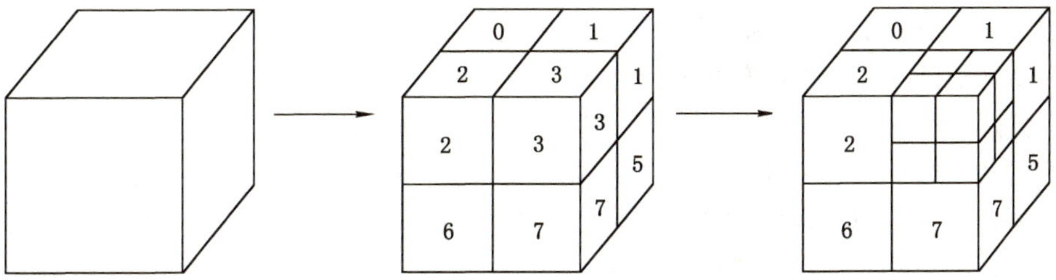


图 8-1 基于八叉树的空间细分

检查每个细分子块是否被目标所占据分三种情况：① 全部充满型；② 空型；③ 部分充满型。③型子块继续细分，直至所有的子块都是①型或②型，为了避免子块规模过大，通常还会限制分级深度，即八叉树的最大层级数。递归细分的过程可以用一棵树表示，其中，部分充满的子块作为中间节点，而充满和空的象限都为叶节点。

如图 8-2 所示，蓝色表示矿体，黄色表示围岩，假设分级深度为 2。首先，将超级立方体分成 1 级八分体子块，按照规则进行排序，其编号为 0～7，其中，0、1、3、5、6 属性相同，不必再细分，对 2、4、7 块再次细分。

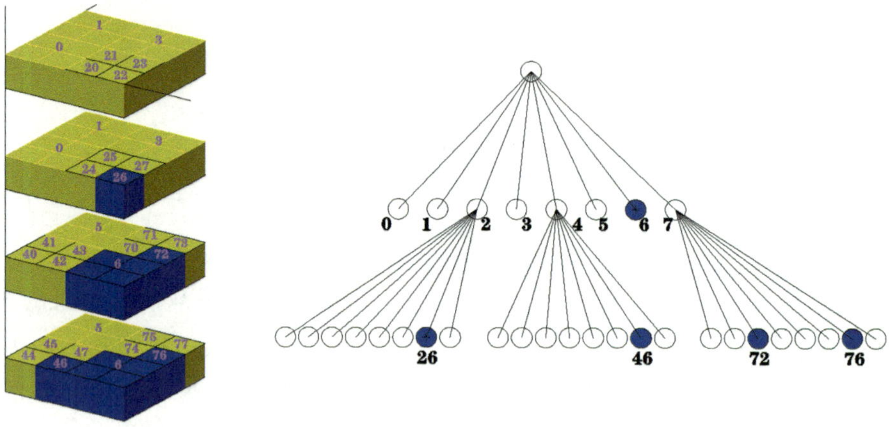

图 8-2 矿体的八叉树表示

综上，基于八叉树线性编码的块体建模过程如下：

(1) 假想一个超级立方体，完全包围所研究区域(如矿体)，将其平均分成 8 个小正方体，称其为 1 级八分体子块。

(2) 按照某种规则对 1 级子块进行排序，记为 $A_i(i=0,1,2,\cdots,7)$。

(3) 判别 $A_i$与矿体的空间关系。如矿体与 $A_i$相交即 $A_i$不完全在矿体内部或外部，则将 $A_i$再次细分为 2 级八分体子块，对 2 级子块进行排序，记为 $A_{ij}(j=0,1,2,\cdots,7)$。

(4) 以此类推，直到细分至所需分级深度 $N$ 为止。

(5) 对块体质心点进行属性估值。

## 8.2 建立块体模型

块体模型的建立，实质上是空间离散化的过程，即用离散的规则几何体及其属性来表达地质体空间分布规律。以资源量估算为例，在创建块体模型时需要明确几个概念：

(1) 块体空间范围：块体模型最外边界能够包裹的范围，即研究区域。

(2) 块体尺寸：取决于矿体的类型、规模和采掘方式等。例如，脉状金矿或铜矿与沉积变质型铁矿的块体尺寸是不同的；因为开采方式不同，定义的块体尺寸也是不同的。

(3) 次级子块：在矿体边缘需要将块体分割成更小的子块，以期使得矿体边缘的块体更接近于矿体形态，从而保证边界拟合精度。次级模块的分割细度是 1/2 的整数幂。

(4) 属性：是某种特征的参数化表达，如品位、质量、岩性等。

(5) 约束：对块体模型而言非常重要，是一种空间分类选择条件。约束十分灵活，可以是某个实体的内外、表面的上部或下部，还可以按照块体属性筛选。

(6) 估值方法：通常根据矿床类型和样品数量来选择不同的估值方法。一般采用距离幂次反比法、最近距离法或地质统计学法。

### 8.2.1 新建空块模型

打开"demo/专题示例/05_块体模型/01_块体模型操作/03_地形与采场(面约束).3dm

和 04_矿体(体约束).3dm”文件，选择【块体】→【创建】→【建立块体模型】，弹出对话框，参数设置如图 8-3 所示。

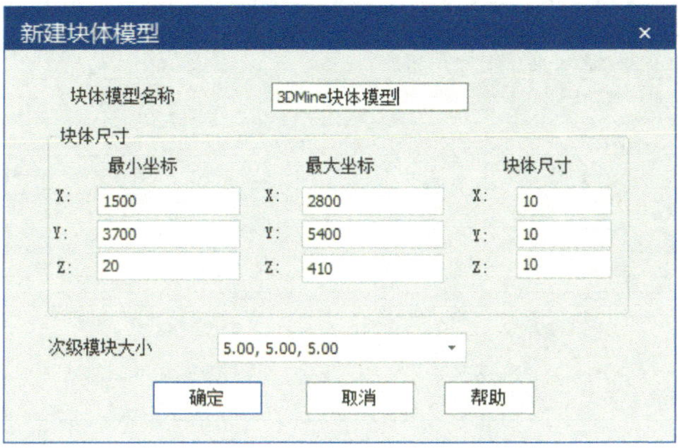


图 8-3　新建块体模型

设置完成后点击【确定】，弹出“块体模型显示”对话框，如图 8-4 所示。

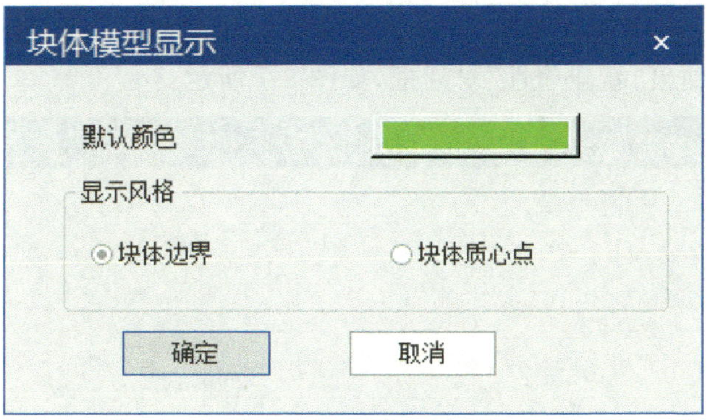


图 8-4　块体模型显示设置

选择块体模型显示颜色和显示风格，即可将块体模型建立并显示出来，同时信息栏提示建立块体的个数，层浏览器显示块体图标和名称，如图 8-5 所示。

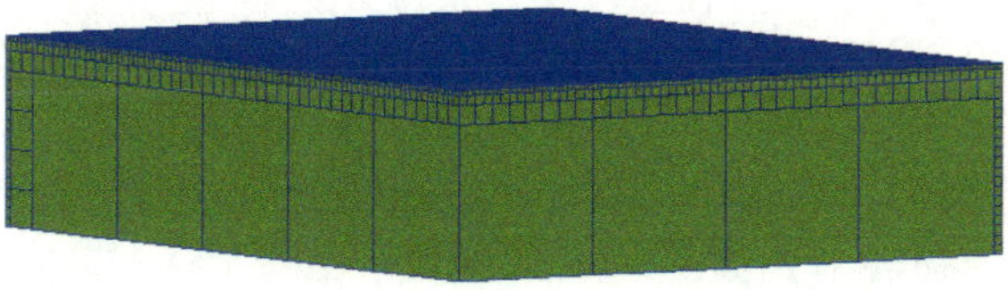

图 8-5　显示块体模型边界

有时为了更好地和矿体产状吻合，需要建立旋转块体模型，即块体边的方向不与系统坐标轴方向平行的块体模型，建立旋转块体模型的对话框如图 8-6 所示。此外，已经建好的块体模型，也可以修改模型原点和角度或修改次级块尺寸。

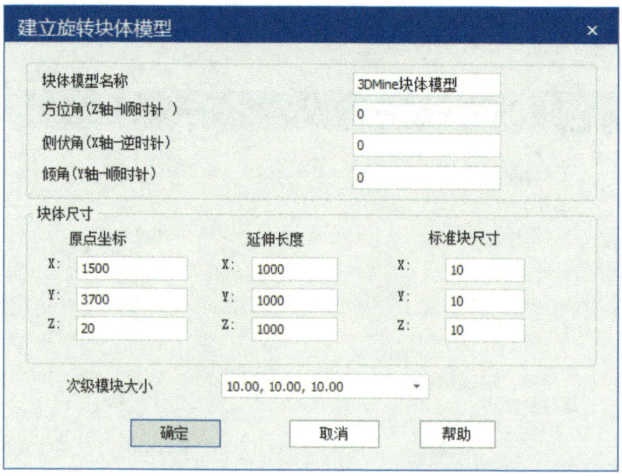


图 8-6 新建旋转块体模型

### 8.2.2 新建块体属性

根据研究需要，一个块体模型可以有多个属性。建立好块体模型以后，选择【块体】→【属性】→【新建】，将弹出“新建属性”对话框，如图 8-7 所示。

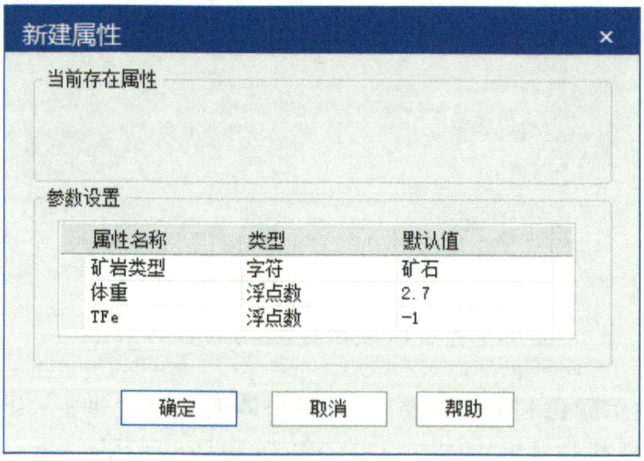


图 8-7 新建块体属性

输入属性名称、类型和默认值后，块体模型的新属性即被建立。默认值是对整个块体模型赋的初始值。新建的属性可以在层浏览器块体模型位置查看。利用属性可以删除和更改名称，还可以做基本统计和数学计算。

## 8.3 属性估值

块体属性估值是利用已获取的地质信息，对块体质心点处的属性进行估计的一种技术，是 3DMine 矿业软件表征地质体内部信息的核心关键技术。块体属性克里格法估值的步骤如图 8-8 所示。

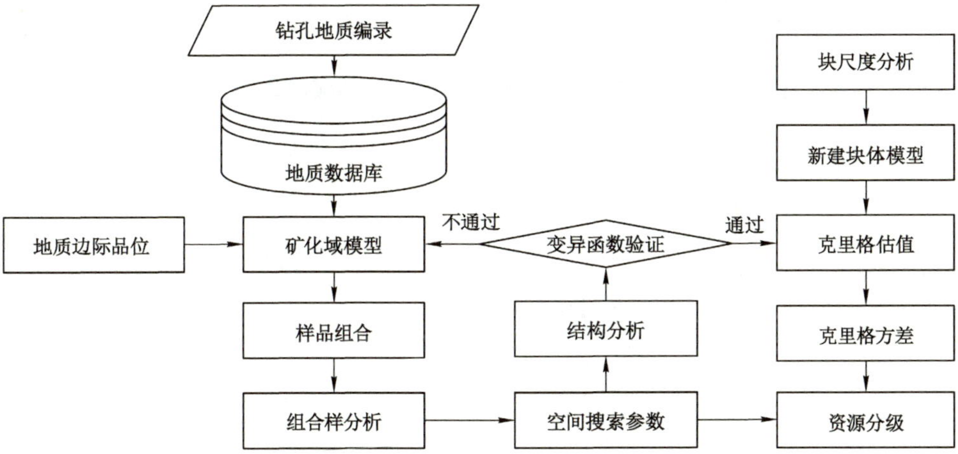


图 8-8 基于地质统计学的资源量估算及资源分级流程

### 8.3.1 数据准备

块体模型的属性字段最重要的作用就是进行资源量估算，资源量估算的核心内容是以钻孔数据库为基础的品位插值。因此，属性估值的主要任务就是基于钻孔数据库的品位插值。在块体模型品位插值之前，需要进行一系列数据准备工作。

将“demo/专题示例/02_钻孔数据库/02_钻孔数据库.mdb”调入图形工作区，选择【钻孔】→【编辑钻孔】→【基本统计】，将弹出“钻孔化验基本统计”对话框，对指定的钻孔数据库中的字段进行基本统计，其参数设置如图 8-9 所示。

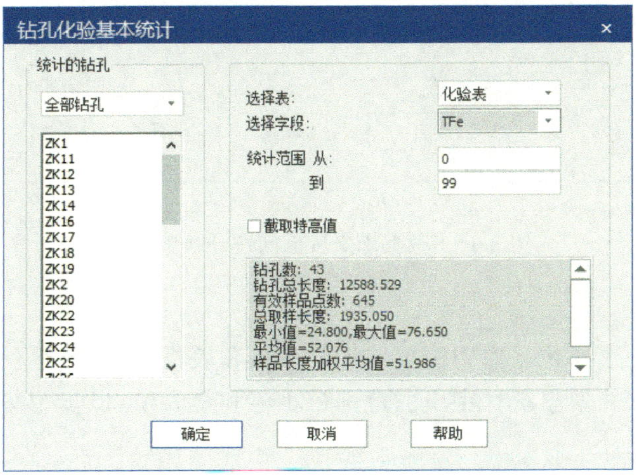


图 8-9 钻孔化验基本统计参数设置

其中：

选择表——选择钻孔数据库中需要统计的表格。

选择字段——选择表格中需要统计的字段。

统计范围——设置统计字段的统计范围，包括范围从、到、是否截取特高值。

参数设置完成后，点击【确定】，弹出“基本统计”对话框，如图 8-10 所示。

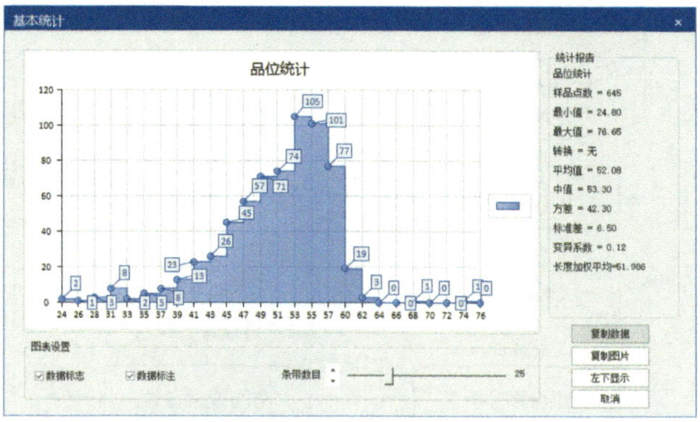


图 8-10　钻孔化验数据基本统计

此外，还可以对钻孔数据库的间隔表格进行区间范围统计。选择【钻孔】→【编辑钻孔】→【分区统计】，将弹出“数据库字段区间统计”对话框，如图 8-11 所示。

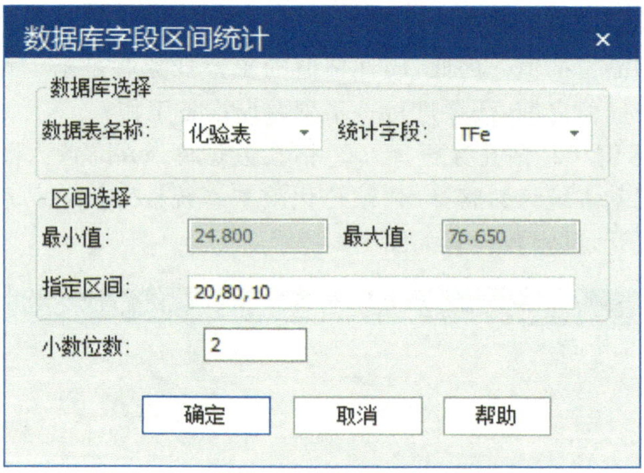


图 8-11　数据库字段区间统计参数设置

其中：

数据库选择——选择数据库中需要统计的表格和表格中字段。

区间选择——软件列出统计字段的范围最小值和最大值，以步距法、枚举法或混合方式输入指定区间进行统计。

小数位数——设置统计字段的小数位数。

参数设置完成后，点击【确定】，再次弹出“基本统计”对话框，如图 8-12 所示。

关闭“基本统计”对话框，将统计结果输出到 Excel 表格中（表 8-1）。

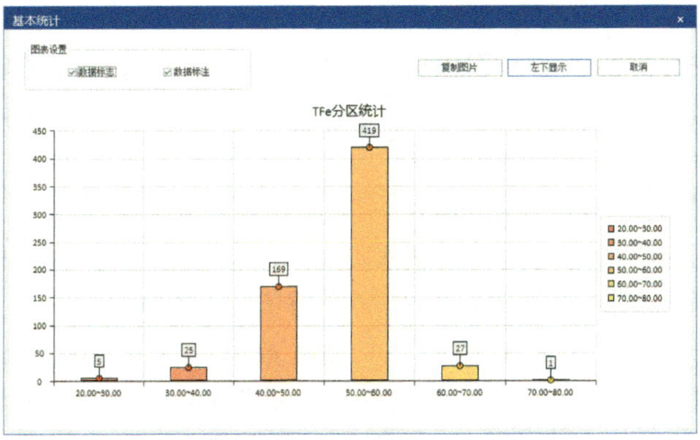


图 8-12　数据库字段区间统计显示

**表 8-1　字段区间统计报表**

| 品位区间 | 样品数 | 最小值 | 最大值 | 平均值 | 中值 | 方差 | 标准差 | 变异系数 |
|---|---|---|---|---|---|---|---|---|
| 20.00～30.00 | 5 | 24.8 | 29.72 | 27.56 | 28.7 | 4.19 | 2.05 | 0.07 |
| 30.00～40.00 | 25 | 30.75 | 39.4 | 35.28 | 36.2 | 8.73 | 2.95 | 0.08 |
| 40.00～50.00 | 169 | 40.25 | 49.9 | 46.17 | 46.7 | 6.9 | 2.63 | 0.06 |
| 50.00～60.00 | 419 | 50 | 59.92 | 55.11 | 55.2 | 7.47 | 2.73 | 0.05 |
| 60.00～70.00 | 27 | 60 | 68.92 | 61.29 | 61 | 2.83 | 1.68 | 0.03 |
| 70.00～80.00 | 1 | 76.65 | 76.65 | 76.65 | 76.65 | 0 | 0 | 0 |
| 汇总 | 646 | 24.8 | 76.65 | 52.08 | 53.4 | 42.26 | 6.5 | 0.12 |

对于钻孔数据库品位字段，需要识别和处理特高值。运行【钻孔】→【编辑钻孔】→【特高品位】命令，弹出对话框如图 8-13 所示。

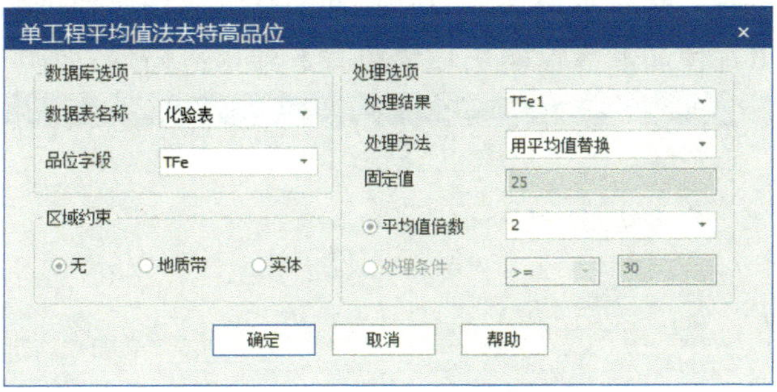


图 8-13　特高品位处理选项

其中：

数据库选项——数据库中统计的表格和表格中品位字段。

区域约束——对统计品位字段的区域限定约束范围，包括："无""地质带""实体"3 种方式。

处理结果——特高品位处理之后的品位字段，填写新字段，如 TFe1。

处理方法——特高品位的代替值，有"平均值""平均值乘以倍数""用固定值替换"等处理方式。

平均值倍数——特高品位的判别倍数，可以选择 6 倍、7 倍、8 倍或者手动填写数值。

处理条件——当区域约束选择“实体”、处理方法选择“用固定值替换”时，处理条件一项才有效，可以自定义特高品位的判定条件。

当然，特高品位的处理方法还有很多，可以根据实际情况灵活选择。

组合样品的过程是将样品品位按照长度加权的方法重新组合为样品点。组合样使参与属性估值的已知数据具有相同的代表性，是品位插值的必要步骤。

将“demo/专题示例/02_钻孔数据库/02_钻孔数据库.mdb”调入图形工作区，选择【钻孔】→【组合样品】→【组合样品点】，将弹出“组合钻孔”对话框，如图 8-14 所示。

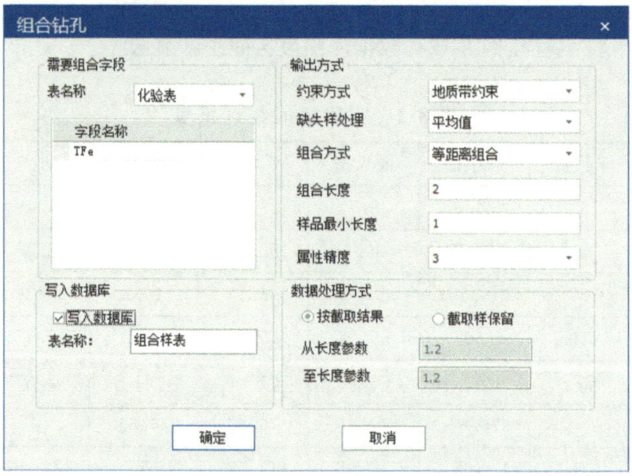


图 8-14　组合钻孔参数设置

点击【确定】后，弹出约束范围窗口，设置好后即可进行样品组合。组合之后的样品点通过【视图】→【点和属性库】→【显示描述值】功能，样品点的属性值即可显示出来。

选择【钻孔】→【组合样品】→【按圈矿指标组合】，弹出对话框，如图 8-15 所示。

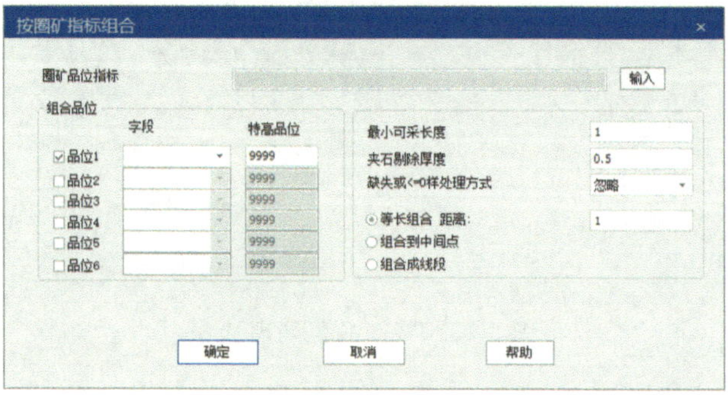


图 8-15　圈矿指标组合参数设置

### 8.3.2　空间搜索参数

属性空间插值的基本思路是依据已知数据的分布规律，按照该分布规律对未知区域赋值。空间插值的前提是样品属性分布规律具有可迁性，要求估值在同一矿化域内进行。估计精度主要取决于已知样品的搜索和赋权方式。由于区域化变量往往存在各向异性，变异函数在不同方向具有不同的变程。最简单形象地表示空间各向异性的方法是搜索椭球体，如果椭球体的中心位于坐标原点，其三个轴分别与 $X$、$Y$、$Z$ 轴重合，轴的半径分别为 $a$、$b$、$c$，则椭球体表面的数学表达式为：

$$\frac{x^2}{a^2}+\frac{y^2}{b^2}+\frac{z^2}{c^2}=1 \tag{8-1}$$

矿化作用常与矿体的空间形态存在着密切联系，因此在构造空间搜索椭球时，应充分考虑矿体产状。一般认为沿矿体走向的区域化变量变化较慢，具有较大的自相关性，沿矿体厚度方向的区域化变量变化较快，自相关性较小，据此可以确定空间搜索椭球主轴、次主轴和短轴的大致方位，即主轴对应矿体走向，次主轴、短轴分别对应矿体的倾向、厚度方向。轴比决定椭球的形状，轴半径决定椭球的大小。空间搜索椭球如图 8-16 所示。

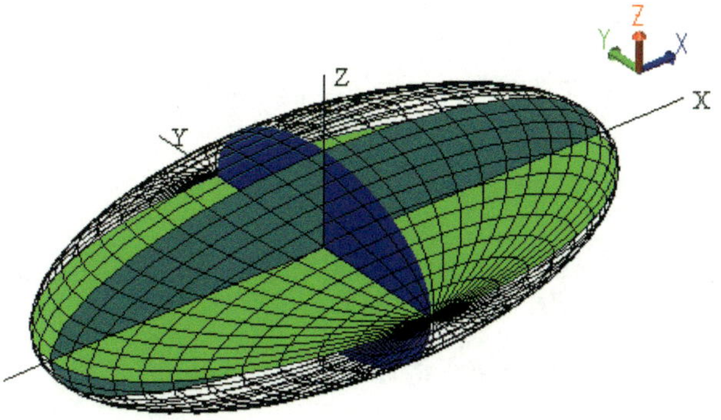


图 8-16　空间搜索椭球示意图

区域化变量的变化通常比较复杂，需要试算多个特征方向，通过多次结构分析，得到了具有代表性的空间变异函数理论模型。为了计算空间点对的实验变异函数，需要指定空间点对的容差参数，如滞后距容差、角度容差、带宽等，各参数的几何意义如图 8-17 所示。容差参数会影响实验变异函数的拟合效果，是空间搜索中比较重要的参数。

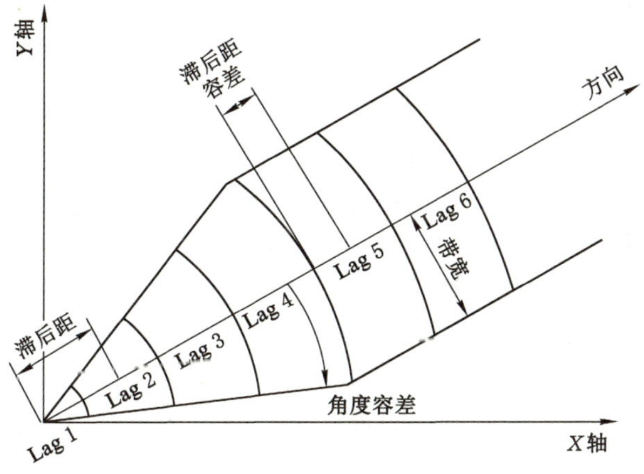


图 8-17　空间点对容差参数图示

在三维矿业软件中，当用空间搜索椭球对估计邻域内的已知信息进行筛选时，为避免丛聚效应、屏蔽效应等，同时减少计算量，软件都设计了详细的筛选策略。如限制搜索椭球每个象限内已知点数目、限制单个钻孔参与估值的已知点数目、限制参与估值的已知点数目等。

单击菜单【块体】→【赋值】→【距离幂次反比】，弹出对话框，如图 8-18 所示。

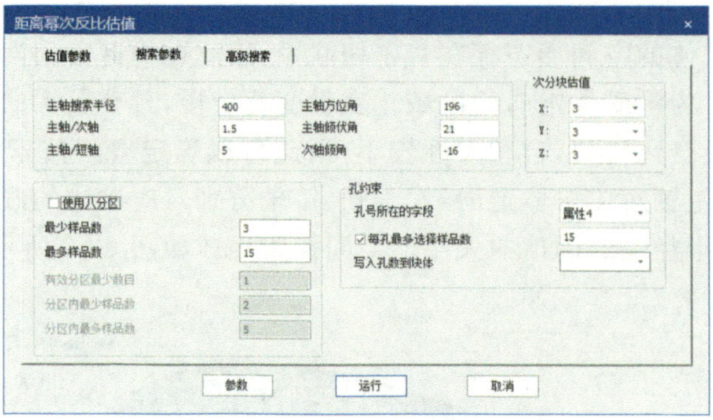


图 8-18　搜索样品参数设置

主轴搜索半径、主轴方位角、主轴/次轴等 6 个参数定义了搜索椭球的大小、形状、产状信息。

次分块估值：是为了更精确地估值，将原块体再沿 $X$、$Y$、$Z$ 轴分块，各轴向分块数可从下拉列表中选择。

最少样品数：即在搜索范围内，已知样品点若小于此数，将无估值结果。

最多样品数：即最多参与估值的样品数，用于减少计算量。

使用八分区：将搜索椭球体分为 8 个区域，对这些区域可以设置有效分区最少数目、分区内最少样品数和最多样品数。当某区域中的样品数达不到设置的值时，将不对该区域进行估值。

每孔最多选择样品数：即估值时尽可能选取不同钻孔样品进行估值以确保估计结果的合理性。如果不加限制，可能在估值时某一个钻孔的样品数目即可满足数量要求而不再搜索其他的钻孔。

为了更好地利用地质属性空间连续性特征，需要进一步控制参与估值的已知点及空间搜索方式。高级搜索参数设置如图 8-19 所示。

仅采用在实体内的样品点：估值时，屏蔽实体外的样品点。禁止跨越矿体搜索样品：当一个矿区包含多个矿体并只对其中一个矿体估值时，可采用此项以保证搜索样品的准确性。可变椭球体方向：有些矿体带有褶皱，品位值沿褶皱方向有连续性，但是搜索椭球体设置的方向只有一种，这样是不合理的，如用近似褶皱面的三角网文件进行约束，在不同方向改变搜索椭球体进行搜索会更准确。

变椭球搜索技术，是用不同的椭球角度参数控制椭球形态，从而实现空间动态拟合的，相关示例如图 8-20 所示。

变椭球搜索算法的基本思路是：根据地质分析或概念模型等构造区域化变量变化参考面，找到与待估点距离最近的变化参考面，保持初始搜索椭球的长轴走向不变，使搜索椭球

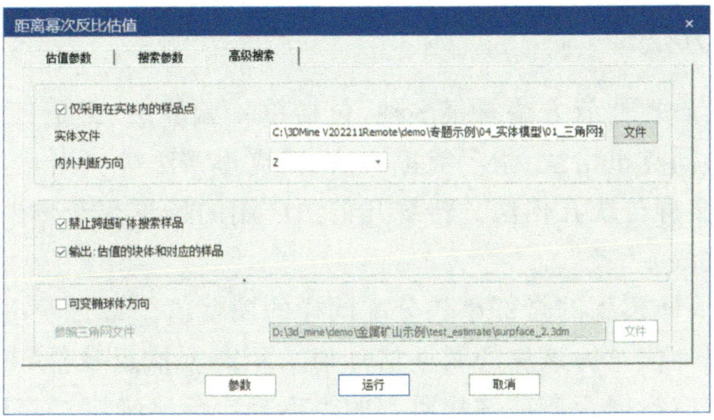


图 8-19　高级搜索参数设置

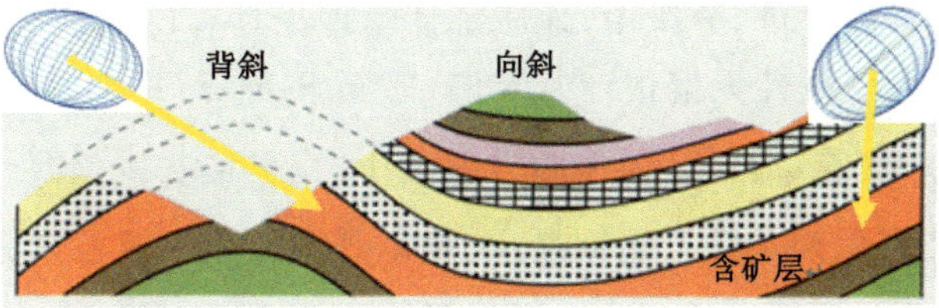


图 8-20　变椭球搜索含矿层示例

的短轴与参考面法线方向一致。经大量地质工作，构造、岩性等非数值信息参与了资源量估算，从而可以获得品位变化参考面。基于品位变化参考面的变椭球搜索流程如图 8-21 所示。

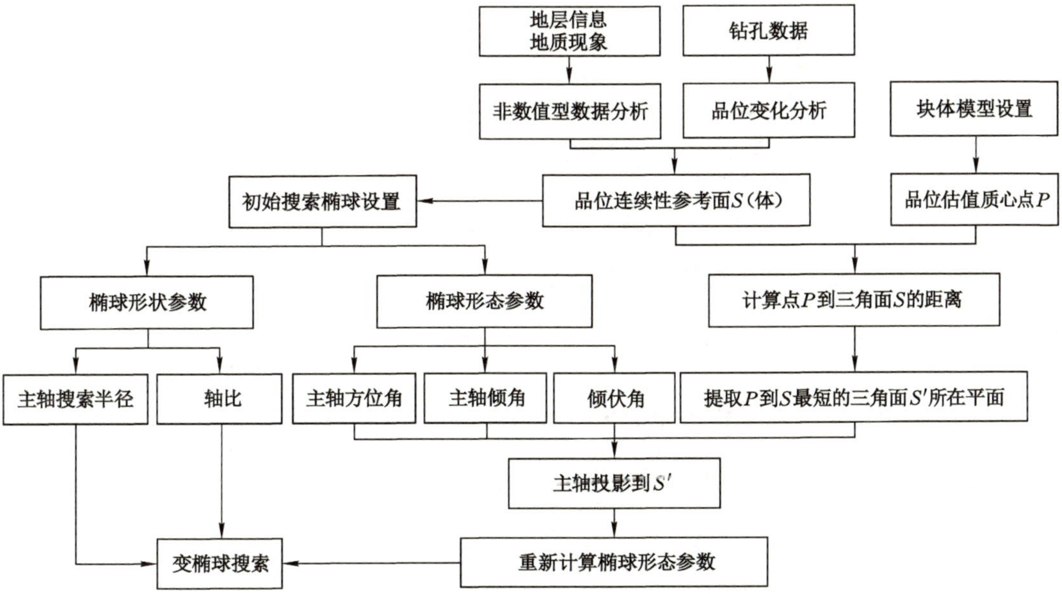


图 8-21　基于品位变化参考面的变椭球搜索流程

### 8.3.3 属性估值方法

基于块体模型的属性估值方法有很多种，包括单一赋值法、最近距离法、距离幂次反比法、普通克里格法、协同克里格法、指示克里格法、泛克里格法等。当然，还有算术平均法、地质块段法、断面法等多种传统几何法。传统几何法应用的场景逐渐减少，基于块体模型的属性估值方法已成为主流方法。

单一赋值法：给块体模型的全部小块分配同样的属性值。最近距离法：将距离某一单元块最近的已知样品属性值作为该块的属性估计值。距离幂次反比法：搜索范围内已知样品对待估点的估值权重应根据距离待估块质心的距离幂次反比确定。克里格法或称地质统计学法：是以变差函数为基本工具，综合考虑空间变量随机性和结构性的一种数学地质方法。地质统计学法优于其他资源量估算方法的一个表现是其不但能得到品位估计值，还能给出估计误差的大小。在资源评价、分级中，地质统计学理论具有广阔的应用前景。

克里格法是一种最佳线性无偏估计。无偏，即要求 $E[Z_V - Z_V^*] = 0$，由此可导出约束 $\sum\lambda_i = 1$ 为无偏条件；最佳，即估计误差的方差最小。克里格法就是要寻找一组权系数 $\lambda_i$，使得估计误差的方差 $\sigma^2$ 在无偏条件下达到最小。可以利用拉格朗日法求条件极值，令 $F = \sigma^2 - 2\mu(\sum\lambda_i - 1)$ 对 $\lambda_i$ 的偏导数为零，有：

$$\frac{\partial F}{\partial \lambda_i} = 2\bar{\gamma}(V, x_i) - 2\sum_{j=1}^{n}\lambda_j\bar{\gamma}(x_i, x_j) - 2\mu = 0, \quad i = 1, 2, \cdots, n \tag{8-2}$$

将它与无偏条件联立，即

$$\begin{cases} \sum_{j=1}^{n}\lambda_j\bar{\gamma}(x_i, x_j) + \mu = \bar{\gamma}(V, x_i), \quad i = 1, 2, \cdots, n \\ \sum_{i=1}^{n}\lambda_i = 1 \end{cases} \tag{8-3}$$

这是一个由 $n+1$ 个方程组成的 $n+1$ 元（$n$ 个 $\lambda_i$ 和一个 $\mu$）线性方程组，从中可以解出克里格权系数 $\lambda_i$。由此进一步可得克里格方差：

$$\sigma_k^2 = \sum_{i=1}^{n}\lambda_i\bar{\gamma}(V, x_i) - \bar{\gamma}(V, V) + \mu \tag{8-4}$$

侯景儒等研究表明，利用地质统计学方法进行资源整体分级的地质可信度标志可以是：

$$R_r = \frac{\overline{\sigma_k^{*2}}}{D^2(Z)} \tag{8-5}$$

式中 $\overline{\sigma_k^{*2}}$——全部块段克里格方差的平均值，$\overline{\sigma_k^{*2}} = \frac{1}{N}\sum_{k=1}^{n}\sigma_k^2$；

$D^2(Z)$——矿体内等体积块段有用组分真值的方差：

$$D^2(Z) = D^2(Z^*) + \overline{\sigma_k^{*2}} - \frac{2}{N}\sum_{i=1}^{n}[u_i - \bar{\gamma}(V_i, V_i)] \tag{8-6}$$

式中 $D^2(Z^*)$ 是 $D^2(Z)$ 的试验方差，对于矿床，总体而言，上式中最后一项的值很小，可以略去。$R_r$ 可根据矿床特征给出，例如对某矿床而言：当时 $\overline{\sigma_k^{*2}} \leqslant 0.1D^2(Z)$ 时，属探明的；当 $\overline{\sigma_k^{*2}} > 0.2D^2(Z)$ 时，属推断的；当 $0.1D^2(Z) < \overline{\sigma_k^{*2}} \leqslant 0.2D^2(Z)$ 时，属控制的。

# 8.4 约 束

约束是一种筛选条件，可通过设置不同约束实现区域划分，比如利用实体、表面、闭合线等多种条件对块体模型进行约束显示。

## 8.4.1 外部文件约束

将“demo/专题示例/05_块体模型/01_块体模型操作/02_块体模型.blk”文件调入图形工作区并显示。选择【块体模型】→【显示】→【添加区域显示】，弹出“块体约束引擎”对话框，如图 8-22 所示。

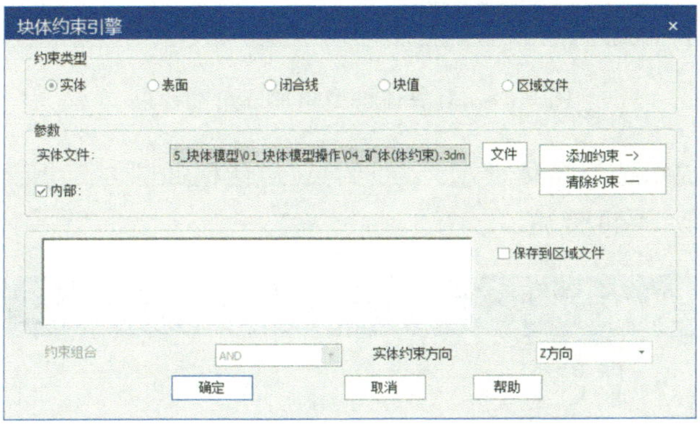


图 8-22 块体约束引擎参数设置(一)

约束类型：包括实体、表面、闭合线、块值和区域文件，选择不同的约束类型，其参数会自动调整。约束组合：当约束条件多于 1 个时，约束组合功能生效，可对约束条件进行交集和并集的逻辑运算。

选择“约束类型”为“实体”，点击【文件】找到需要添加约束的实体文件；选择“内部”，表示块体将约束到矿体的内部；点击【添加约束】，将设置的条件添加到下面的空白区域，还可将选择的约束条件作为区域文件保存，以方便后续使用。点击【确定】，显示效果如图 8-23 所示。

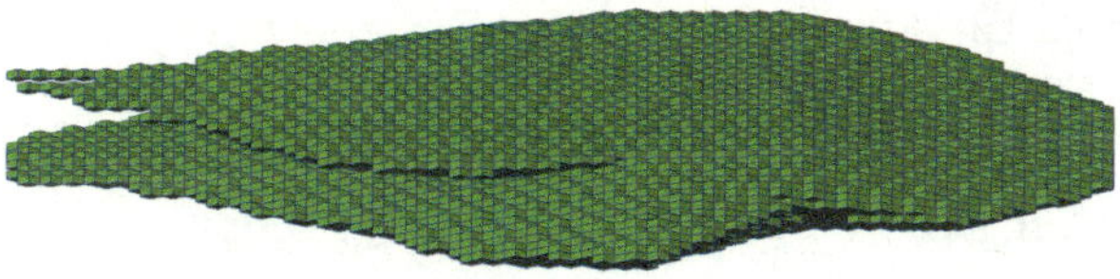

图 8-23 块体模型约束显示效果示例

## 8.4.2 图形约束显示

将“demo/专题示例/05_块体模型/01_块体模型操作/02_块体模型.blk 和 04_矿体(体约束).3dm”文件调入图形工作区。选择【块体】→【显示】→【添加三角网约束】，弹出“三角网约束”对话框，如图 8-24 所示。

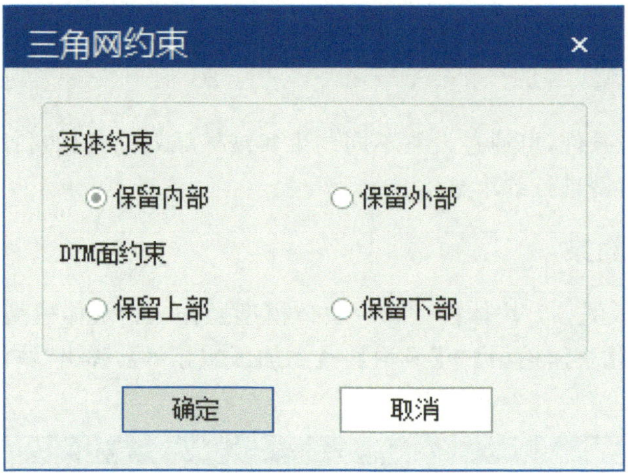


图 8-24　对块体模型添加三角网约束

点击【确定】，按提示选择实体模型。“线约束”对话框如图 8-25 所示，具体操作与【添加三角网约束】功能类似，不再赘述。

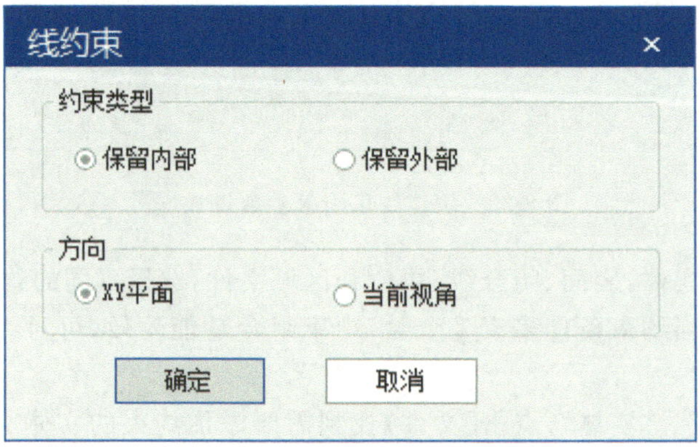


图 8-25　对块体模型添加线约束

### 8.4.3　块体按属性着色

对完成属性估值的块体模型，按照不同属性值为块体着色，可更清晰直观地查看、编辑块体模型，还可用于工程出图。

将上例中“块体模型.blk”文件调入图形工作区，添加“矿体.3dm”约束文件，选择【块体】→【显示】→【块体按属性值着色】，弹出“属性着色”对话框，如图 8-26 所示。

在“着色字段”的下拉框中找到 TFe，点击【获取属性值范围】，则系统自动获取块体模型中 TFe 的品位值范围，显示在第一个颜色条后面，可将这个范围分为多个区间，不同矿种数据间隔是不同的，一般可按照元素的边界品位、工业品位以及生产品位等来确定。点击【插入图例】→【确定】，效果如图 8-27 所示。

选择【创建】→【剖面】→【切割剖面】，弹出对话框，如图 8-28 所示。

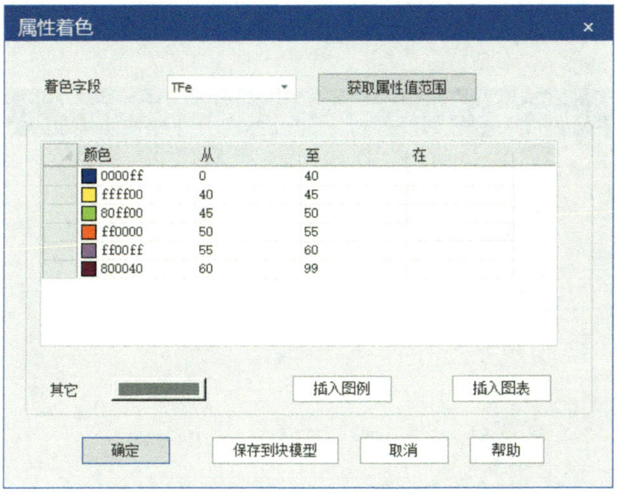


图 8-26　块体模型着色参数设置

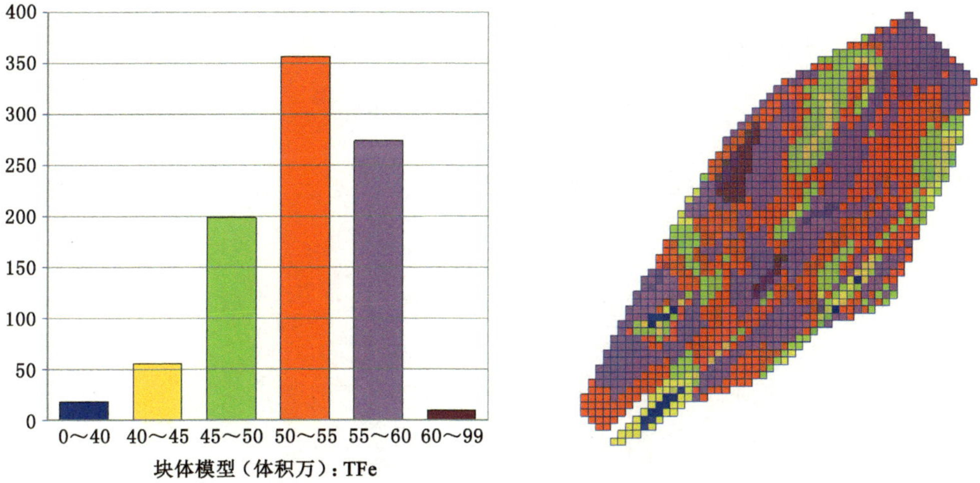


图 8-27　块体模型按品位属性着色示例

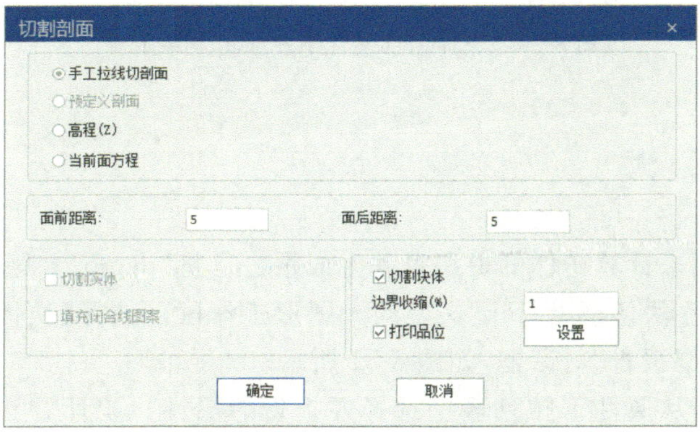


图 8-28　切割剖面参数设置

填写参数，勾选“切割块体”，勾选“打印品位”，点击【设置】，弹出对话框，如图 8-29 所示。

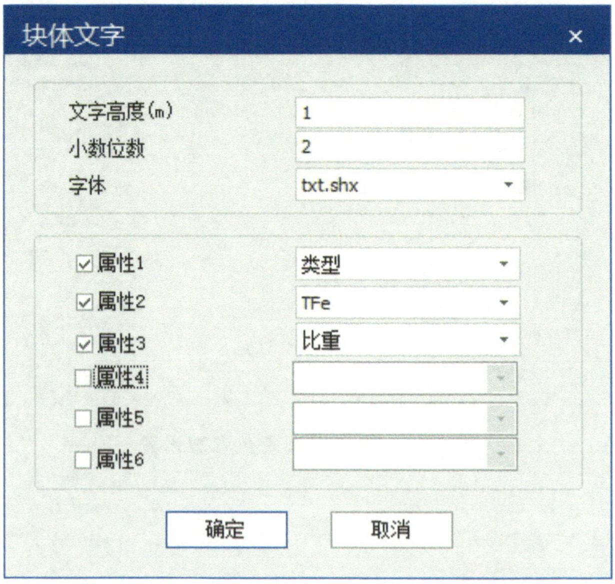


图 8-29　块体文字参数设置

选择需要显示的属性，点击【确定】，效果如图 8-30 所示。

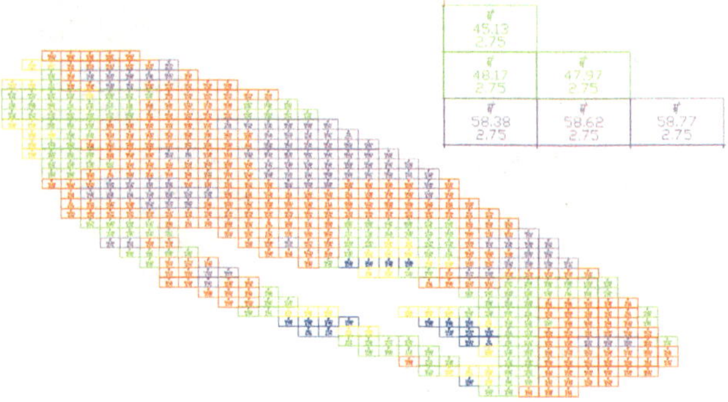

图 8-30　块体内部属性字段显示效果示例

## 8.5　块体报告

块体模型可以用来计算矿体的资源量并生成报告。将“demo/专题示例/05_块体模型/01_块体模型操作/02_块体模型.blk”文件调入图形工作区。选择【块体】→【报告】→【块体报告】，弹出“块体模型报告”对话框，如图 8-31 所示。

列：报告的内容，从属性下拉列表中选择要报告的属性。统计方法：包括平均值、累加值、累加值/100 和累加值/1000000。体重值：当没有设置体重属性值时，可以通过给定体重值计算。体重属性：可以从下拉列表中选择建立的代表体重的属性。点击【确定】，弹出“块

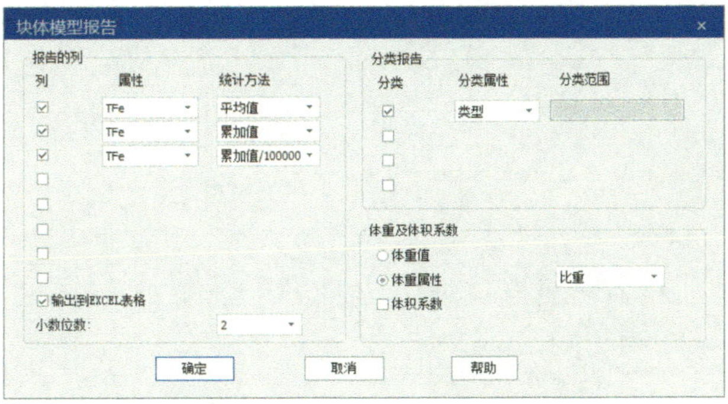


图 8-31　块体模型报告参数设置

体约束引擎”对话框，如图 8-32 所示。

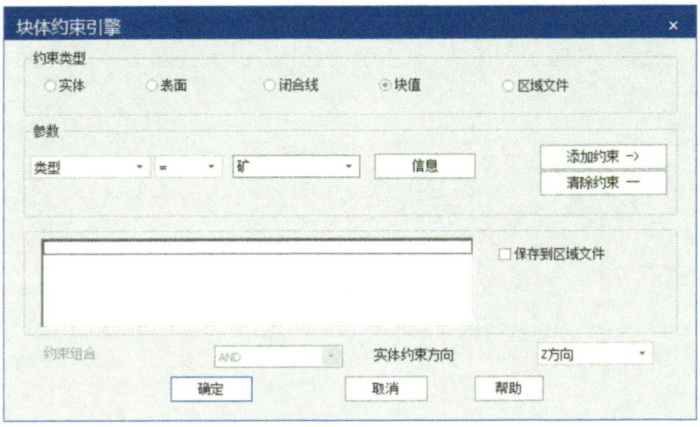


图 8-32　块体约束引擎参数设置(二)

约束类型选择“块值”，参数类型为“矿”，点击【添加约束】，选择【确定】，弹出 Excel 块体报告文件，如表 8-2 所示。

**表 8-2　块体模型报告**

| 3DMine 矿业软件块体模型报告 | | | | | |
|---|---|---|---|---|---|
| 类型 | 体积 | 质量 | TFe | TFe(累计) | TFe(累计/1 000 000) |
| 矿 | 9 124 500 | 25 092 375 | 52.06 | 1 306 383 760 | 1 306.38 |

# 第3篇 专业应用

3DMine矿业软件是解决矿业领域(主要是地质、测量、采矿)技术、经济、管理问题的软件产品,可提供安全、高效、绿色、智能的矿产资源服务。从地测数据采集,到数据加工、处理,再到数据建模、模型更新、成果展示,该软件都是为专业应用服务的。采矿工程专业相关的设计、生产、科研等都需要计算机辅助,因此,该矿业软件演化出面向设计院、矿山、高校和其他科研院所的3类功能。不同用户群体对软件的功能需求有较大差异,本篇将重点介绍露天采矿设计、地下采矿设计,概要介绍露天矿生产管控、地下矿生产管控、矿山安全监测等内容。

# 第 9 章　露天采矿设计

## 9.1　境界优化

最终境界在露天开采系统中至关重要，它决定着矿床最终可采出资源量的多少。露天矿境界优化开始于 20 世纪 60 年代，其核心思想为：针对某个待开采的浅埋矿床，满足一定的边坡条件和市场经济条件，求解使采出的矿岩净价值最大的几何边界。解决这一问题的算法有浮动圆锥法、LG（Lerchs-Grossmann）图论法、动态规划法、网络流法、储量参数化法等。

### 9.1.1　境界优化原理

图论是 1736 年数学家欧拉在讨论哥尼斯堡七桥问题时提出的一种数学方法，该理论经过长期发展，已成功应用于各个领域。1965 年 Lerchs 和 Grossmann 首次将图论法应用于露天矿开采境界优化。图论法具有严谨的数学逻辑，只要给定矿床价值模型和几何约束条件，在任何情况下都可以得出总价值最大的开采境界，现在大多数境界优化软件包，都采用该方法或该方法的改进型，图论法境界优化基本原理如图 9-1 所示。

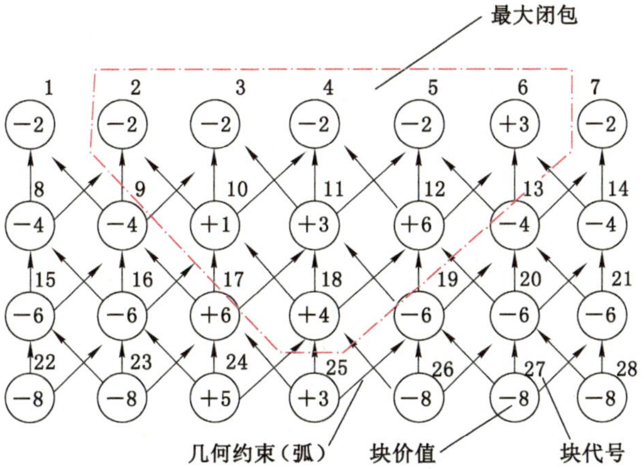


图 9-1　图论法境界优化基本原理

在图论法中，块价值用一个节点值表示；露天开采的几何约束用一组弧表示；由一组弧连接起来的节点组成图，用 $G(X,A)$ 表示。节点用 $x_i$ 表示，所有节点组成的集合称为节点集，记为 $X$。弧是从一个节点指向另一节点的有向段，弧$(x_i,x_j)$表示开采模块 $v_i$ 必须先开采模块 $v_j$，所有弧的集合称为弧集，记为 $A$。闭包由 $X$ 中的一组节点 $Y$ 组成且满足这样的条件：

若节点 $x_i$ 属于 $Y$,弧$(x_i,x_j)$属于 $A$,则节点 $x_j$ 也属于 $Y$。亦即,闭包内以任一节点为始点的所有弧的终点也在闭包内。闭包的权值等于闭包中所有节点的权值之和,节点组成图 $G$ 中权值最大的闭包(最大闭包)就是露天矿开采的最优境界。

用 LG 图论法求解有向图的最大闭包,首先需要构造一个初始树,然后依据一定的规则将该树不断转化为新的树,直到所得到的树符合最大闭包的判断准则,其所有节点对应的块集合就构成了最佳开采境界。

Meyer(1969)发现,用 LG 图论法求最大闭包过程与线性规划求解过程一致,可以用运筹学理论建立一个线性矩阵,利用整数规划理论来求解。另外,图的最大闭包可用图的最大流最小割来求得。3DMine 矿业软件可采用最大流最小割方法求图的最大闭包,进行境界优化。

决定最终开采境界的要素包括矿床品位分布特征、几何约束和经济约束等。矿床品位分布特征是在已获取的勘探信息基础上经估算获得的,是境界圈定的基础;几何约束主要是指境界的最终边坡角和地表地形条件,是确定境界的空间约束参数;经济约束包含内容甚广,主要有矿石价格、采剥、运输、选矿、尾矿排放、税费等一系列成本参数,经济模型是矿山境界优化的关键。露天矿境界优化流程如图 9-2 所示。

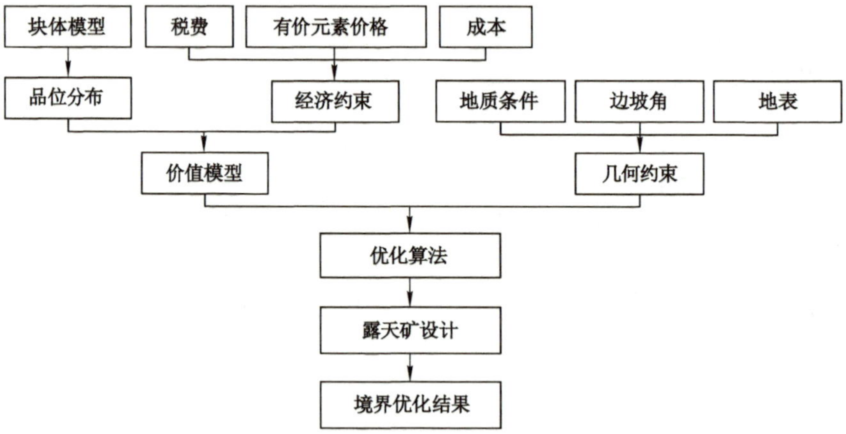


图 9-2　露天矿境界优化流程

对境界优化的流程分析表明:单元块价值、露天开采境界、年采剥量、生产成本和收益四个主要变量以闭环的形式相互影响,如图 9-3 所示。

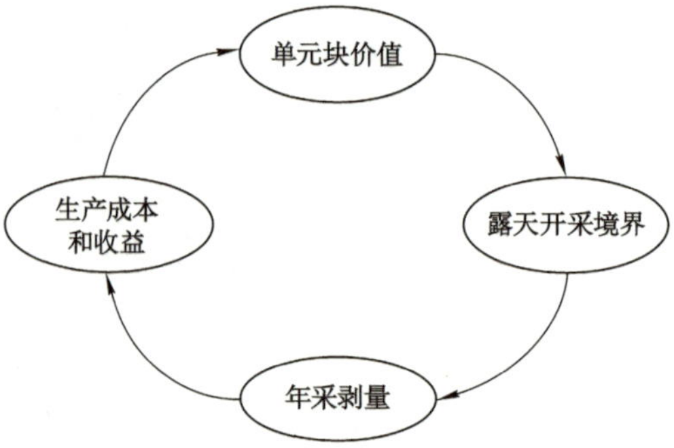


图 9-3　露天矿境界优化的经济循环过程

从这种闭环关系中不难看出，如果不知道前一个变量，就无法确定后一个变量。为此，境界优化工作只能从假设开始，再比对假设与优化结果的一致性，不断调整试算。

露天矿境界优化应该是建立在对大量境界综合分析基础上的优选，而各种优化算法只是一种境界圈定的手段，不具备优选功能。优化目标、产品价格、采剥成本和投资规模等，任何一个参数发生变化都可能使“最优解”不再最优，因此境界优化必然是一个反复循环的过程。

### 9.1.2　境界优化参数设置

境界优化软件原理类似，输入输出项也类似。通常，境界优化参数设置包括：经济模型、采矿成本模型、露天境界坡度、开采约束条件、优化结果输出等。

(1) 经济模型

打开菜单【露天】→【境界优化】，首先设置经济模型参数，弹出对话框，如图 9-4 所示。

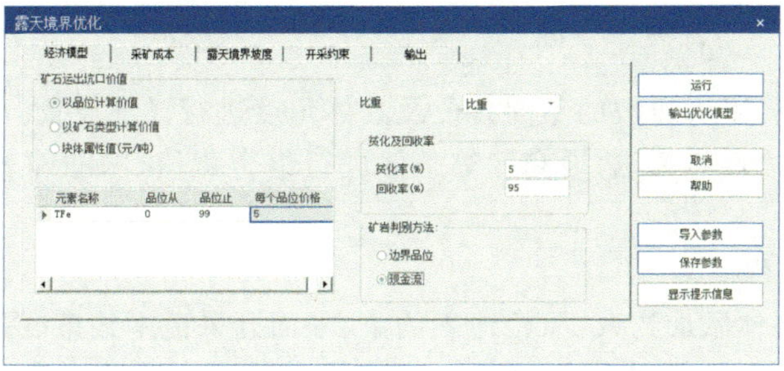


图 9-4　露天矿境界优化经济模型参数设置

矿石坑口价有三种计价方式：第一种是以品位来计算价值，比如某种金属的价格是 5 元/吨度，即每 1% 品位的价格是 5 元/吨，矿石价值定义完成后再完善比重信息、贫化及回收率、矿岩判别方法等；第二种是以矿石类型计算价值，比如石材矿或者铝土矿床，价格和品位不发生直接关系，而只取决于矿石的质量；第三种是以块体属性值计算，在块体模型中已经把每个块的价值进行了赋值。通常为了更加灵活地进行价值赋值，推荐使用块体属性值作为经济价值计算方法。

(2) 采矿成本

设置采矿过程中的矿石开采成本、岩石开采成本、复垦成本以及附加运输费用等。采矿成本参数设置如图 9-5 所示。

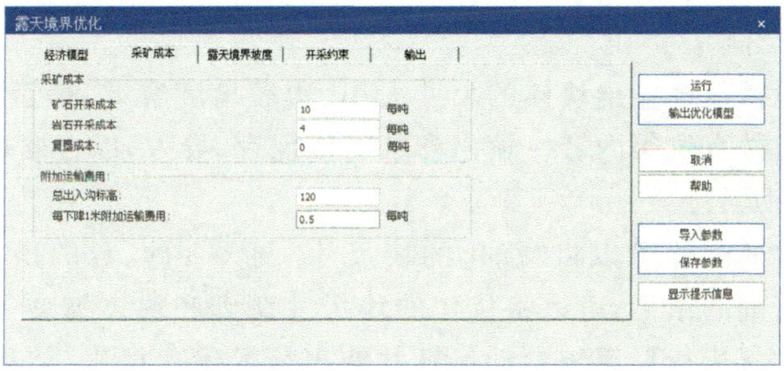


图 9-5　露天矿境界优化采矿成本参数设置

同样的，为了更加灵活地进行采矿成本赋值，可以将其与块体经济价值属性一并考虑，写入块体属性值。

（3）露天境界坡度

可对采场不同位置设置不同的边坡角。边坡角参数设置如图 9-6 所示。

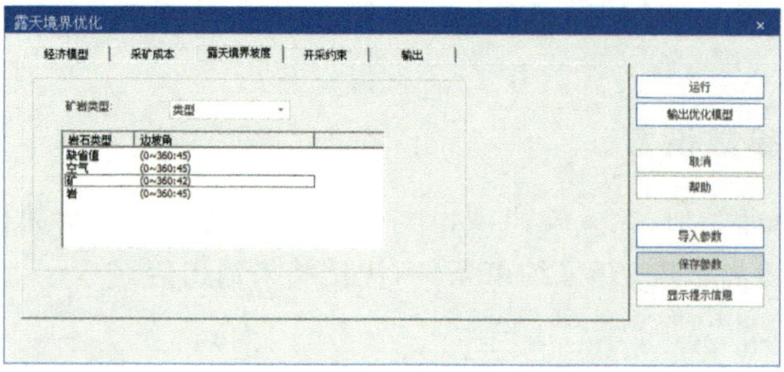


图 9-6　露天矿境界优化边坡角参数设置

双击边坡角数据，可对边坡的不同方位及具体角度进行详细设置。此时，矿岩类型可以根据边坡角分区线、岩性类型、边坡高度等条件进行组合赋值，以准确表达相对复杂的边坡角限制条件。

（4）开采约束条件

对境界优化的块体添加约束：原始地表约束、平面开采范围约束、深度约束、标高约束以及指定表面约束等。此选项与露天境界坡度选项作用类似，主要构成境界的顶部和底部约束，开采约束参数设置如图 9-7 所示。

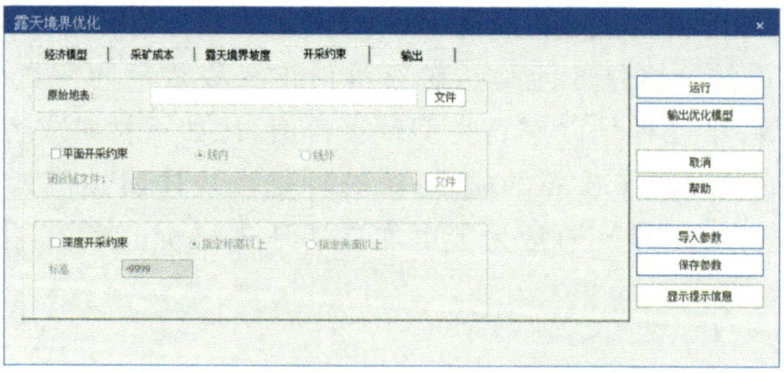


图 9-7　露天矿境界优化开采约束参数设置

（5）优化结果输出

优化输出参数包括设置输出块体的尺寸大小、边坡角度容差、是否圆滑输出境界坑、按照矿石价格变化输出嵌套坑等内容。输出参数可以保存、导入，以方便录入与修改。优化输出参数设置如图 9-8 所示。

在进行境界优化的时候可以将“优化的块尺寸”调大一些，目的是加快系统运行速度。如果需要得到比较精确的结果，可以将优化的块尺寸调到和块体模型一样的尺寸。各个选项卡设置完成后，点击【运行】，系统自动运算并输出境界优化报告、结果对比柱状图和境界优化结果 DTM 模型。

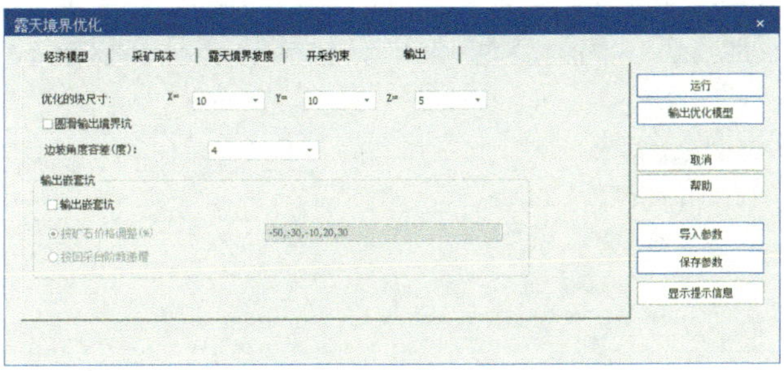


图 9-8　露天矿境界优化输出参数设置

## 9.2　境界设计

### 9.2.1　快速绘制境界

当露天矿可开采规模较大、台阶数量较多时，需要快速地自动绘制露天矿扩展台阶、扩展平台以及运输道路，之后再据此进行更为细致的境界设计。【快速境界】是一种基于扩展规则的露天矿自动绘制功能，其需要输入的约束属性包括台阶坡面角、平台宽度、台阶高度、扩展方向、公路宽度、公路坡度、公路出口缓冲距离、公路方向、公路坡度方式、公路出口方式等。

按照实际情况【设置】好参数后，就可以依次【创建对象】、【添加公路】、多次【扩展】，当需要对采坑形状或道路方向等进行调整时，可用"分解对象"功能将已设计完成的线条炸开为可编辑的状态，从而进行手工调整。之后，以最外一条闭合线为基础继续执行【快速境界】功能，自动绘制境界的其余部分。在此设计模式下，可完成多条公路的快速绘制。经简单操作，可快速绘制出露天矿开采境界，示例如图 9-9 所示。

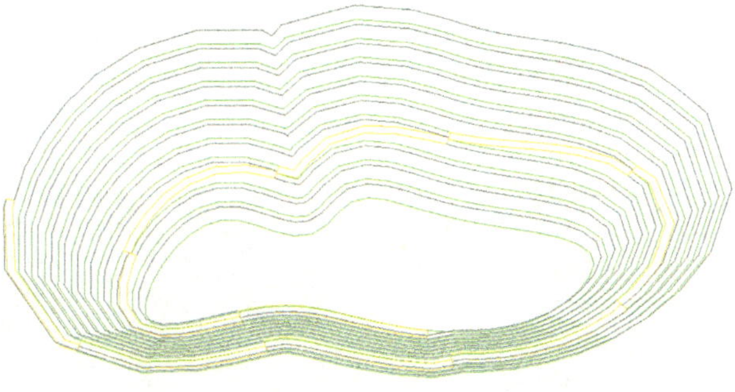

图 9-9　露天矿境界快速绘制结果示例

另外一种更简单的快速绘制境界功能为【批量扩展坑】，打开菜单【露天】→【扩展矿坑】→【批量扩展坑】，弹出对话框，如图 9-10 所示。

按照设计填入台阶边坡角、平台宽度、台阶高度、扩展台阶数目，点击【确定】，按照提示栏信息选择露天境界坑底线及扩展方向，可一次性生成多个台阶和平台，操作结果如图 9-11 所示。这里需要说明的是，批量扩展坑不含坑内道路信息，对台阶边坡角、平台宽度

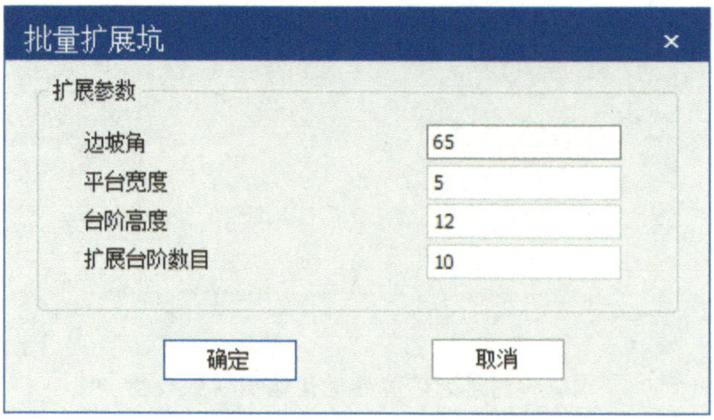


图 9-10　批量扩展坑参数设置

的设置也只能是固定值，是一种更为简化的设计方式。

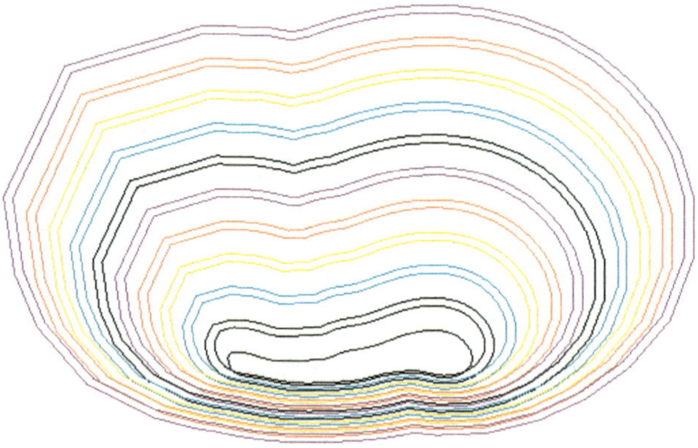

图 9-11　批量扩展坑生成结果示例

### 9.2.2　手工扩展境界

进行最终境界设计，需要理解露天矿台阶要素。台阶边坡角、台阶、平台、道(公)路、缓冲路段、平台出口、坡顶线、坡底线，如图 9-12 所示。

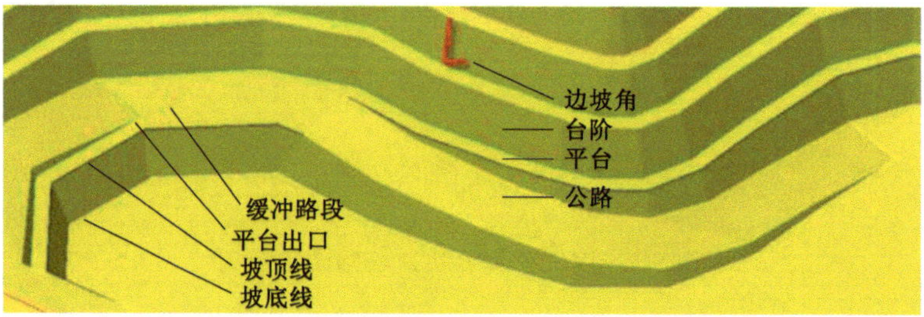


图 9-12　露天矿台阶要素示意图

通常，最终境界设计按照自下而上的顺序，分以下几个步骤：

第一步，坑底线设计。根据境界优化的结果，结合最小底宽要求选择坑底标高，提取境界坑底线。对坑底线进行圆滑、加密点、调整、另存为线文件等操作。

第二步，设置公路参数。按照设计规范和实际需求设置公路宽度、公路坡度、公路方向、缓冲路段、公路起点等参数。

第三步，扩展台阶。设置台阶边坡角和台阶高度（与块体模型高度一致），带公路扩展台阶，参数设置如图 9-13 所示。为保证台阶坡面角不变，台阶线一般不进行调整。

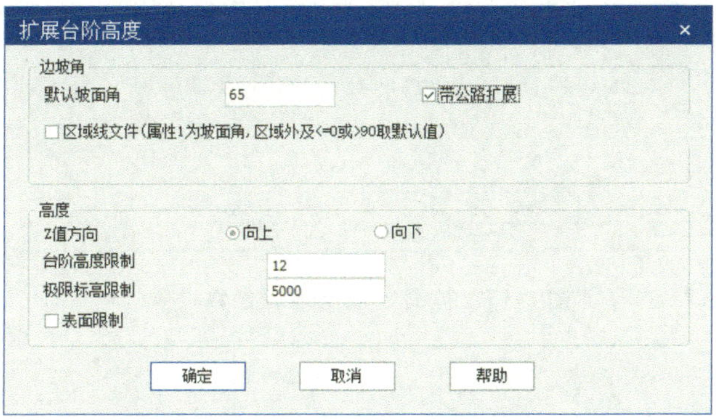


图 9-13　批量扩展台阶参数设置

第四步，扩展平台。通常扩展完台阶，紧接着就要扩展平台，参数设置如图 9-14 所示，为保证平台宽度符合要求、同时与境界优化结果相一致，平台线只能向外移动。不断地重复扩展台阶和扩展平台的操作，直至接近地表。

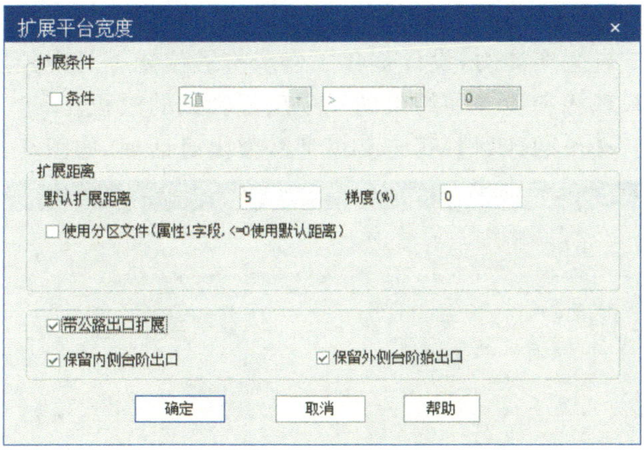


图 9-14　批量扩展平台参数设置

第五步，扩展至地表。当台阶和平台设计至露天矿封闭圈附近时，可以打开菜单【露天】→【扩展矿坑】→【点到面的垂直距离】，显示设计最外圈闭合线上每一个点至地表的垂直距离。根据设计需要，打开菜单【露天】→【扩展矿坑】→【扩展至表面】，弹出对话框，如图 9-15 所示。

当然，露天境界也可以自上而下设计，设计的方法和步骤与自下而上设计类似，不再赘述。

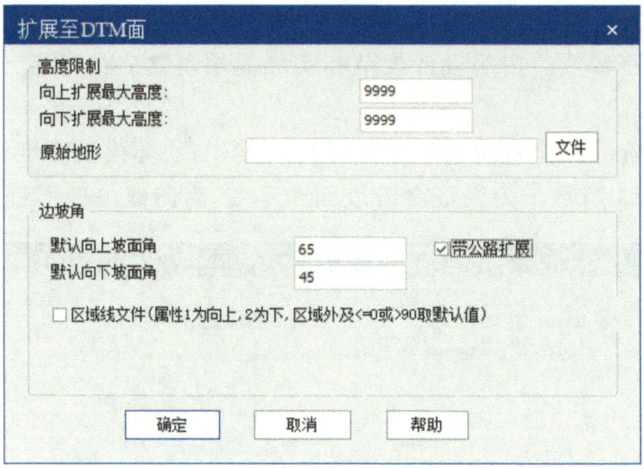


图 9-15　扩展采坑至地表参数设置

# 9.3　采剥进度计划

采剥进度计划是指导露天矿均衡持续生产、做好矿山管理的重要环节。它通常分为中长期计划和生产作业计划两种，中长期计划按年编制，生产作业计划按季、月、日编制。

## 9.3.1　中长期计划

露天矿中长期计划的主要任务包括确定基建时间、基建工程量、投产时间、达产时间，均衡生产剥采比，验证矿岩生产能力，设计逐年工作线推进位置等。中长期计划的制订是以块体模型为基础、以开采现状和境界为约束的一个反复尝试的过程。

打开菜单【露天】→【长期计划】→【定义模型】，弹出对话框，如图 9-16 所示。

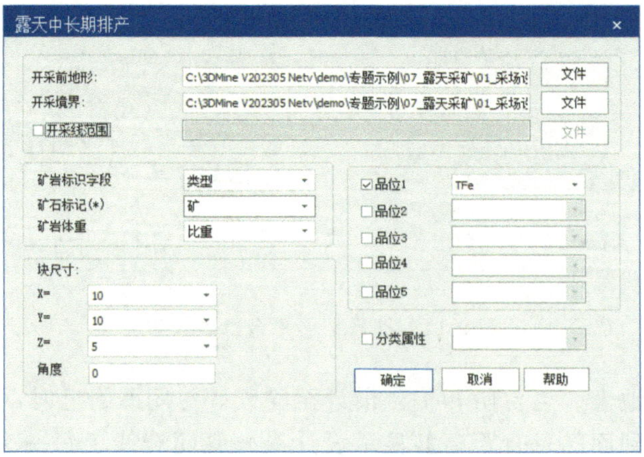


图 9-16　中长期排产模型参数设置

开采前地形：指原始地表或当前采场现状。开采境界：指通过境界优化功能得到的露天坑或为中长期排产计划设计的露天坑。开采线范围：指露天坑的中长期排产的范围线。

按照上述参数配置块体模型，点击【确定】，在图形工作区将得到中长期计划模型，屏幕左上角显示计划量以及剩余量的矿岩及品位相关信息，如图 9-17 所示。

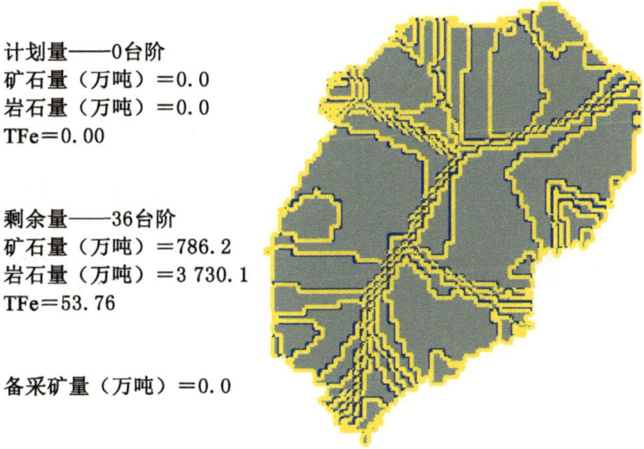


图 9-17　中长期排产模型及参数示例

打开菜单【露天】→【长期计划】→【闭合线回采】，按照提示栏在图形工作区内设计回采部位绘制闭合曲线，右键单击结束绘制。开采出来的矿岩物料将自动堆放在开采位置右侧，屏幕左上角的计划量以及剩余量信息（与矿岩及品位相关）随开采位置变化而同步更新。在回采过程中，如果遇到回采不合理的台阶，同样可以采用这种方式在“采出部分”对应的台阶操作，“采出部分”即可返回。双击图形工作区中的采坑或采出体，弹出对话框，如图 9-18 所示。

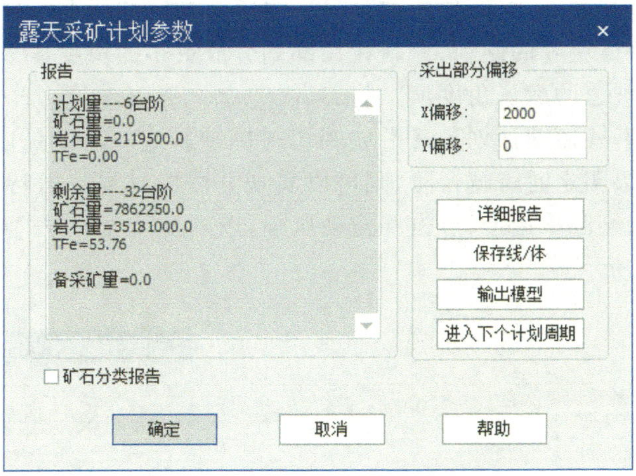


图 9-18　中长期排产采出体模型参数设置

报告：汇总采坑和采出体的矿（岩）量及品位信息。采出部分偏移：采出实体与采坑中心点之间的水平偏移量。详细报告：按台阶报告矿（岩）量。保存线/体：保存采坑和采出体为线/体文件。输出模型：输出块体模型质心点坐标和属性信息。进入下个计划周期：清空计划量数据。

如需要保存计划成果，可以左键单击选中图形工作区中的采坑或采出体，右键选择【保存选择集】,再次调入保存的“ *.3dm”文件,就可以继续排产,直到获得满意的结果为止。

## 9.3.2 短期计划

露天矿生产作业计划又称为短期计划,是以中长期计划为依据,以季、月、日为计划单元,按照出矿数量、质量要求进行编制的。短期计划编制的原理与中长期计划类似,区别是短期计划更为细致,主要考虑了露天矿开拓、运输坡道和采掘带的位置及形态。

对露天生产现场进行斜坡道绘制、采掘带划分及工程量与位置设计时,需要加载块体模型到软件后台。打开菜单【露天】→【短期计划】→【定义参数】,弹出对话框,如图 9-19 所示。

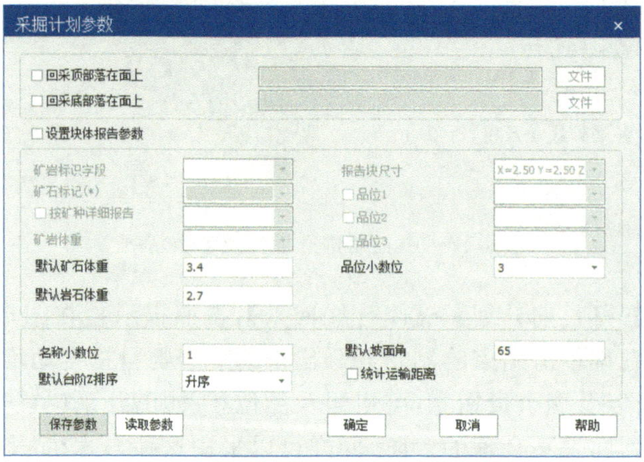


图 9-19　短期排产采掘计划参数设置

回采顶(底)部落在面上:指产生的坡顶(底)线落在指定的面上。报告块尺寸:在计算过程中可以不受原始块体块度的制约,重新在局部划分成更小的块度,来提高精确度。默认坡面角:采掘台阶或斜坡道的默认角度值。

打开菜单【露天】→【短期计划】→【沿坡底切采掘带】,这一功能是以坡底线为主要依据来圈定采掘带的,如果圈定时跨越台阶,则可以实现并段的效果。运行该命令,点击【确定】后,状态栏提示:开始绘制采掘带,点击并拖动鼠标,以画多段线的方式绘制采掘范围。示例如图 9-20 和图 9-21 所示。

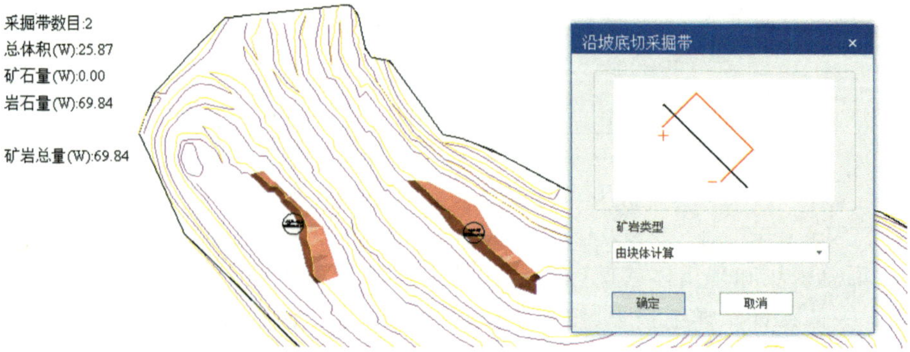


图 9-20　短期排产采掘带切割结果示例

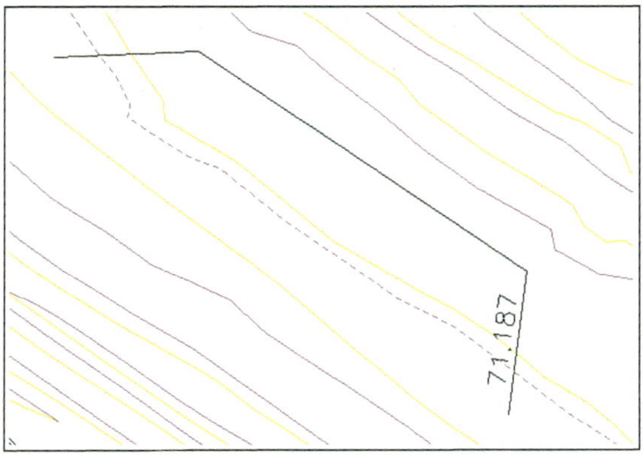


图 9-21　短期排产采掘带切割操作示例

在图 9-20 和图 9-21 中，黄色线条为坡顶线、粉色线条为坡底线，以坡底线圈采掘带可以跨多个台阶一起切割。采掘带绘制结束后，软件会自动生成采掘带体，并在图形工作区左上角输出体积、矿石量、岩石量、矿石平均品位等结果信息。

单击生成的采掘带实体，可通过移动所绘制的节点调整采掘带，调整时工程量数据会同步更新。用鼠标左键双击采掘带实体，弹出“参数”对话框，如图 9-22 所示。

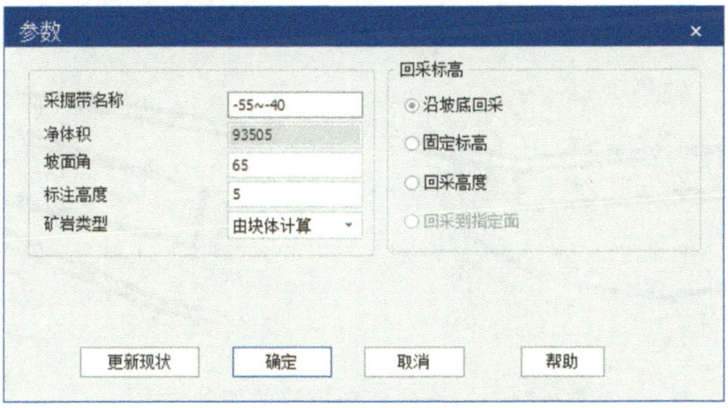


图 9-22　短期排产采掘带参数设置

以上参数设置完成后，点击【更新现状】，系统会随即对露天采场现状进行更新。

打开菜单【露天】→【短期计划】→【沿坡底切斜坡道】，如图 9-23 所示。该功能主要考虑露天生产中所涉及的各种斜坡道的开挖和算量。将块体模型结合进来，不仅可以进行三维坡道设计，还可以同时进行相关工程量的计算。

沿坡底切斜坡道是指做出沿帮斜坡道，分为半挖半填斜坡道、单壁顺时针开挖斜坡道、单壁逆时针开挖斜坡道和双壁开挖斜坡道四种方式，如图 9-24 所示。

参数设置好后，点击【确定】，在采场现状内的各台阶进行斜坡道设计。

注意：这里要求设计在斜坡道位置的每条坡顶线和坡底线都是单独完整的线条。选择起点后拖动鼠标绘制斜坡道，要求斜坡道两侧边都要与坡底线相交。

单击斜坡道，出现几个节点，鼠标拖拽节点可以改变斜坡道位置；双击斜坡道，弹出“斜坡道参数”对话框，可以更改采掘带名称、坡面角、矿岩类型、公路参数等，选择【更新现状】，使更改后的斜坡道与原采场现状线进行自动运算，形成一个立体的斜坡道。

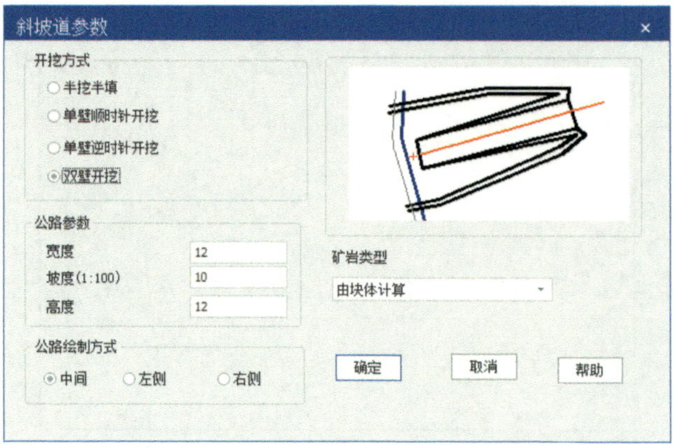


图 9-23　沿坡底切斜坡道的参数设置

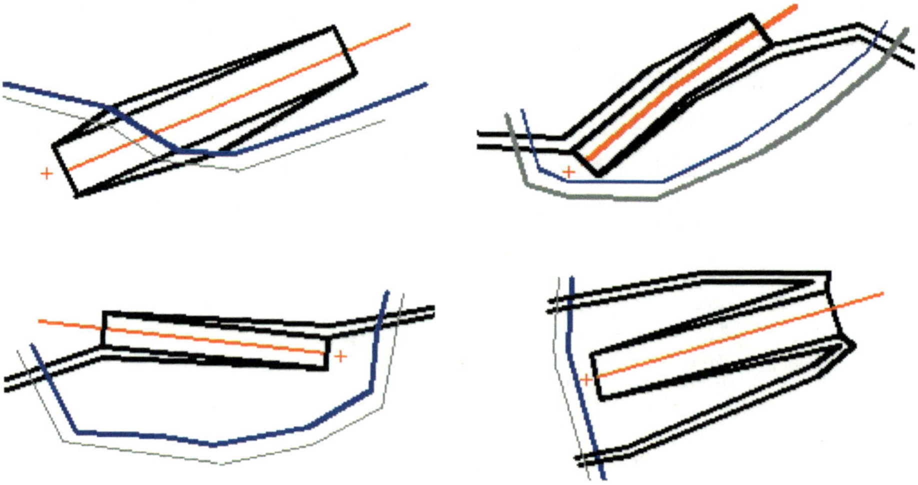

图 9-24　沿坡底切斜坡道的四种方式

最后，将斜坡道实体隐藏便可看到自动生成的坡底、坡顶线，结合生成的表面模型观察斜坡道更直观。

【露天】→【短期计划】→【开挖斜坡道】功能与【沿坡底切斜坡道】功能类似，区别在于【开挖斜坡道】是新水平开段斜坡道，主要用于开沟和排土场的台阶及坡道设计。从高程上看，【开挖斜坡道】功能中鼠标点击的第一点为起始位置点，第二点为下挖坡道的终点，斜坡道的绘制顺序是由上向下。

## 9.4　台阶爆破设计

露天矿使用的爆破方法有浅眼爆破、深孔爆破、硐室爆破等。其中，最常用的是台阶深孔爆破。台阶爆破作为露天矿重要的生产环节，其设计的合理性直接影响到开采成本、开采效率及后续生产工艺的衔接。台阶爆破设计是露天矿山生产设计的核心内容，包括布孔、装药、起爆网络设计等步骤。

## 9.4.1　布孔

做露天矿爆破设计前，首先要设置一些必要的参数，比如孔深、孔距、行距、边眼距及孔径等。打开菜单【露天】→【爆破设计】→【布孔参数】，其参数设置如图 9-25 所示。

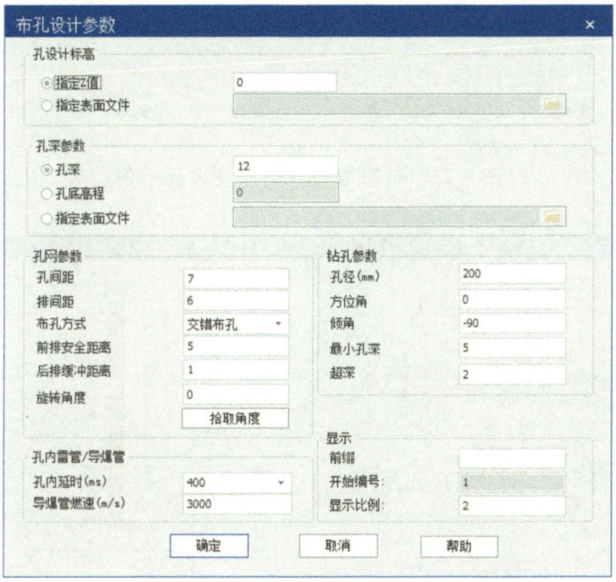


图 9-25　露天矿台阶爆破布孔设计参数设置

指定 $Z$ 值：设置孔口的标高，以保证孔口都在一个设定水平上。指定表面文件：如已有采场现状或者爆破区的表面模型，可以在这里载入，以便使设计的孔口都落在加载的表面上。布孔方式：矩形布孔或交错布孔。前排安全距离：前排孔距台阶坡顶线的距离。后排缓冲距离：后排孔距预期爆破位置的距离。旋转角度：对于前排自由面不是很规则的情况，这里可以设置角度以保证在成排布孔的时候，比较贴合前排自由面。前缀：钻孔编号前统一添加的编码或代号。孔内延时：毫秒微差雷管的延时时间。导爆管燃速：导爆管或导爆索的传爆速度。各参数设置完成后点击【确定】，即可应用于后续的钻孔设计中。

打开菜单【露天】→【爆破设计】→【布置多孔】，该功能对多排孔进行布置和设计。按照提示选择爆破区的一端，拖动鼠标使其布孔区域和设计爆破区一致即可，操作结果如图 9-26 所示。

同理，沿线布孔能有效地控制前排炮孔的边眼距和抵抗线，自动根据坡顶线来布置炮孔。当需要手动添加炮孔时，可利用布置单孔功能将炮孔添加到所需位置，点击右键结束。此外，还可以从剪贴板获取实测爆破孔数据并导入软件中进行三维展示和编辑。

## 9.4.2　编辑炮孔

如要对单个孔进行调整，只需要左键单选要调整的炮孔，点击并直接拖动即可完成位置调整；还可双击炮孔直接修改坐标以及相关参数，如图 9-27 所示。还可选中多个炮孔并采用系统的移动命令，通过右键确认参数的方式完成炮孔位置调整。

打开菜单【露天】→【爆破设计】→【删除炮孔】，弹出对话框，如图 9-28 所示。

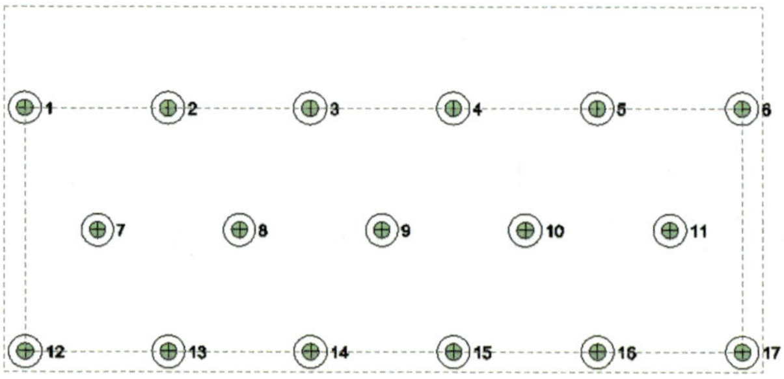


图 9-26　台阶爆破自动布置多孔示例

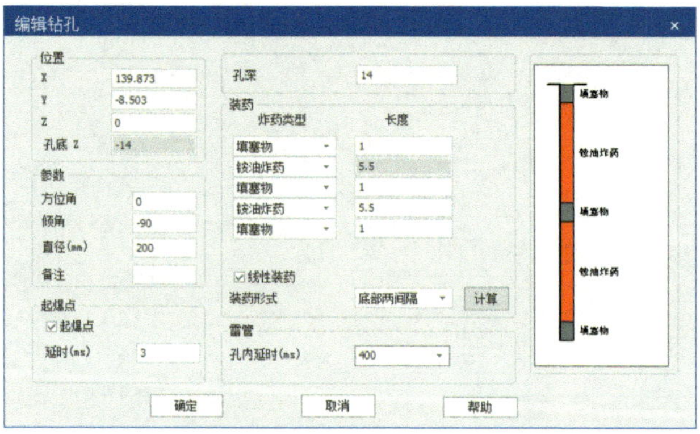


图 9-27　编辑炮孔参数设置

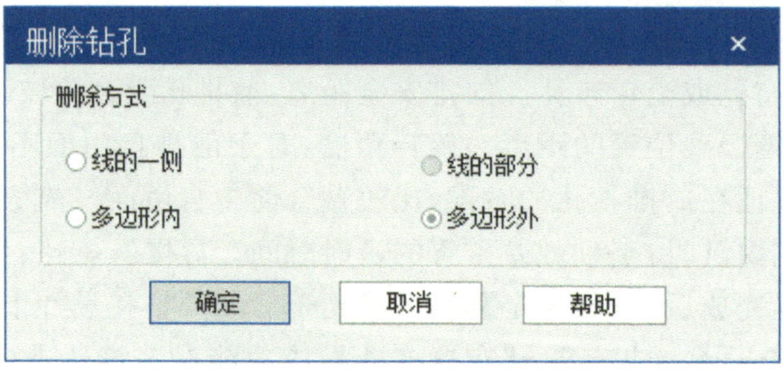


图 9-28　删除炮孔参数设置

线的一侧:用来删除沿线一侧的炮孔,选择线后,拉出的阴影区域覆盖到的炮孔将被删除。线的部分:用来删除线上一侧选定区域内的炮孔。多边形内:用来删除圈定区域内的炮孔。多边形外:用来删除圈定区域以外的炮孔。

在进行爆破设计的过程中,要对设计炮孔进行不断的调整和修正,炮孔的编号也会随之变得混乱,这样就需要对炮孔进行重新编号。

打开菜单【露天】→【爆破设计】→【重新编号】,在手工编号之前,先设定即将要编号的起始值,然后点击【手工编号】对各炮孔进行依次编号,用鼠标依次点击要重新编号的孔,系统随之更新编号顺序,同时也会自动更新和修改剩余炮孔号,如果已经满足编号的顺序要求,则先点击右键再点击“确定”即可。修改过程中可先点击右键修改起始号、再点击手工编号对炮孔进行重新编号，对话框如图 9-29 所示。

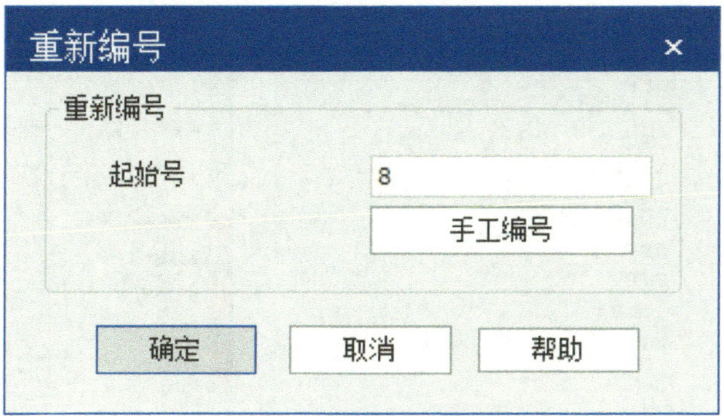


图 9-29　炮孔“重新编号”对话框

### 9.4.3　装药

装药设计主要考虑的因素包括炸药类型、装药结构、孔网参数、炸药单耗、每孔装药量等。由于岩石的可爆性不同、炸药特性不同、爆破质量要求不同，需要根据实际情况进行装药结构和炸药单耗的优化。

打开菜单【露天】→【爆破设计】→【装药参数】，启动装药参数设置功能，弹出对话框，如图 9-30 所示。用户可对炸药密度、炸药单价以及炮孔填塞长度等进行设置。

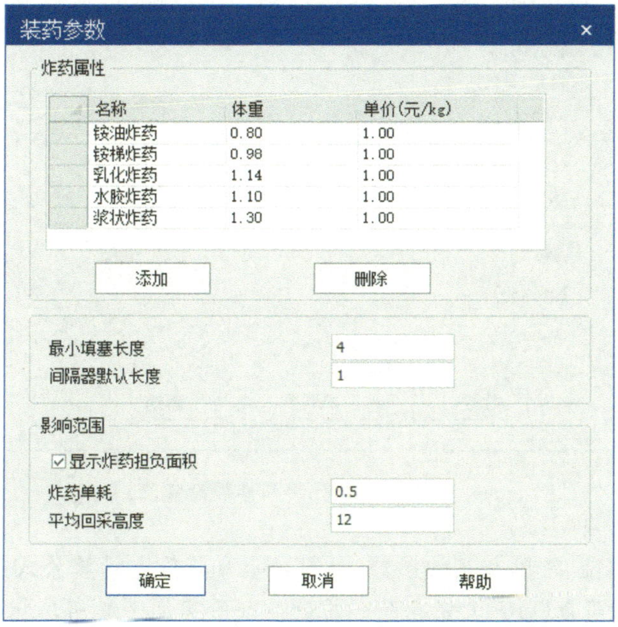


图 9-30　“装药参数”对话框

打开菜单【露天】→【爆破设计】→【设计装药】，对炮孔进行装药设计，如图 9-31 所示。

在图 9-31 中，根据实际设计，设置好炸药的类型和长度，右侧的图框里面会同步显示装药结构。点击【计算】，弹出对话框，如图 9-32 所示。

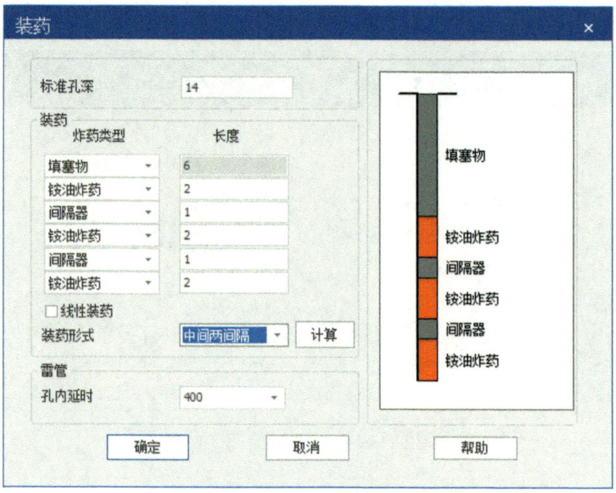


图 9-31　装药参数设置

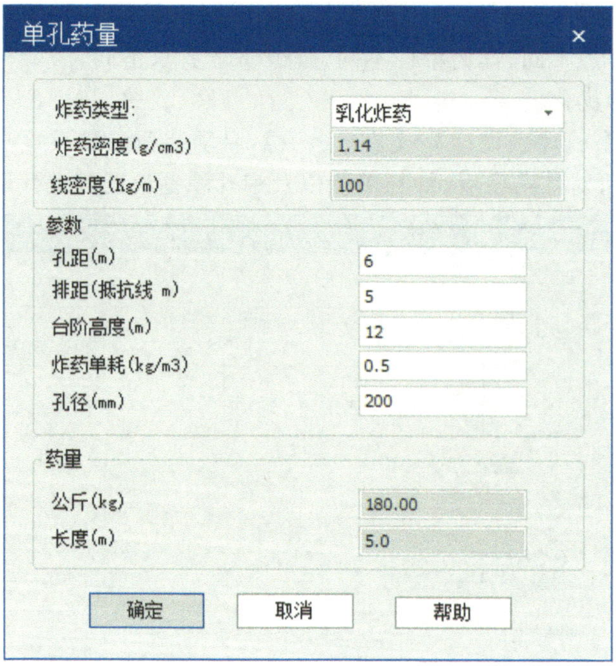


图 9-32　单孔装药参数设置

系统根据炸药类型、密度及其他参数，计算药量和长度。计算公式如下：

药量(公斤)＝ 孔距 * 排距 * 台阶高度 * 炸药单耗

长度＝(药量/π) * 钻孔半径的平方 * 炸药密度

完成装药设计之后点击【确定】，用鼠标框选炮孔，点击右键即可完成装药设计。对图形工作区完成装药设计的炮孔，可双击进行修改，也可用【设计装药】菜单进行重新装药。

对于实测导入的炮孔，因为孔深可能不一样，所以最好使用双击炮孔后在炮孔编辑界面对每个孔单独进行装药设计。

### 9.4.4　连接起爆网络

露天矿对爆破工作的要求是：既要满足爆破数量和质量要求，又要符合矿山生产的安全、经济、环保要求。目前，广泛采用的微差爆破方法具有一次爆破量大、可降震、可控制爆破方向、能充分利用爆炸能量、可改善爆破质量等诸多优点。起爆网络连接是实现微差爆破的核心技术。

起爆顺序是多种多样的，常见的包括排间顺序起爆、斜线顺序起爆、V 形起爆、波浪形起爆、掏槽起爆等。与此对应，起爆网络连接方式也有多种。打开菜单【露天】→【爆破设计】→【连接起爆网络】，弹出对话框，如图 9-33 所示。

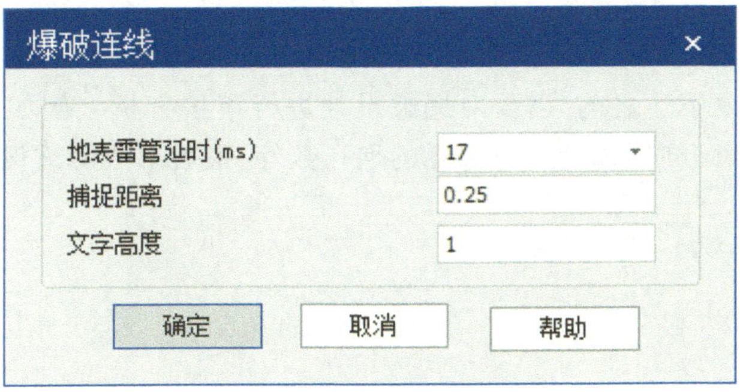


图 9-33　“爆破连线”对话框

设置地表毫秒延期雷管的时间，可选择备选参数，也可直接用键盘输入，同时可设置显示的文字高度。“捕捉距离”是鼠标点击炮孔连线过程中首末两点连线的外扩范围，该范围内的炮孔将依次参与自动连线，被连线的相邻炮孔之间自动接入地表延时雷管。依据设计参数，经过多次交互操作，斜线顺序起爆的连线效果如图 9-34 所示。

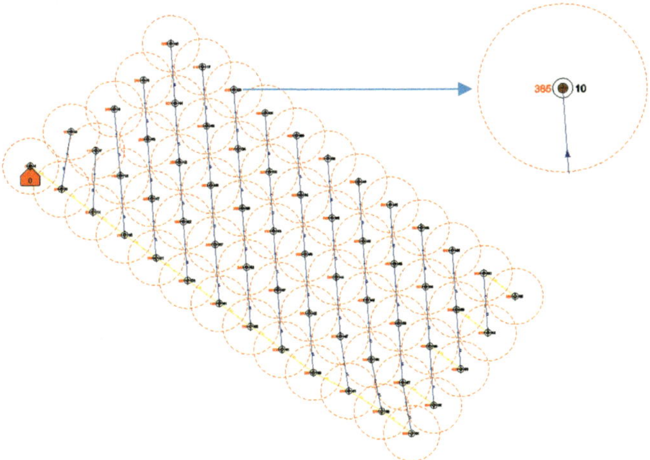


图 9-34　斜线顺序起爆的连线效果

如需在爆破设计图中显示更多的信息，可以打开菜单【露天】→【爆破设计】→【显示隐藏】，弹出对话框，可按照需要勾选，如图 9-35 所示。

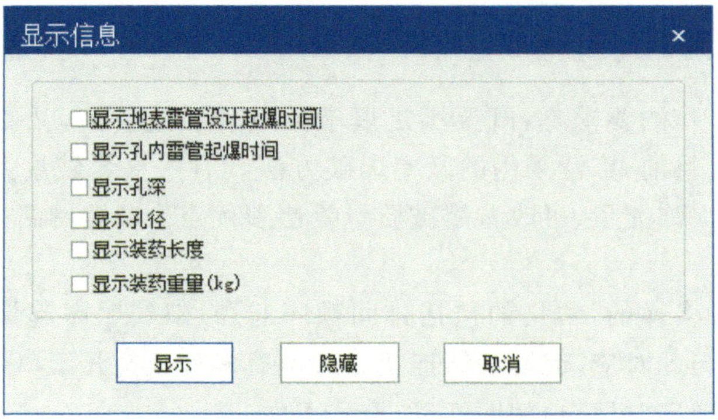


图 9-35　爆破设计图显示信息设置

此外，在爆破指令下达之前，需要对爆破设计进行审核分析。例如，绘制起爆时间差的等值线、分析爆破抛掷方向、统计同时起爆的炮孔数等，最后形成爆破设计文档。

# 第 10 章　地下采矿设计

地下采矿设计内容很广泛，包括井巷设计、爆破设计、采矿方法设计、通风、排水、支护设计等。目前，二维平面设计还是主流，三维正向设计从思路、原则、方法、工具、规范、要求等方面都仍处于起步阶段。计算机和软件仅能提供辅助工具，大量的工作仍需要手工完成，地下采矿三维正向设计有较大提升空间，是矿业软件发展的重点方向。

## 10.1　井巷设计及建模

为采矿或其他目的在地下开掘的井筒、巷道和硐室等工程，总称为井巷工程。矿山井巷工程通常包括平巷、斜坡道、斜井、竖井、溜井、硐室等。在三维矿业软件中，井巷设计的内容主要是断面设计和中线设计。

### 10.1.1　井巷断面设计

井巷工程设计指按照矿山生产需要、服务年限、通风安全和围岩性质等，依据设计规范，经济合理地确定井巷的断面形状、尺寸、支护结构等。巷道断面形状有矩形、梯形、拱形、圆形、椭圆形等，可分为折线形和曲线形两类，如图 10-1 所示。

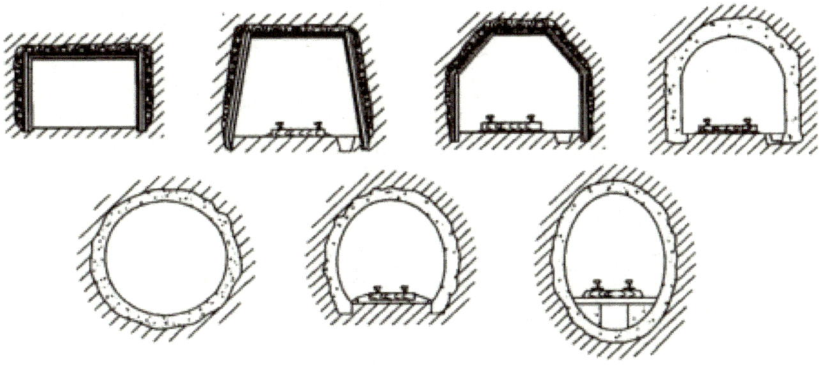

图 10-1　巷道断面形状示意图

设计巷道断面时，首先根据巷道用途、运输设备尺寸、人行道宽度、安全间隙、巷道风量等，参照相关规程规范确定巷道的净断面尺寸；其次根据巷道支护参数、道床参数、允许超挖值等计算掘进断面尺寸；最后设置墙角、排水沟、管路、线缆，从而完成巷道断面布置。

打开菜单【地下】→【井巷工程】→【标准断面图】，弹出对话框，如图 10-2 所示。

填入设计参数后，点击【确定】，在图形工作区插入带标注的标准断面图，如图 10-3 所示。

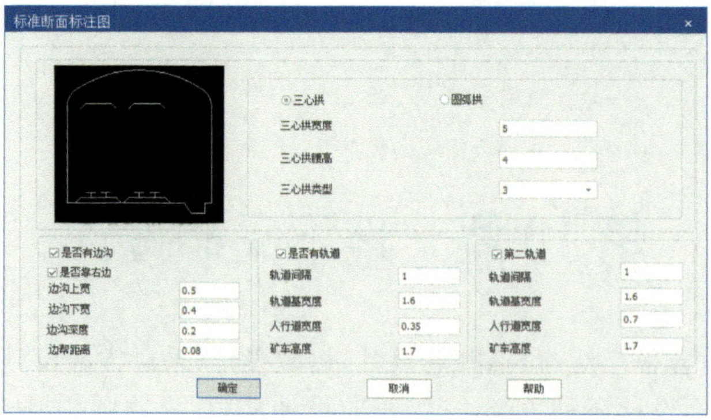


图 10-2 “标准断面标注图”对话框

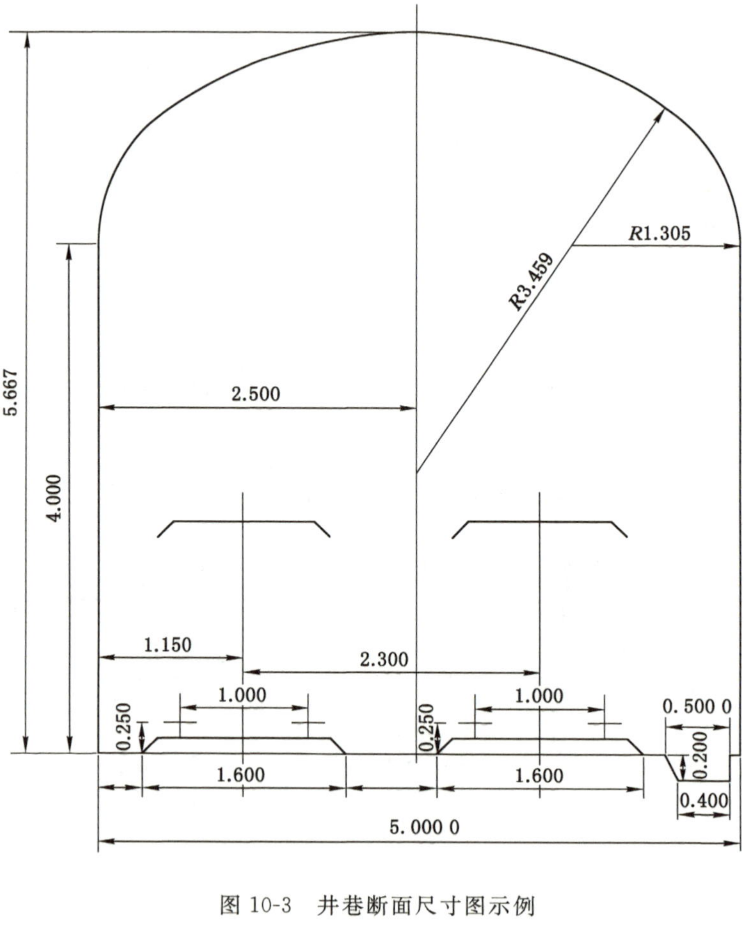


图 10-3 井巷断面尺寸图示例

当然，如果仅需要设计巷道开挖的轮廓线，而不需要标注，可以打开菜单【地下】→【井巷工程】→【生成断面轮廓】，弹出对话框，如图 10-4 所示。

这里，可设置的断面类型包括三心拱、圆、圆弧拱、梯形拱和矩形拱，每种断面对应不同的断面设计控制参数。竖井和斜井的断面设计与平巷类似，不再赘述。

当巷道的宽度不一致时，断面也会相应地发生变化。打开菜单【地下】→【巷道模型】→

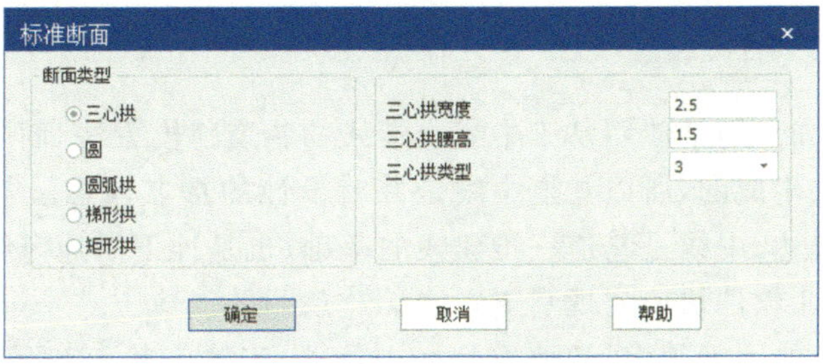


图 10-4　“标准断面”对话框

【中线步距生成断面】,弹出对话框,如图 10-5 所示。

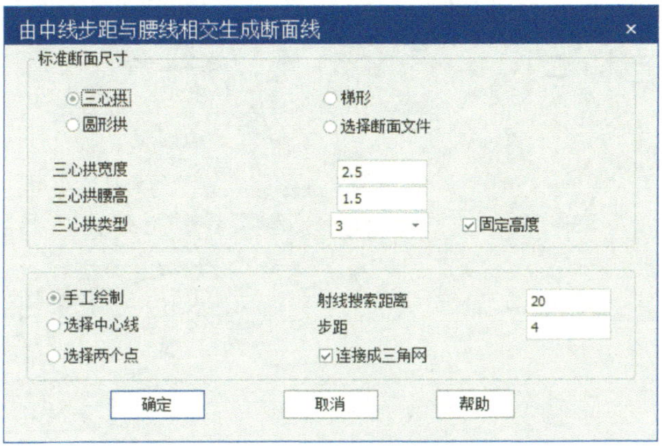


图 10-5　中线步距生成断面参数设置

手工绘制:通过鼠标左键点击控制断面方向。选择中心线:用中线控制巷道的走向。选择两个点:通过选择巷道两侧腰线对应点,形成断面线。射线搜索距离:通过鼠标点选的位置或中线,向两侧腰线延伸的距离,一般要求应超出巷道的最大宽度。步距:沿中线或鼠标移动方向生成断面的间隔距离,一般与巷道变化有关。连接成三角网:勾选则生成断面所对应的巷道实体,否则只形成断面线。固定高度:勾选则巷道断面顶部高度一致,否则生成不同的断面高度。

导入或手工绘制一段巷道的腰线,运行【中线步距生成断面】功能,可生成断面线文件和巷道实体模型,示例如图 10-6 所示。

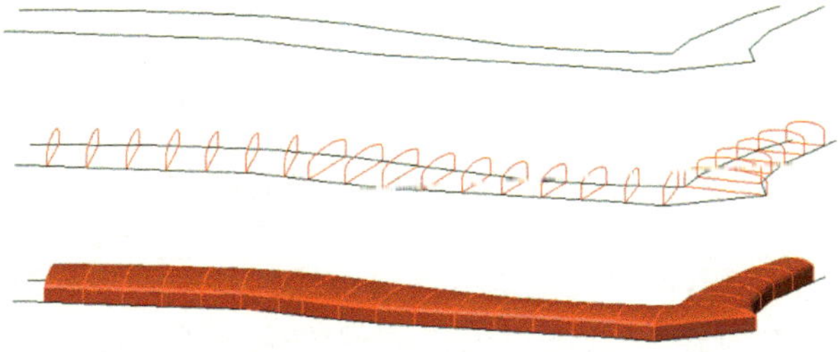

图 10-6　中线步距生成巷道断面和实体示例

### 10.1.2 井巷中线设计

在井巷工程设计时，通常使用基于中线或腰线的巷道建模方法，而腰线一般是由设计中线通过偏移算法自动生成的，所以巷道中线是井巷设计的重点内容。各类型井巷的空间拓扑关系可以用中线表达，中线是巷道三维建模的基础，也是地下矿通风解算的必要条件。因此，需要借助三维矿业软件快速实现巷道中线设计意图的表达。

井巷设计要考虑的因素很多，如地质及水文条件、矿体产状、工程服务年限、生产能力、通风要求、开拓工程量、矿岩运输成本等，一个比较完整的井巷设计结果，如图 10-7 所示。

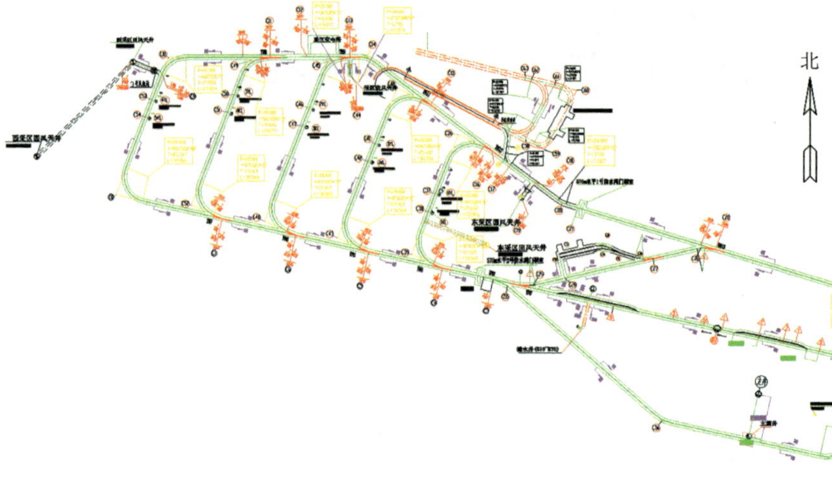


图 10-7　井巷设计示例

将图中标注信息和一些辅助工程去掉，仅保留开拓巷道和井底车场部分，相应设计结果如图 10-8 所示。

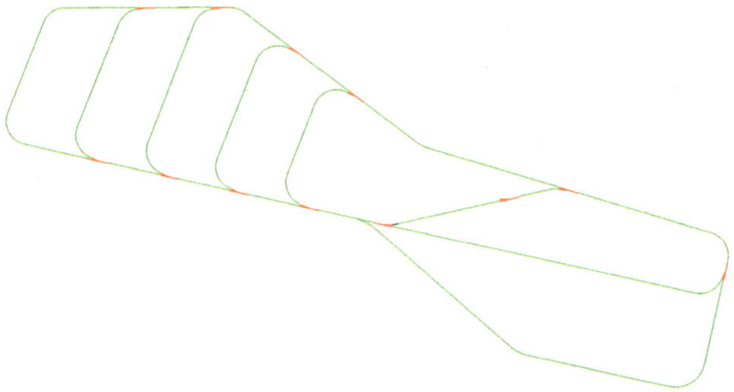

图 10-8　仅保留开拓巷道和井底车场示例

分析图 10-8 中线条特征，可以发现构成巷道中线的基本元素有两种：直线、圆弧线。直线为设计草图需要完成的内容，圆弧线可以用软件快速生成。首先，根据矿体形态、主副井位置等设计井底车场和穿脉巷道的大致位置，形成设计草图，如图 10-9 所示。

打开菜单【地下】→【开拓设计】→【创建弯道】，弹出对话框，如图 10-10 所示。

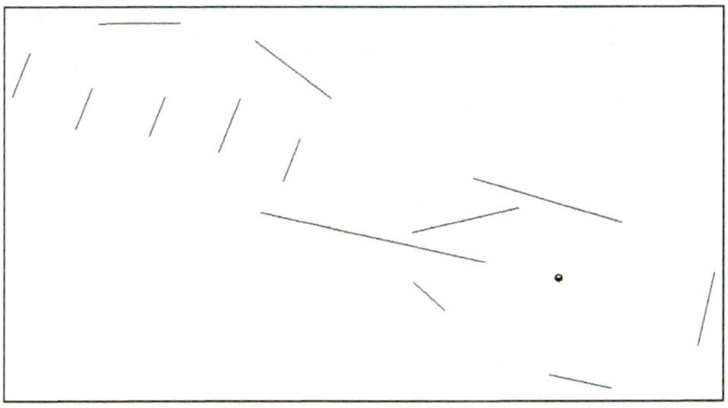

图 10-9　巷道设计草图

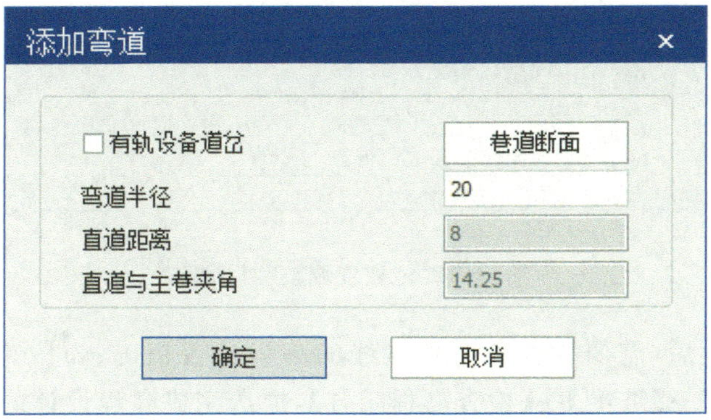


图 10-10　“添加弯道”对话框

按照设计要求输入相应的参数，点击【确定】。按照提示，选择弯道两端的线段，软件生成圆弧段。打开菜单【地下】→【开拓设计】→【连接弯道】，依次选择需要连接的直线和圆弧段端点，设计效果如图 10-11 所示。

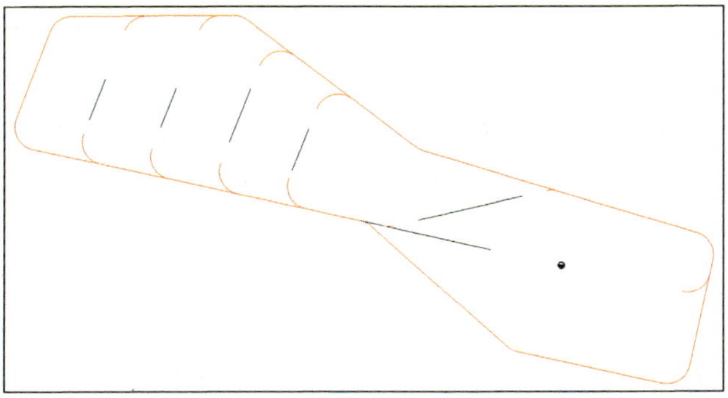

图 10-11　弯道连接示例

通常，完成巷道平面设计后，还需要进行巷道坡度设计。打开菜单【地下】→【开拓设计】→【坡度】→【坡度调整】，选中需要调整坡度的弧段线，弹出对话框，如图 10-12 所示。

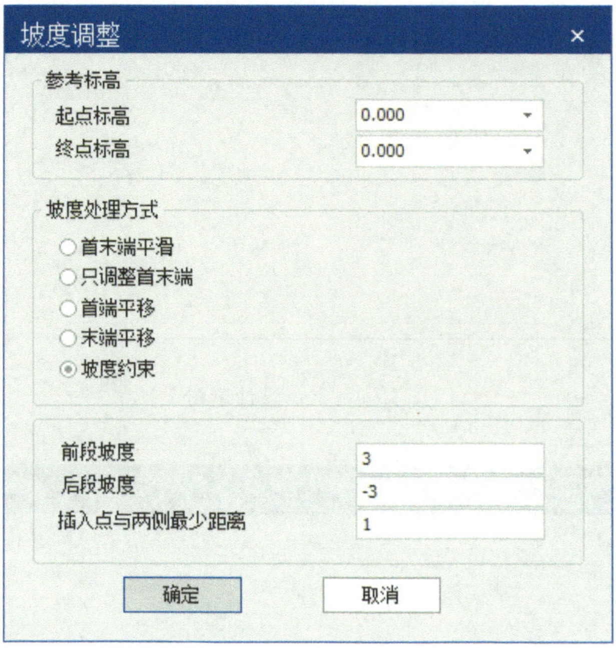


图 10-12 “坡度调整”对话框

设置完巷道坡度后，需要检查所有弧段线的高程是否正确、弧段是否闭合。打开菜单【地下】→【开拓设计】→【坡度】→【检查高程闭合】，框选完成高程设计的巷道中线，信息栏将报告检查结果，如果没闭合，会给出具体位置。

### 10.1.3 井巷模型

井巷断面和中线设计完成后，可以对井巷进行三维建模。在设计阶段，井巷三维模型可以更直观地展现和比较设计方案的优劣。在生产阶段，三维井巷模型是地下矿山监测监控系统的“底图”，为矿山安全提供位置服务。

由中线和断面可以生成巷道实体，打开菜单【地下】→【巷道模型】→【由断面及中线生成】，弹出对话框，如图 10-13 所示。

点击对话框中的【文件】，选择并载入断面文件。其中，中心偏移：使断面文件的中心点与需要创建巷道的中心线一致。系数：断面尺寸放大或缩小的比例。体名称：生成实体的体号。

【由断面及中线生成】功能，对于复杂巷道交叉口的处理比较粗略，依据此类模型进行开拓矿量的计算有一定的误差。为了解决这个问题，出现了基于巷道腰线的三维建模技术。通常，首先由中线生成腰线，其次对腰线进行清理、编辑，最后用腰线巷道建模功能自动建立巷道三维模型。某矿中段巷道三维建模效果如图 10-14 所示。

基于井巷工程实体模型，可以很方便地进行布尔运算、计算工程量、形成各种报表、输出工程图纸等。当然，也可以结合支护设计方案和成本数据，计算支护材料消耗量、开拓成本等技术经济参数。

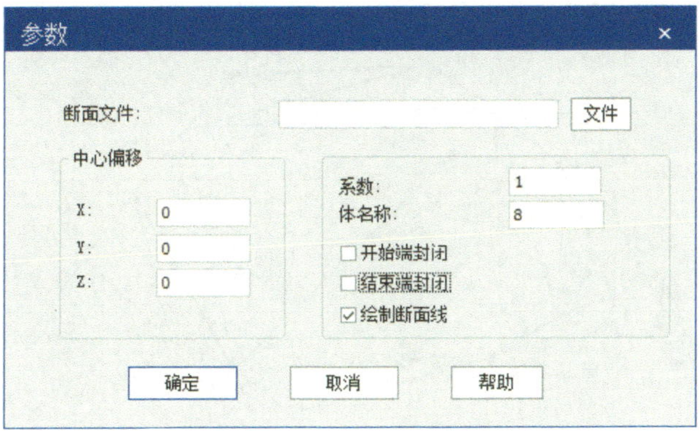


图 10-13　断面参数设置

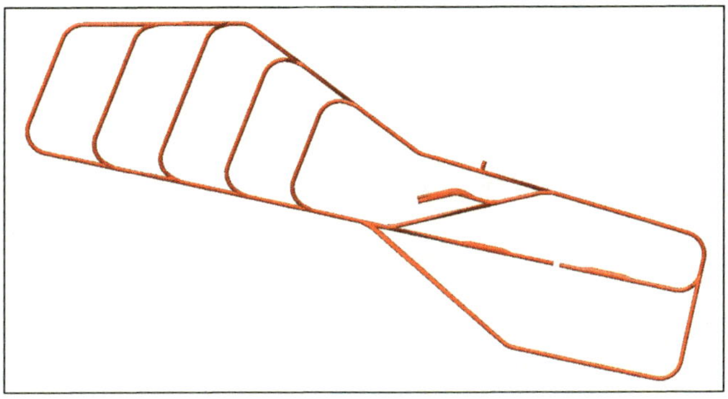

图 10-14　巷道三维建模效果示例

### 10.1.4　基于实测数据的井巷建模

井巷测量的主要任务是确定井筒、巷道、硐室等的平面位置和高程。井下平面控制测量按照测量精度分为基本控制导线和采区控制导线。井巷高程测量分为水准测量和三角高程测量。

基于实测数据的井巷建模是井巷测量的内业工作。几乎所有测量工具能够获得的直接测量结果都是离散化的点数据。点坐标记录形式不同，对井巷的测量部位也有区别。三维软件需要提供各类测量数据导入的接口，并实现井巷建模。

基于实测数据的井巷实体建模难点在于交叉口部位的三角网连接。通常交叉口部位巷道断面复杂，手工连接三角网费时费力还容易出错，因此，需要研究自动化程度更高的算法。

交叉巷道是指那些至少具有三条分支巷道的交叉巷道。以四条分支的交叉巷道为例，一种建模思路是将巷道断面分为顶面线、侧面线、底面线，先分块连接三角网，然后完成三角网的合并。交叉处顶面三角网的构建是通过连接相邻巷道拱形断面的特征点完成的，将拱形断面的特征点分为两部分，前半部分特征点与相邻拱形断面的后半部分特征点连接，后半部分特征点与相邻拱形断面的前半部分特征点连接，然后连接各个拱形断面的中心特征点，从而完成交叉处顶面的构造，其原理如图 10-15 所示。

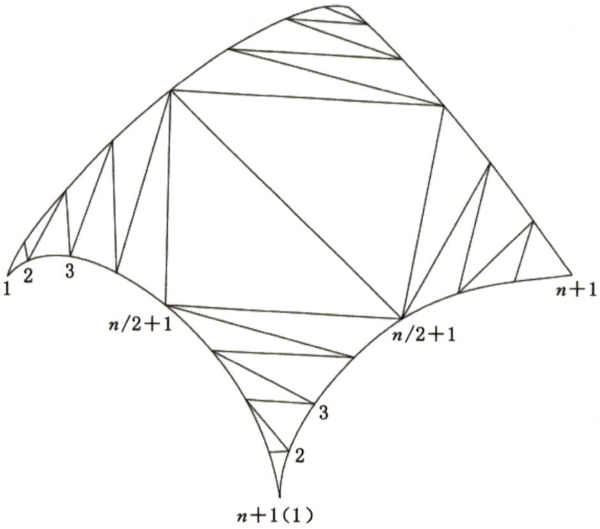


图 10-15　交叉处顶面的构造原理

基于实测数据的井巷交叉口实体建模效果如图 10-16 所示。

图 10-16　井巷交叉口实体建模效果示例

## 10.2　中深孔爆破设计

按照回采时地压管理方式，采矿方法可划分为空场采矿法、充填采矿法、崩落采矿法等 3 大类若干种。无论哪种采矿方法，金属矿破岩过程普遍使用爆破方式。由于中深孔爆破回采效率高、生产规模大，在各种采矿方法中应用广泛。

中深孔爆破设计的基础是开拓系统模型、中段巷道模型、采区矿体实体模型、采区块体模型。一个典型的中深孔爆破设计包含以下信息：爆破排面位置、采场边界、巷道断面、矿体边界、回采边界、钻机信息、炮孔轨迹、炮孔装药信息、剖面图及统计结果等，如图 10-17 所示。

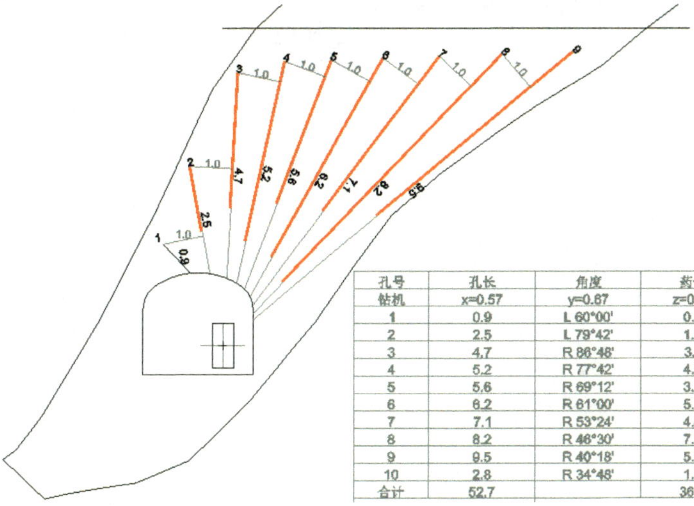

| 孔号 | 孔长 | 角度 | 药长 |
|---|---|---|---|
| 钻机 | x=0.57 | y=0.67 | z=0.00 |
| 1 | 0.9 | L 60°00' | 0.0 |
| 2 | 2.5 | L 79°42' | 1.5 |
| 3 | 4.7 | R 86°48' | 3.1 |
| 4 | 5.2 | R 77°42' | 4.2 |
| 5 | 5.6 | R 69°12' | 3.5 |
| 6 | 6.2 | R 61°00' | 5.2 |
| 7 | 7.1 | R 53°24' | 4.4 |
| 8 | 8.2 | R 46°30' | 7.2 |
| 9 | 9.5 | R 40°18' | 5.8 |
| 10 | 2.8 | R 34°48' | 1.8 |
| 合计 | 52.7 |  | 36.7 |

图 10-17　中深孔爆破设计示例

### 10.2.1　爆破单元边界线提取

爆破单元边界线(即设计爆破范围)是爆破目标体,在三维设计环境中需要合理地设置回采排面、切割巷道边界、切割矿岩界限等。以用无底柱分段崩落法开采的某矿为例,分析其爆破单边界线提取的步骤。某矿 480 水平巷道及矿体实体模型如图 10-18 所示。

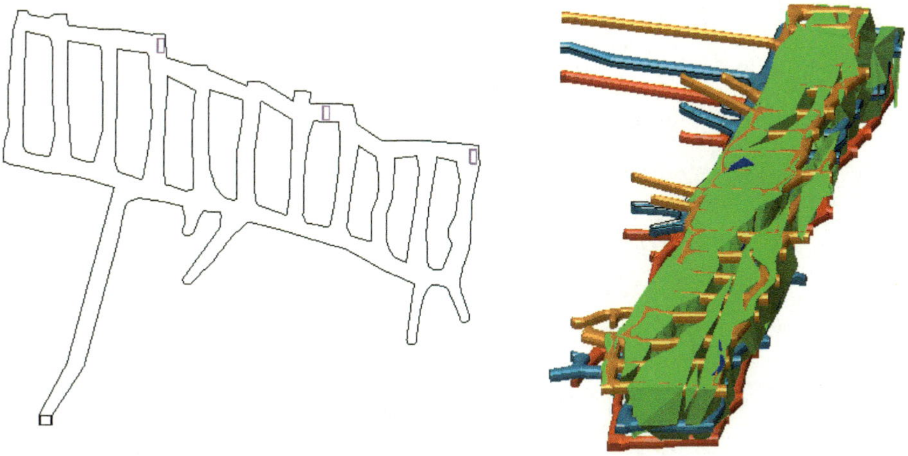

图 10-18　某矿 480 水平巷道及矿体实体模型

进行该矿 480 水平中深孔爆破设计,步骤如下:

第一步,创建回采排线,设置相关参数,如图 10-19 所示。

以切割天井的边线中点为起点,拖拽鼠标拉出一条直线,与直线垂直的一组线段就是回采排线,如图 10-20 所示。

第二步,创建回采单元,设置相关参数,如图 10-21 所示。

这里,顶部、底部、两侧延伸是以回采排线为基础的。回采单元在剖面方向给出了中深

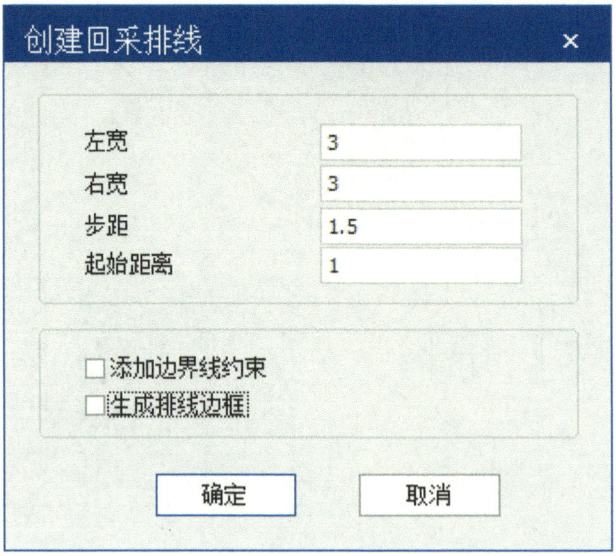


图 10-19　回采排线创建参数设置

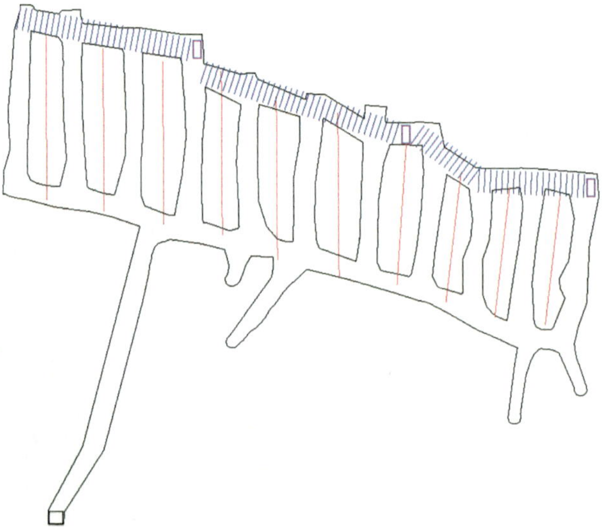

图 10-20　回采排线创建效果示例

孔爆破设计的边界。以切割天井的边线中点为起点，拖拽鼠标穿过回采排线，形成回采单元，如图 10-22 所示。

双击 8 号排面，对此爆破单元进行编辑，输入相应参数，点击【进入设计状态】按钮，如图 10-23 所示。

第三步，获取设计参数。点击【地下】→【中深孔爆破设计】→【切割边界】，弹出对话框，按照提示选择回采单元边框，矿体和巷道实体将被切割出来，如图 10-24 所示。

这里切割边界所获得的结果可以输出为线条，也可以直接添加到采场或巷道边界。通常，为了进一步编辑、修改，可选择输出为线条。双击回采单元边框，弹出“编辑爆破单元”对

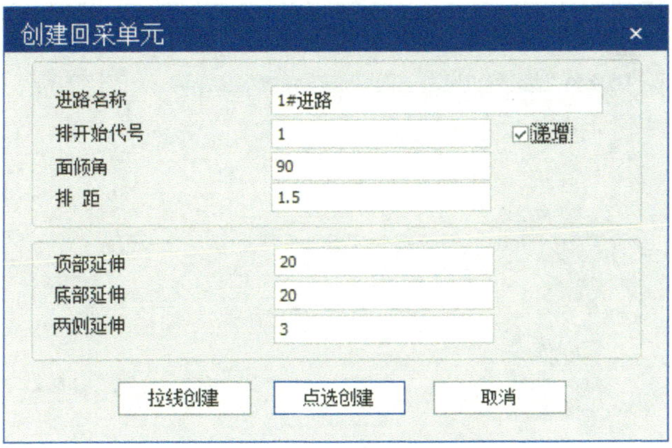


图 10-21　回采单元创建参数设置

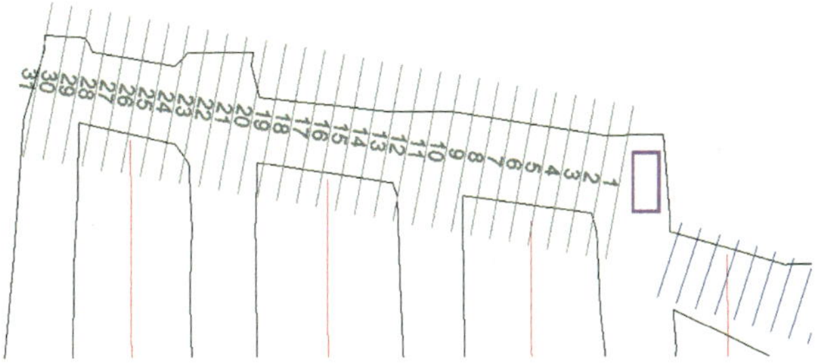

图 10-22　回采单元创建效果示例

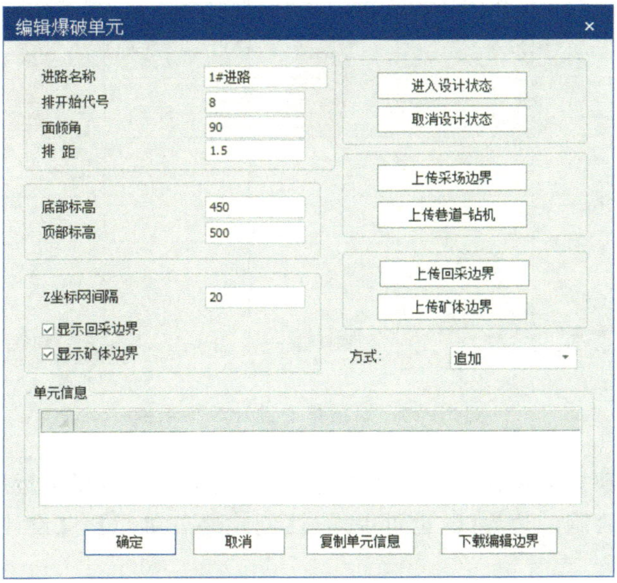


图 10-23　爆破单元参数设置

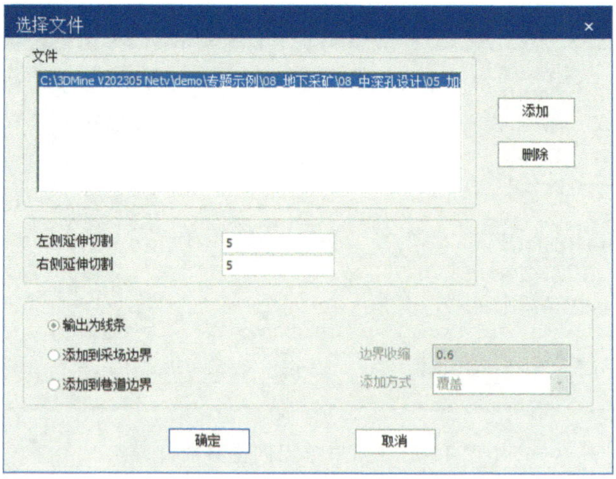


图 10-24　获取设计参数

话框，点击【上传矿体边界】，同样，可以点击【上传采场边界】、【上传巷道-钻机】进行设计，效果示例如图 10-25 所示。

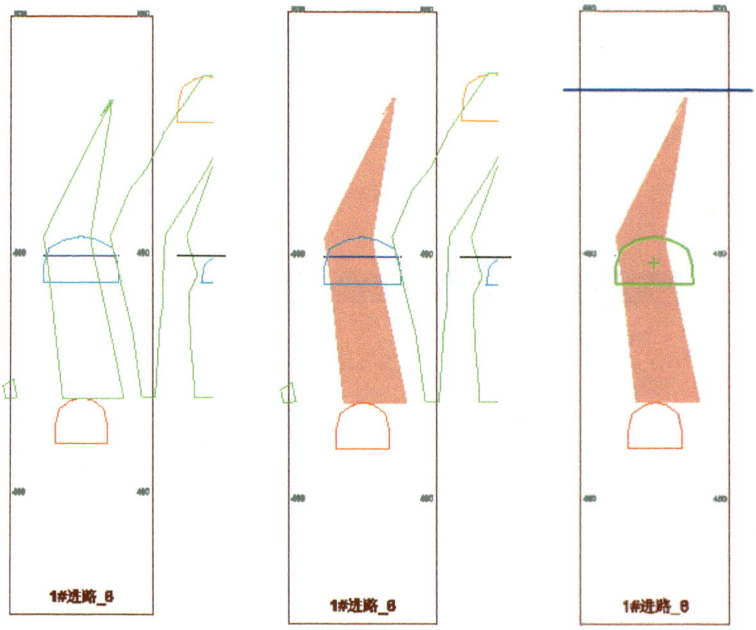


图 10-25　爆破排面设计效果示例

至此，获得了爆破排面设计所需的各种边界线，接下来便可以进行爆破排面布孔装药操作。当然，其他软件绘制的边界线，也可以通过【创建爆破单元】→【设计状态】上传边界完成爆破单元边界线提取。

## 10.2.2　爆破排面布孔装药

扇形中深孔爆破参数主要包括布孔参数和装药参数。其中，布孔参数有炮孔直径 $d$、孔

深 $h$、炮孔排距 $b$、最小抵抗线 $W$、炮孔扇面倾角 $\beta$、孔底距 $a$、起始炮孔角度 $\alpha$ 与终止炮孔角度 $\alpha'$。装药参数有炮孔密集系数 $m$、炸药单耗 $q$、线装药密度 $ql$、装药长度 $L_z$、填塞长度 $L_s$。

根据经验，中深孔爆破孔径 $d$ 为 50～70 mm。孔深 $h$ 不大于 15 m。炮孔排距 $b$ 取 1.5～2 m(根据经验 $b \approx 30d$)。孔底距 $a \approx (1.0 \sim 1.3)b$。边孔填塞长度 $L_s = 0.7W$，排间微差爆破时，最小抵抗线 $W = b$。最小抵抗线 $W$ 根据岩石硬度选取：坚硬岩 $W = (20 \sim 30)d$、中硬岩 $W = (30 \sim 35)d$、松软岩 $W = (35 \sim 40)d$，同排炮孔，满装药炮孔和减弱装药炮孔应间隔布置。

爆破排面布孔装药的设计步骤如下：

步骤①：确定孔底距、边孔角等布孔参数。

步骤②：根据孔底距，自动布孔。

步骤③：按照调整规则，调整钻孔布置。

步骤④：按照装药原则，完成自动装药。

步骤⑤：调整布孔装药参数。

步骤⑥：设计成果输出。

选择爆破排面，点击【进入设计状态】→【布置扇形孔】菜单，弹出对话框，如图 10-26 所示。

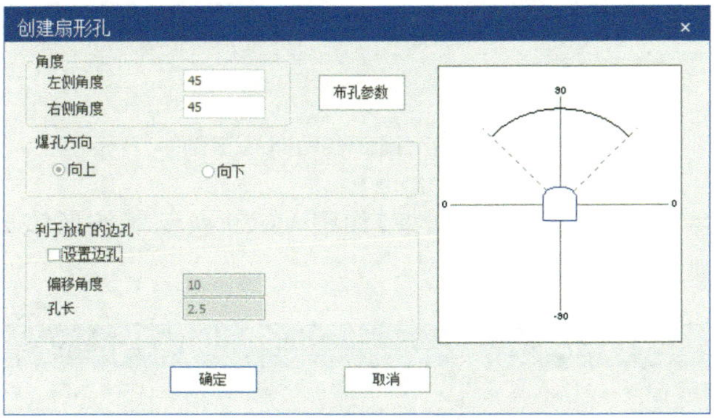


图 10-26　扇形孔创建

点击【布孔参数】按钮，弹出对话框，如图 10-27 所示。

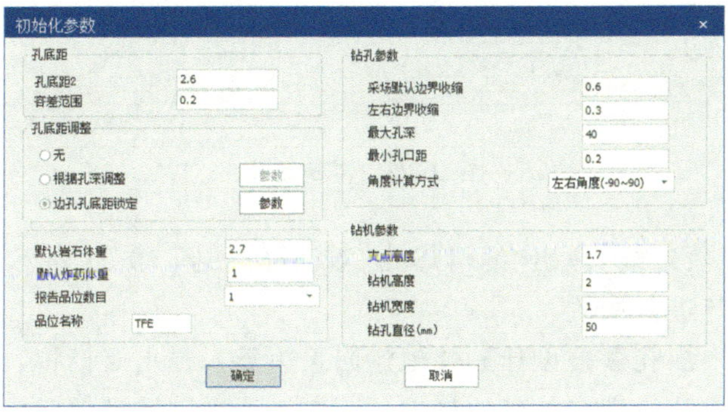


图 10-27　布孔参数设置

这里可以设置炮孔方向、边孔角度、孔底距、最大孔深、最小孔口距等。输入合理的参数后，点击【确定】，在图形工作区选取钻机支点位置，完成排面自动布孔，如图 10-28 所示。

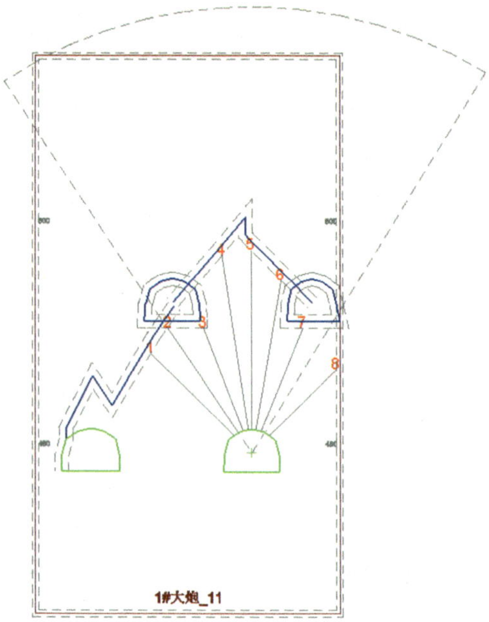


图 10-28　排面自动布孔示例

布孔完成后，会弹出“调整钻孔”对话框，如图 10-29 所示。按照需要进行设置，点击【确定】，完成布孔调整，如图 10-30 所示。

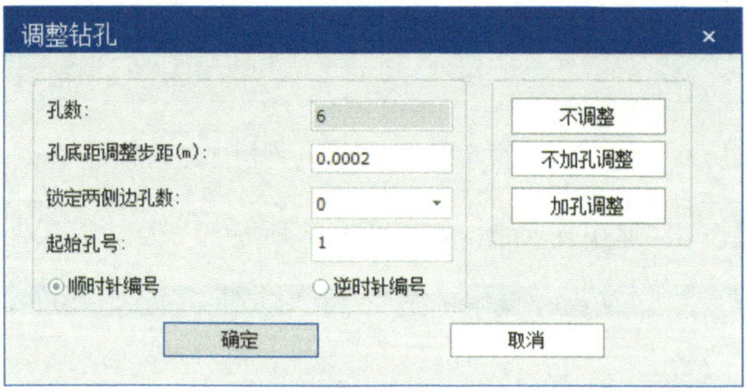


图 10-29　调整钻孔

双击设计的钻孔轨迹线，弹出“编辑爆孔”对话框，如图 10-31 所示。可以对钻孔、钻机位置、钻孔编号规则等进行修改。

点击【地下】→【中深孔爆破设计】→【创建回采边界】，弹出对话框，如图 10-32 所示。

炮孔延伸长度：炮孔一端向外延伸指定的距离。添加到爆破单元中：直接将回采边界线上传到爆破单元中保存。创建多段线条：生成回采边界线条，可进行编辑后再上传到爆破单元。

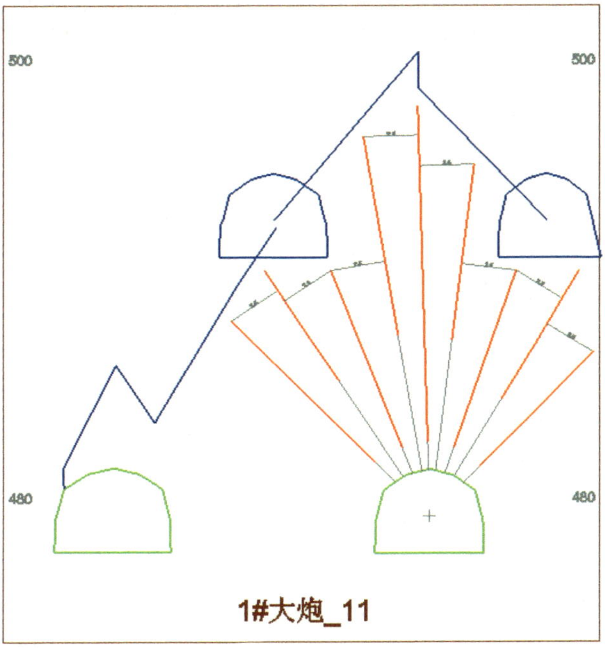


图 10-30　钻孔自动调整示例

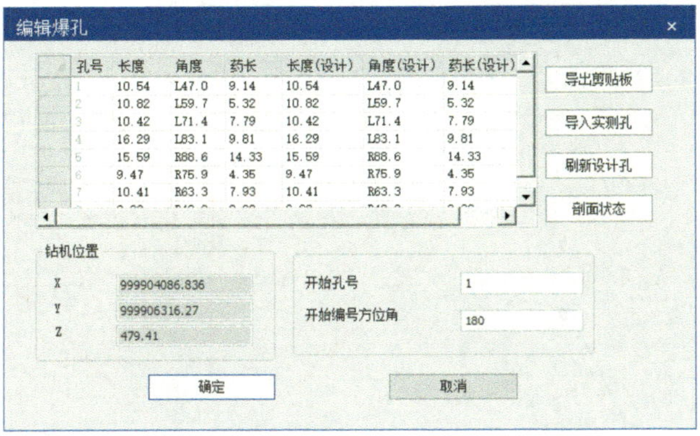


图 10-31　编辑爆孔

点击【确定】后，图形工作区中炮孔延伸的范围呈虚线显示，在此虚线范围内的任意位置单击鼠标左键，所形成的闭合虚线框就是回采边界，示例如图 10-33 所示。

如果没形成闭合回采边界，可对采场边界局部进行调整，使其与爆破单元边框形成闭合区域。如选择的是创建多段线条，则可对回采边界进行调整、编辑，而后再进入排面设计状态上传回采边界。

至此，完成了中深孔爆破设计。可以根据设计成果及块体模型形成包含炮孔几何信息、装药信息、爆破技术指标、爆破矿岩量等的报告，并可将设计图件、表格等打印输出。

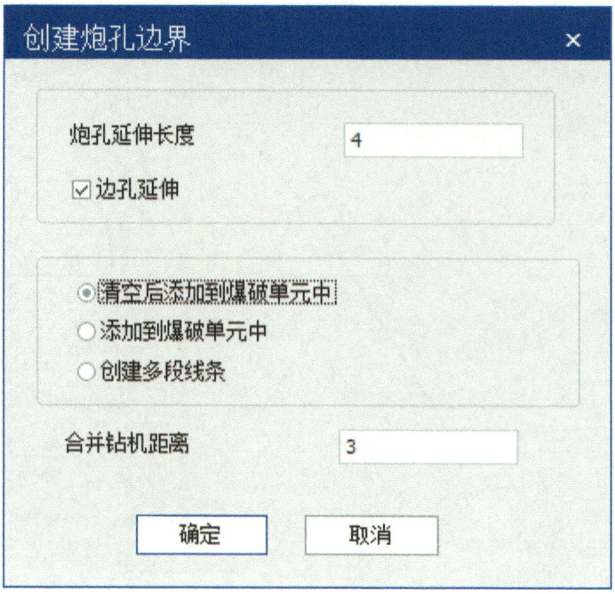


图 10-32　创建炮孔边界

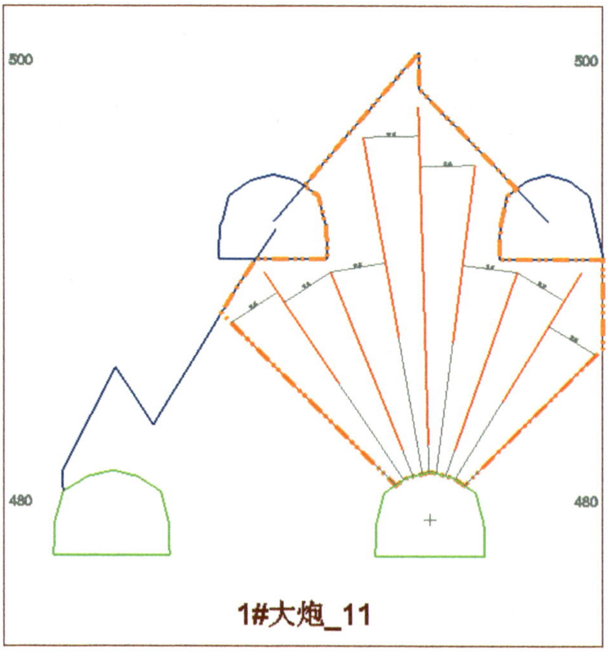


图 10-33　炮孔延伸示例

## 10.3　矿井通风网络解算

矿井通风是确保矿井生产安全、保障井下工人健康的首要措施，其任务是利用矿井通风动力设备和风流调节设施，以经济、合理、高效的方式，给井下各个用风地点提供足量的新鲜空气，稀释并排出井下有毒有害气体及矿尘，为井下创造良好的气流环境条件。快速精确地对通风网络进行解算，利用解算结果及时分析和改善井下的通风状况，对矿山安全生产状况的改善具有重要意义。

### 10.3.1　建立三维通风网络图

矿井通风系统是由井巷构成的一个复杂系统，可以抽象为节点、分支、回路，利用 LG 图论法求解风量分配问题，需要用到生成树、余树、割集等概念。为了表达通风系统的风流方向和网络拓扑关系而绘制的通风网络图通常是一种二维平面图。

真实矿井通风系统是三维的而且还是随时间变化的，二维的通风网络图是对实际情况的一种抽象和加工。如果可以直接利用井巷中线作为通风网络图，则既可以简化工作流程，又方便图形的维护更新，还能方便矿井通风系统管理。

三维通风网络图可以通过导入 AutoCAD、Datamine、Surpac、MapGIS、Micromine 等软件可兼容的文件或由巷道三维节点坐标数据文件生成，也可以用鼠标在屏幕上直接绘制。某矿三维通风网络示例如图 10-34 所示。

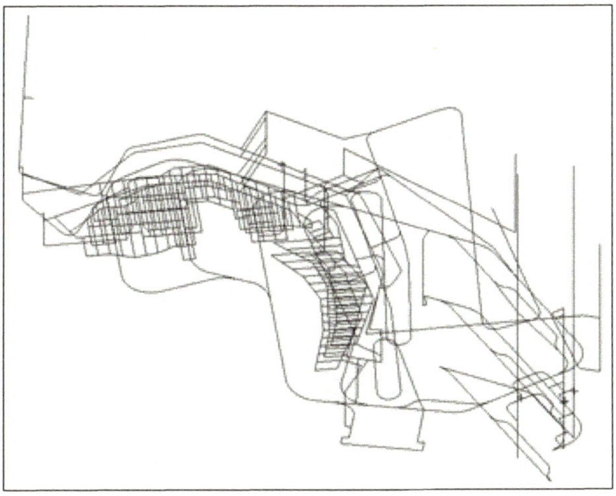

图 10-34　某矿三维通风网络示例

### 10.3.2　通风网络属性配置

通风网络是一种有向连通赋权图，通风网络解算最繁杂的一项工作是建立网络的拓扑关系，给风路和节点编号。通风网络属性匹配就是将测量得到的参数赋值给相关井巷，作为通风网络解算的已知条件。通风网络属性包括各巷道断面参数、支护形式、风机数据、通风阻力测定数据、风机性能数据等。通风巷道参数赋值并创建如图 10-35 所示。

在通风仿真系统中根据通风巷道的位置把通风巷道分为四种：内部巷道、进风巷道、出风巷道、独头和密闭巷道。其中，“独头和密闭巷道”不参与通风仿真系统数值计算。在通风仿真系统中根据通风巷道的类型把通风巷道分为三种：普通巷道、定流巷道、装机巷道。根据通风巷道位置及类型可将通风巷道分为以下九种，如表 10-1 所示。

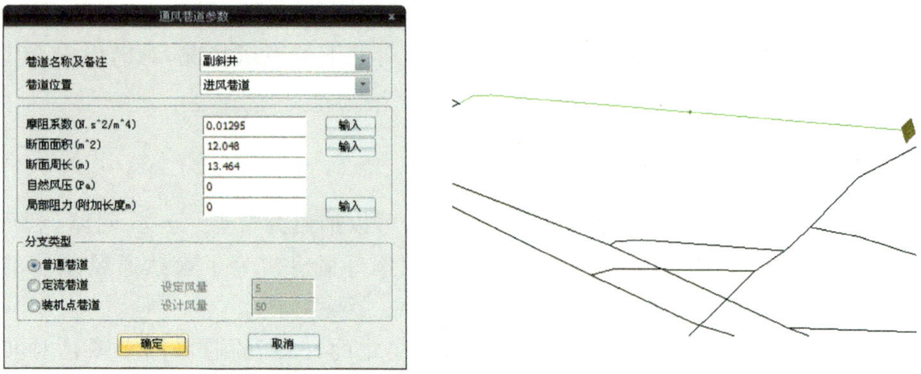


图 10-35　赋值并创建通风巷道

**表 10-1　巷道种类**

| 巷道类型 | 巷道位置 | | |
|---|---|---|---|
| | 普通巷道 | 定流巷道 | 装机巷道 |
| 内部巷道 | 普通内部巷道 | 定流内部巷道 | 装机内部巷道 |
| 进风巷道 | 普通进风巷道 | 定流进风巷道 | 装机进风巷道 |
| 出风巷道 | 普通出风巷道 | 定流出风巷道 | 装机出风巷道 |

### 10.3.3　通风网络解算

通风网络解算的实质是在给定风网结构、分支风阻、风机特性曲线等条件下，计算各分支的风量和风压。通风网络解算方法可分为：相似模拟法、图解法、数值法、其他方法。复杂风网中各分支风量与风阻之间为非线性关系，所以数值法为主要研究方法。

Scott 与 Hinsley 通过改进 Hardy Cross 迭代法建立的 Scott-Hinsley 算法，计算过程简单、计算准确性高且实现容易，在复杂通风网络解算研究中被广泛应用。3DMine 矿业软件是采用 Scott-Hinsley 算法进行通风网络解算的。

通风网络可表示为矩阵形式。理论上，通风网络风量解算问题可转化为一种数学矩阵计算求解问题。风量平衡定律、风压平衡定律和通风阻力定律是构建通风网络方程组的理论基础。假设在稳态通风条件下，空气不可压缩；通风网络中任意节点流入和流出风量相等；任一回路中，各分支通风阻力代数和等于该回路中通风机风压与自然风压的代数和；井巷中的风流可视为紊流，分支风压等于分支风阻与分支风量的平方积。

回路法通风网络解算的基本流程是：

(1) 确定关联矩阵

令通风网络的节点集合为 $V=(v_1,v_2,\cdots,v_m)$，$m$ 为节点数，分支集合为 $E=(e_1,e_2,\cdots,e_n)$，$n$ 为分支数，则通风网络可以用有向连通图 $G=(V,E)$ 表示。

关联矩阵表示通风网络中节点与分支的关系，记作 $\mathbf{A}'=(a_{ij})_{m\times n}$，其中：

$a_{ij}=1$，节点 $v_i$ 与边 $e_j$ 相关联，且 $e_j$ 的方向是离开节点 $v_i$ 的；

$a_{ij}=-1$，节点 $v_i$ 与边 $e_j$ 相关联，且 $e_j$ 的方向是指向节点 $v_i$ 的；

$a_{ij}=0$，节点 $v_i$ 与边 $e_j$ 不关联。

关联矩阵 $\boldsymbol{A}'$ 行线性相关，去除矩阵中任意一行可得到线性无关的基本关联矩阵 $\boldsymbol{A}$，记作 $\boldsymbol{A}=(a_{ij})_{(m-1)\times n}$，$\boldsymbol{A}$ 与 $\boldsymbol{A}'$ 表示的信息完全相同。

(2) 计算独立回路矩阵

回路矩阵表示回路与分支的关系，记作 $\boldsymbol{B}'=(b_{ij})_{s\times n}$，其中：

$b_{ij}=1$，分支 $j$ 在回路 $i$ 中，且分支风流方向与回路同向；

$b_{ij}=-1$，分支 $j$ 在回路 $i$ 中，且分支风流方向与回路反向；

$b_{ij}=0$，分支 $j$ 不在回路 $i$ 中。

回路矩阵每一行表示一条回路，各行元素表示该回路中存在哪些分支以及每一条分支与回路的方向关系。回路矩阵为线性相关矩阵，在通风网络优化调节中需选取独立回路矩阵 $\boldsymbol{B}$，记作 $\boldsymbol{B}=(b_{ij})_{(n-m+1)\times n}$。

显然，包含 $n$ 个分支、$m$ 个节点的树，有 $m-1$ 个树枝，余树枝数量为 $n-m+1$。因此，独立回路矩阵由 $n-m+1$ 组回路构成，由若干树枝和一条余树枝构成的回路是矩阵的一行。

基本关联矩阵 $\boldsymbol{A}$ 和独立回路矩阵 $\boldsymbol{B}$ 若以相同列顺序进行排列，这两者之间则具有如下关系：

$\boldsymbol{AB}^{\mathrm{T}}=0$ 或者 $\boldsymbol{BA}^{\mathrm{T}}=0$

调整基本关联矩阵 $\boldsymbol{A}$ 的顺序为 $\boldsymbol{A}=[\boldsymbol{A}_{\mathrm{c}}\ \boldsymbol{A}_{\mathrm{t}}]$，式中：$\boldsymbol{A}_{\mathrm{c}}$ 为余树分支列；$\boldsymbol{A}_{\mathrm{t}}$ 为树分支列。同理，调整独立回路矩阵 $\boldsymbol{B}$ 的顺序为 $\boldsymbol{B}=[\boldsymbol{B}_{\mathrm{c}}\ \boldsymbol{B}_{\mathrm{t}}]$，式中：$\boldsymbol{B}_{\mathrm{c}}$ 为余树分支列；$\boldsymbol{B}_{\mathrm{t}}$ 为树分支列。根据定义，$\boldsymbol{B}_{\mathrm{c}}$ 是秩为 $n-m+1$ 的单位矩阵。经计算可得：

$$\boldsymbol{B}_{\mathrm{t}}=-(\boldsymbol{A}_{\mathrm{t}}^{-1})^{\mathrm{T}}\boldsymbol{A}_{\mathrm{c}}^{\mathrm{T}}$$

由上可知，独立回路矩阵 $\boldsymbol{B}$ 可根据基本关联矩阵 $\boldsymbol{A}$ 计算得到。

(3) 计算回路风量修正值

给定余树枝的初始风量 $\boldsymbol{Q}_{\mathrm{c}}=(q_{\mathrm{c}1},q_{\mathrm{c}2},\cdots,q_{\mathrm{c}(n-m+1)})^{\mathrm{T}}$，利用公式求 $\Delta\boldsymbol{Q}_{\mathrm{c}}$，修正回路风量，重复迭代，直到 $\Delta\boldsymbol{Q}_{\mathrm{c}}$ 满足设定的精度要求为止。

### 10.3.4　通风网络更新

当新开掘井筒或巷道贯通时，可以用鼠标点击画线工具图标，将新开掘的井巷在屏幕上绘制出来。当有井巷报废时，可将报废的井巷删除或者改变巷道属性(改变为独头或密闭巷道)。

井巷断面面积及长度影响井巷的风阻系数。无论是新井设计还是巷道翻修，都将导致风阻系数发生变化。根据巷道形状、断面支护等输入某一数值，系统将自动计算井巷的风阻系数，如图 10-36 所示。

当巷道冒落或发生矿车堵塞等情况时，从本质上讲也会使巷道风阻系数发生变化。巷道摩擦阻力系数查询如图 10-37 所示。

随着矿井开采强度的不断增大，井下局扇功率越来越大，局扇对整个矿井通风状态的影响已不能忽视。另外，在金属矿山井下，多级机站通风方式越来越受到重视和推广。要求仿真系统能够模拟在井下任意巷道安设风机、拆除风机、调整风机叶片角度等功能。装机巷道风机参数查看如图 10-38 所示。

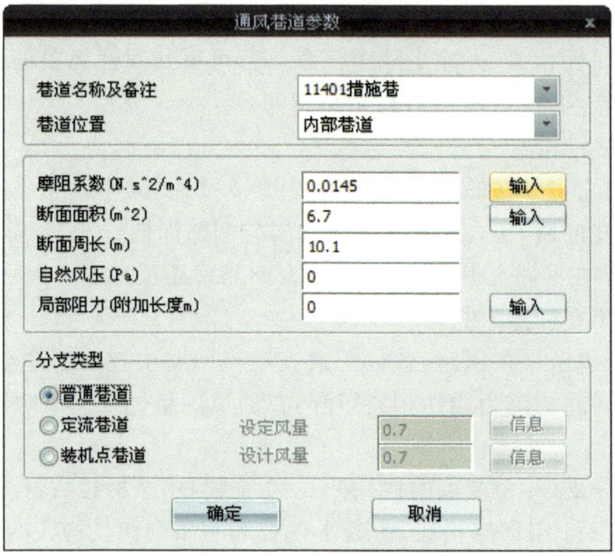


图 10-36　通风巷道参数设置

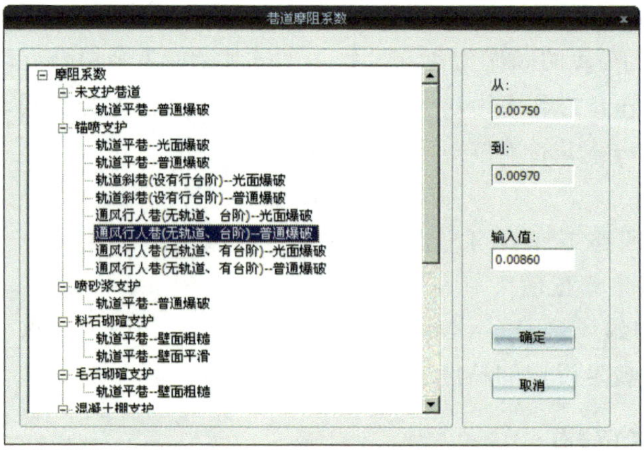


图 10-37　摩擦阻力系数查询

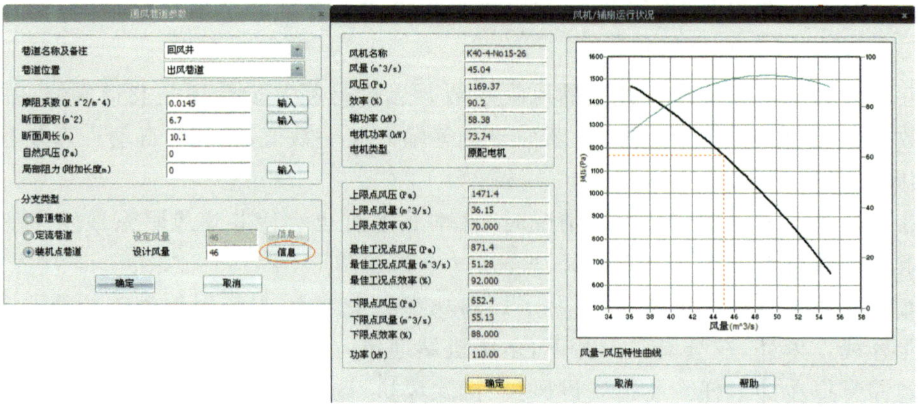


图 10-38　装机巷道风机参数查看

## 10.3.5　通风仿真

3DVent 矿井通风软件可实现三维通风仿真，可动态模拟反风演习整个过程，为反风演习方案的制定和演习结果分析提供了便捷有效的方法。进行全矿反风模拟，主要有 3 个步骤：

（1）根据通风系统及设施调节通风网络。

（2）设置反风风量，选择反风风机曲线。

（3）迭代计算，动画模拟反风效果。

智能通风是未来矿井通风发展的趋势。通过前端传感器采集准确可靠的现场数据，对通风实时数据进行分析决策，控制中心将通风调度指令发送给调风执行机构，以实现按需通风、保障安全生产、降低通风能耗的目标。整个通风调节过程实时、自动、可视化，效果示例如图 10-39 所示。

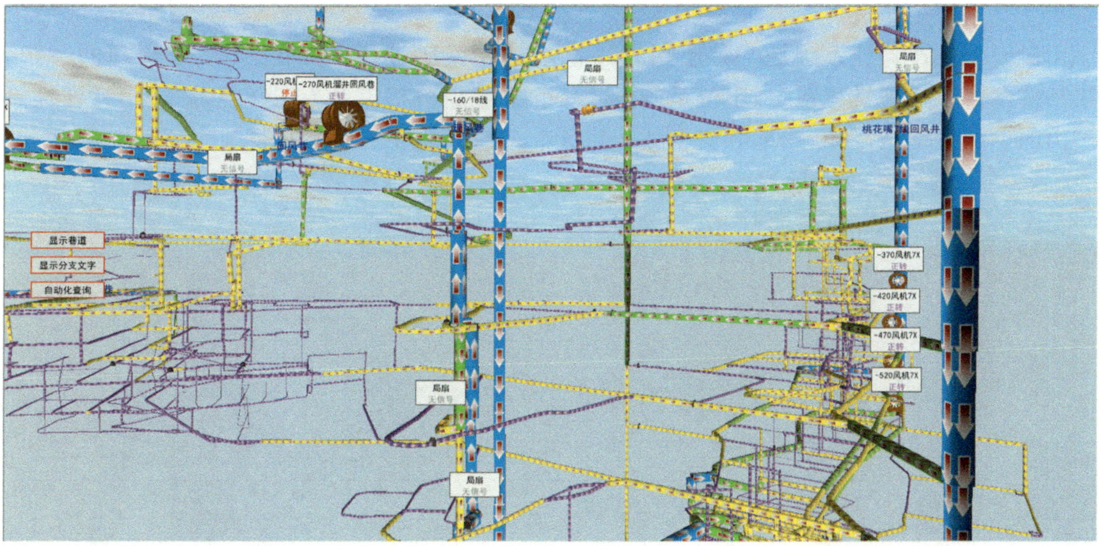


图 10-39　智能通风系统效果示例

# 第 11 章　其他应用

三维矿业软件已经在矿山评价、规划、设计、管理、安全、运营等多方面发挥作用。其应用领域除露天矿设计和地下矿设计以外，还包括露天矿生产管控、地下矿生产管控、安全监测系统等。

## 11.1　露天矿生产管控系统

露天矿生产管控系统是一种应用先进技术对露天矿进行全方位、多层次管理的系统。该系统整合了地理信息系统、定位系统、物联网、大数据分析以及人工智能等技术，旨在提高矿山的生产效率、资源利用率和安全性。露天矿三维管控平台全景如图 11-1 所示。

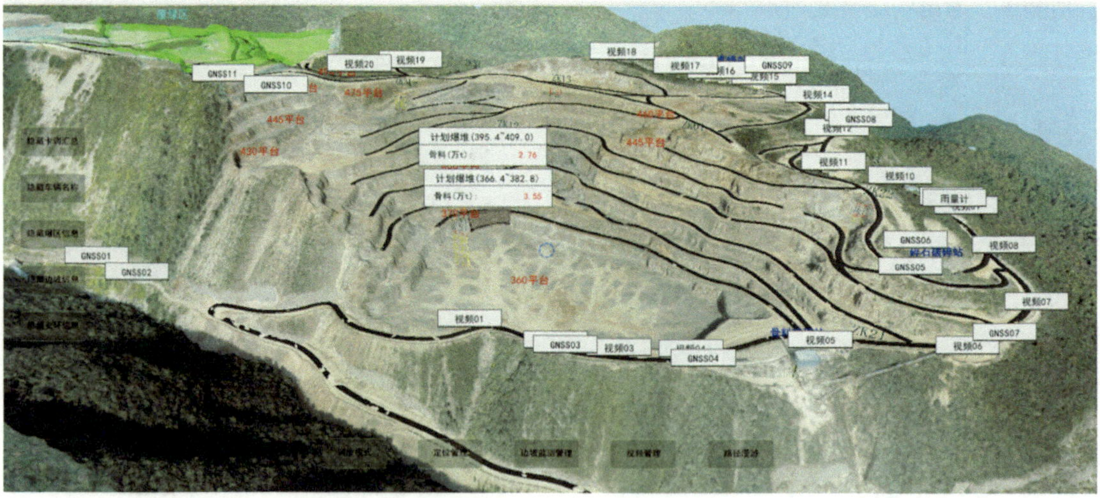


图 11-1　露天矿三维管控平台全景示例

### 11.1.1　露天矿生产场景搭建

矿山生产场景是指与生产有关的地质条件、设备、监测仪表、环境特征等的集合。显而易见，露天矿生产场景是随时间变化的一系列状态。因此，场景搭建是一个动态过程，场景中不同对象的更新周期是不同的。地质类对象，状态更新周期较长，一般采用手工修改的方式进行模型更新；设备类对象，状态更新周期较短，一般通过自动采集的方式对位置和运行参数更新；环境类对象，状态描述依据传感器数据或第三方服务平台，通过数据接口读取更新参数。

地表地形、钻孔、台阶、爆堆、道路等信息，可以采用前面已经讲过的三角网生成技术、钻孔数据库技术等进行建模和显示，为了展现更逼真场景效果，可对表面模型进行贴图。采矿装备和监测设备模型可以用机械设备建模软件(如 3DMax)完成,并导入三维矿业软件中,车辆三维模型如图 11-2 所示。

图 11-2　车辆三维模型示例

之后,对接露天矿生产系统实时采集的数据,在三维环境中展示钻、铲、装、运等车辆设备的位置、工况以及生产数据,如图 11-3 和图 11-4 所示。

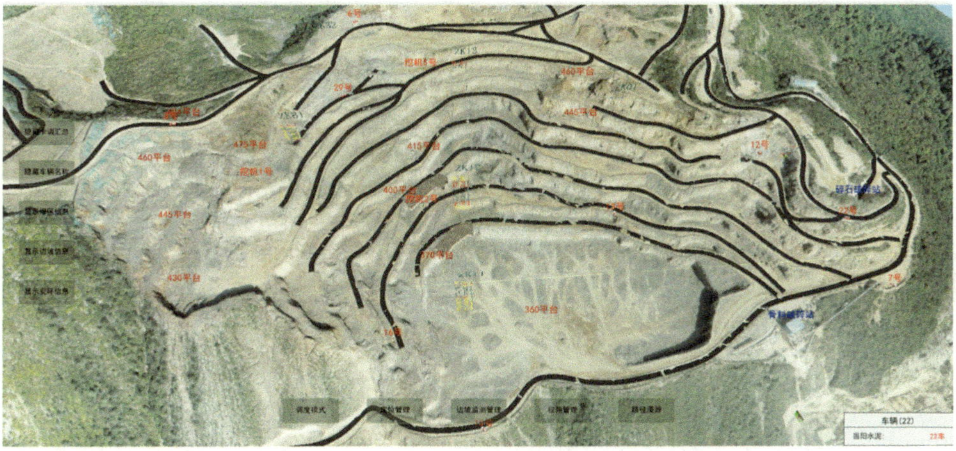

图 11-3　三维场景车辆分布示例

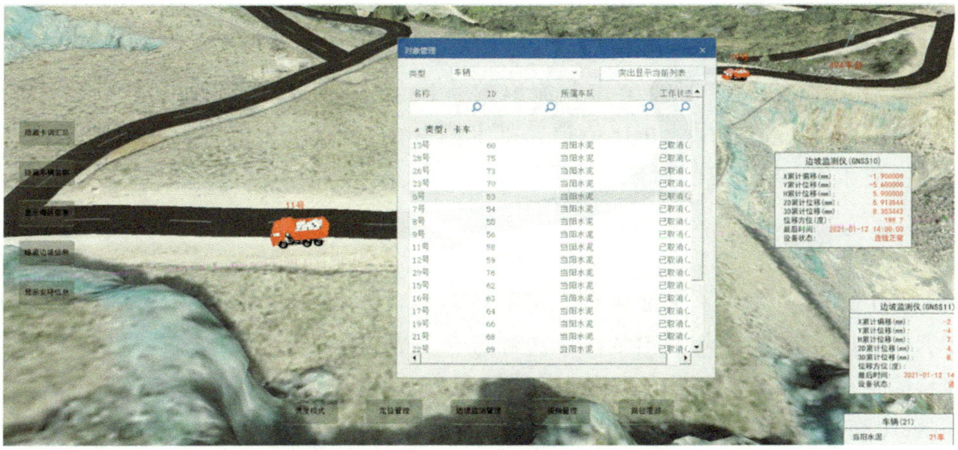

图 11-4　车辆状态查询示例

### 11.1.2 露天矿卡调系统

卡车调度系统(以下简称卡调系统)是露天矿生产管控的核心,生产计划的执行、车铲的现场管理、出矿品位控制等都需要卡调系统的支撑。卡调系统是露天矿信息化、数字化、智能化水平的集中体现,其主要功能包括通过对露天矿主要钻、采、运等设备位置、状态、作业等信息的采集,实现对钻机、电铲/挖机、卡车等设备运行参数的实时跟踪、显示;优化生产装备的调度组织运行,并及时准确地统计生产技术指标、形成报表,提高设备利用率,高效完成生产计划;可以集成车辆防碰撞预警、作业环境参数监测、疲劳驾驶预防、超速预警、油耗分析、预防性维修提醒等辅助功能,最终达到提高矿山产量、节约成本费用、保障安全生产的目的。

卡调系统可分为设备层、传输层、应用层,分别对应车载终端、通信网络、调度软件。一般采用“云中心+Web 端+移动 App”部署模式,充分发挥云服务器的稳定性、安全性,Web 端的灵活性、方便性,App 端的实时性、便携性等优点,实现在有网络信号条件下任意地点、任意时间的生产管控和实时状态查看。车载终端操作界面示例如图 11-5 所示。

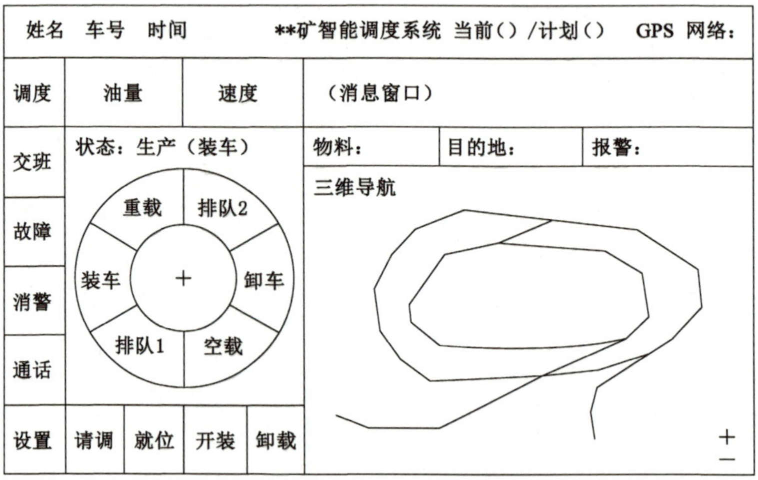


图 11-5 卡调系统车载终端操作界面示例

三维矿业软件能够为卡调系统提供全新的三维可视化平台,实现全矿管控一张图。实现地质建模-采矿设计-生产管控全作业流程的有机整合,使地表模型、作业计划、爆堆模型等数据与管控系统共享共用。相比传统二维卡调系统,基于三维的卡调系统更直观,可集成的信息维度更丰富,可管控的对象更全面。

### 11.1.3 生产配矿

露天矿生产配矿是为了保证矿石入选品位均衡。从操作层面看,生产配矿是基于爆堆的优化求解问题。根据炮孔岩粉数据库将爆堆按照品位空间分布细分,结合铲装设备的位置、产能,综合考虑碎矿站需要的品位、岩性等参数,制订日生产计划(即配矿计划)。在计划执行时,利用高精度定位技术实时动态获取电铲或挖掘机出矿品位,实现出矿品位的动态跟踪,便于调度人员实时掌握出矿品位的变化;如遇特殊情况,须进行计划调整,可人工配矿。

露天矿生产配矿系统主要功能有：

(1) 爆堆矿量及品位分析。将炮孔坐标及炮孔品位等数据导入爆堆数据库后，在电子地图上可以获取爆堆的矿量和品位信息，并可在图中计算任意区域的矿量和平均品位，可将爆堆细分为铲装作业单元(即露天矿最小独立生产单元)。

(2) 配矿作业计划自动生成。系统根据工作挖机的当前作业区矿石品位、氧化率、矿石岩性、松散系数、矿石质量密度、生产能力，破碎站的入矿量和品位要求等，利用多目标配矿模型自动生成班配矿生产计划；如遇特殊情况，生产调度人员可以进行调整，尽最大可能保证配矿计划的可行性。

(3) 挖机出矿品位自动获取。在电子地图上根据挖机的作业位置，可实时动态获取铲装位置处的矿石品位。同时，挖机处的矿石品位信息和当前班挖机的装载矿量也会实时显示在挖机的终端显示屏上，便于作业人员实时掌握当前铲装的矿石品位和实际工作量。铲装区域出矿品位自动获取示例如图 11-6 所示。

图 11-6　出矿品位自动获取示例

(4) 实时品位控制。系统根据挖机铲装位置处的品位及运输量可以实时计算破碎站内矿石的品位和矿量，当矿石品位不符合出矿要求时，系统会进行智能预警提示，调度人员可以利用品位优化控制模型，对配矿计划进行实时调整并加以控制。

## 11.2　地下矿生产管控系统

地下矿生产管控系统是实时监测、调度、控制和优化矿山生产过程的系统。该系统旨在提高矿山的整体管理效能、生产效率、安全性和可持续性。

地下矿生产管控系统综合运用地理信息系统、井下定位技术、三维建模与可视化技术、物联网技术等，有助于提高矿山整体管理水平，实现生产流程的优化和自动化，提高资源利用效率，保障安全生产，从而促进矿山的可持续发展。

### 11.2.1　地下矿生产场景搭建

地下矿生产场景搭建大体上与露天矿类似，区别在于地下矿生产场景搭建有一类特殊对象——井巷工程。井巷工程既是人员、设备、矿岩等的运输通道，又是监测设备、通信网络、电力、排水设施等的安装部位，是地下矿生产场景搭建的关键。地下矿生产场景示例如图 11-7 所示。

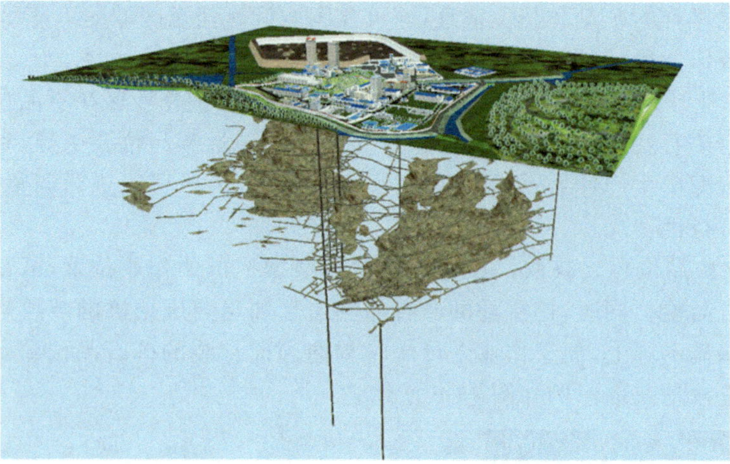

图 11-7　地下矿生产场景示例

## 11.2.2　地下矿生产管理系统

地下矿生产管理系统主要功能是可对各生产环节的产量、品位、工程进度等进行统计，形成生产统计图表。某矿生产管理系统功能菜单如图 11-8 所示。

图 11-8　某矿生产管理系统功能菜单

可查看生产日报统计数据和图表，如图 11-9 所示。

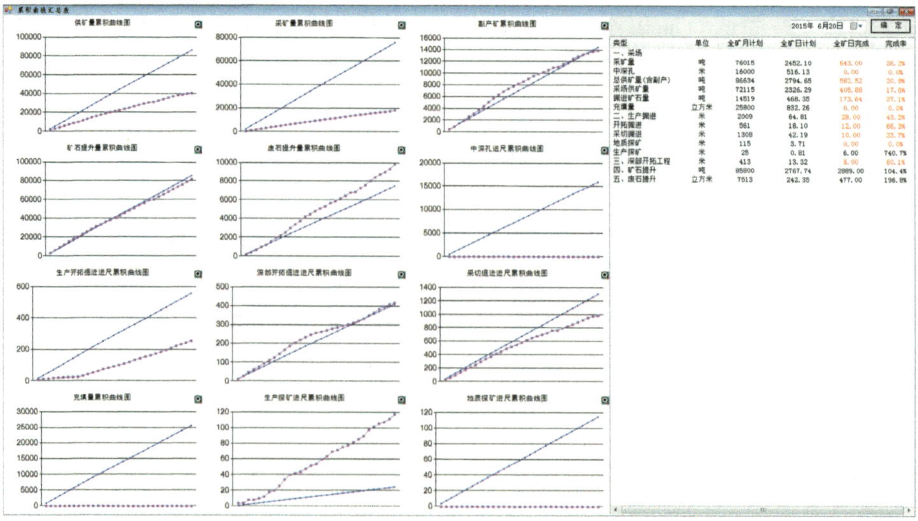

图 11-9　生产日报统计数据和图表查看

可按施工单位分类汇总日报数据，示例如图 11-10 所示。

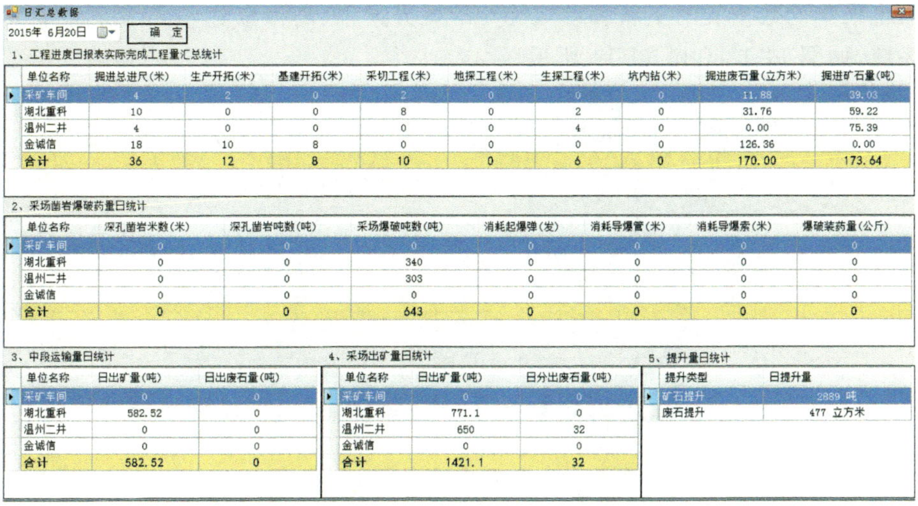
日汇总数据

2015年 6月20日　确　定

1、工程进度日报表实际完成工程量汇总统计

| 单位名称 | 掘进总进尺(米) | 生产开拓(米) | 基建开拓(米) | 采切工程(米) | 地探工程(米) | 生探工程(米) | 坑内钻(米) | 掘进废石量(立方米) | 掘进矿石量(吨) |
|---|---|---|---|---|---|---|---|---|---|
| 采矿车间 | 4 | 2 | 0 | 2 | 0 | 0 | 0 | 11.88 | 39.03 |
| 湖北重科 | 10 | 0 | 0 | 8 | 0 | 2 | 0 | 31.76 | 59.22 |
| 温州二井 | 4 | 0 | 0 | 0 | 0 | 4 | 0 | 0.00 | 75.39 |
| 金诚信 | 18 | 10 | 8 | 0 | 0 | 0 | 0 | 126.36 | 0.00 |
| 合计 | 36 | 12 | 8 | 10 | 0 | 6 | 0 | 170.00 | 173.64 |

2、采场凿岩爆破药量日统计

| 单位名称 | 深孔凿岩米数(米) | 深孔凿岩吨数(吨) | 采场爆破吨数(吨) | 消耗起爆弹(发) | 消耗导爆管(米) | 消耗导爆索(米) | 爆破装药量(公斤) |
|---|---|---|---|---|---|---|---|
| 采矿车间 | 0 | 0 | 0 | 0 | 0 | 0 | 0 |
| 湖北重科 | 0 | 0 | 340 | 0 | 0 | 0 | 0 |
| 温州二井 | 0 | 0 | 303 | 0 | 0 | 0 | 0 |
| 金诚信 | 0 | 0 | 0 | 0 | 0 | 0 | 0 |
| 合计 | 0 | 0 | 643 | 0 | 0 | 0 | 0 |

3、中段运输量日统计

| 单位名称 | 日出矿量(吨) | 日出废石量(吨) |
|---|---|---|
| 采矿车间 | 0 | 0 |
| 湖北重科 | 582.52 | 0 |
| 温州二井 | 0 | 0 |
| 金诚信 | 0 | 0 |
| 合计 | 582.52 | 0 |

4、采场出矿量日统计

| 单位名称 | 日出矿量(吨) | 日分出废石量(吨) |
|---|---|---|
| 采矿车间 | 0 | 0 |
| 湖北重科 | 771.1 | 0 |
| 温州二井 | 650 | 32 |
| 金诚信 | 0 | 0 |
| 合计 | 1421.1 | 32 |

5、提升量日统计

| 提升类型 | 日提升量 |
|---|---|
| 矿石提升 | 2889 吨 |
| 废石提升 | 477 立方米 |

图 11-10　工程日报数据汇总示例

## 11.2.3　地下矿生产仿真系统

地下矿生产仿真系统主要功能是对矿山生产的八大系统进行可视化展示，仿真正常生产流程。某矿生产仿真系统功能菜单如图 11-11 所示。

图 11-11　某矿生产仿真系统功能菜单

某矿开拓系统仿真模型如图 11-12 所示。

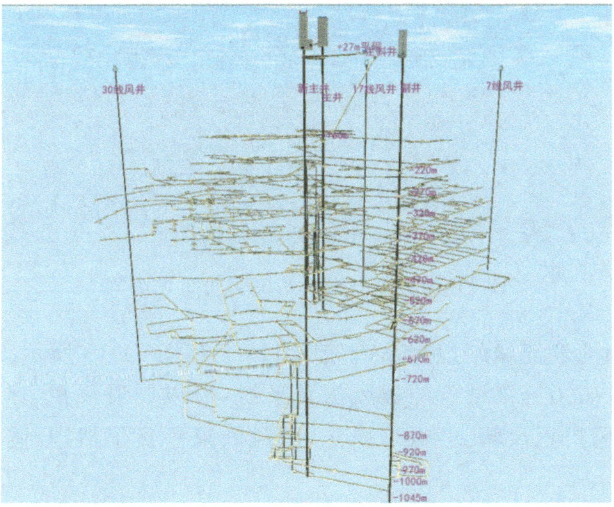


图 11-12　某矿开拓系统仿真模型

矿山中段运输系统和竖井提升系统的仿真模型，集成了提升自动化数据。提升箕斗按自动化系统采集的数据实时更新和模拟箕斗的提升过程、高程位置，显示提升生产数据。矿山运输系统，如图 11-13 和图 11-14 所示。

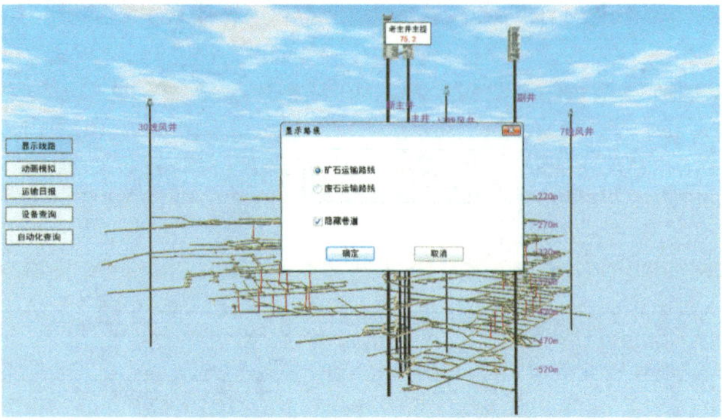


图 11-13　矿山运输系统示例

图 11-14　矿山生产运输过程动态展示截图

矿山供电系统空间布置和井下变电房如图 11-15 和图 11-16 所示。

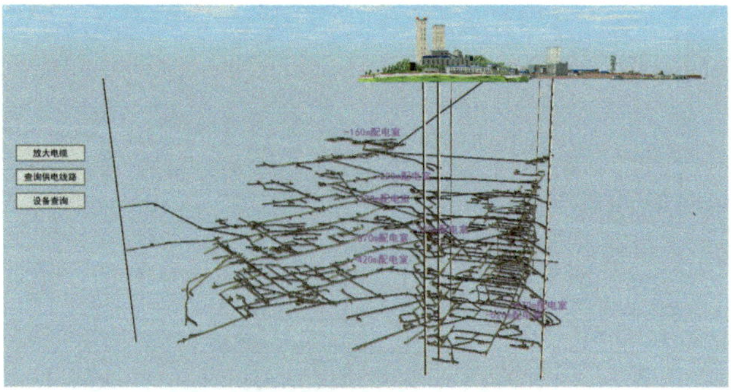


图 11-15　矿山供电系统空间布置示例

井下充填线路和地表充填站搅拌系统如图 11-17 和图 11-18 所示。

井下通风系统是矿山三维动态的通风仿真系统，可以查看风量、风速、压强、风机转速、开停状态，可以控制风机正反转、停机等操作，通风效果一目了然，示例如图 11-19、图 11-20 所示。

排水系统用于查看全矿井上和井下排水设备、设施、工程、管网、液位，动态显示水流方向，可以远程开停水泵，示例如图 11-21、图 11-22、图 11-23 所示。

图 11-16　井下变电房示例

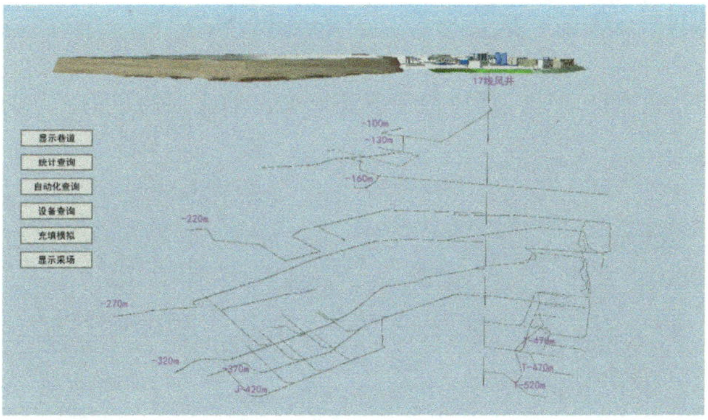


图 11-17　井下充填线路示例

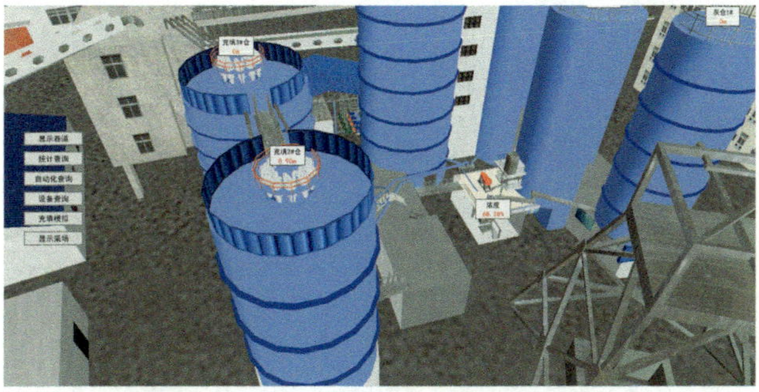

图 11-18　地表充填站搅拌系统示例

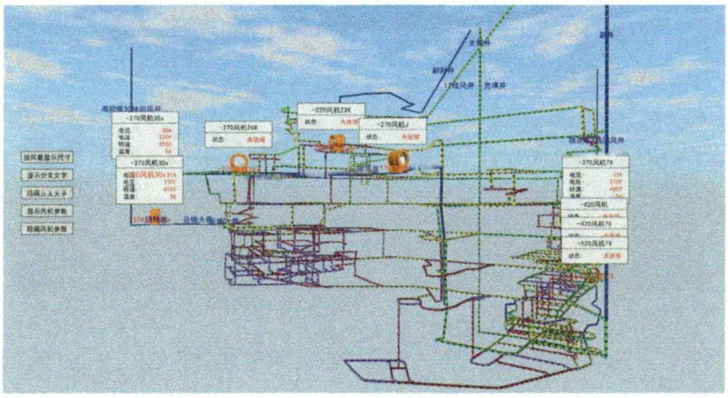

图 11-19　矿井通风系统示例

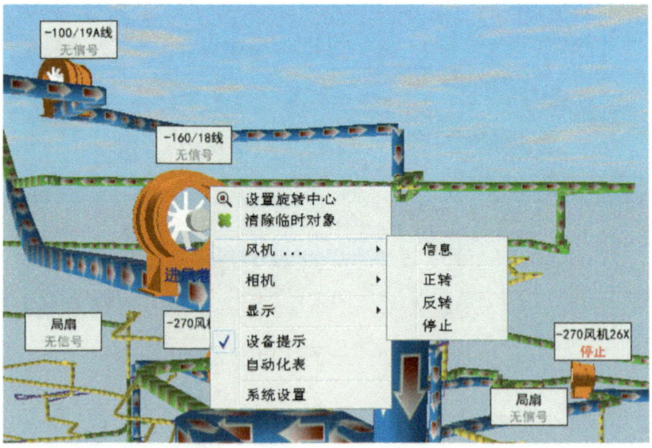


图 11-20　通风传感器和风机自动化控制示例

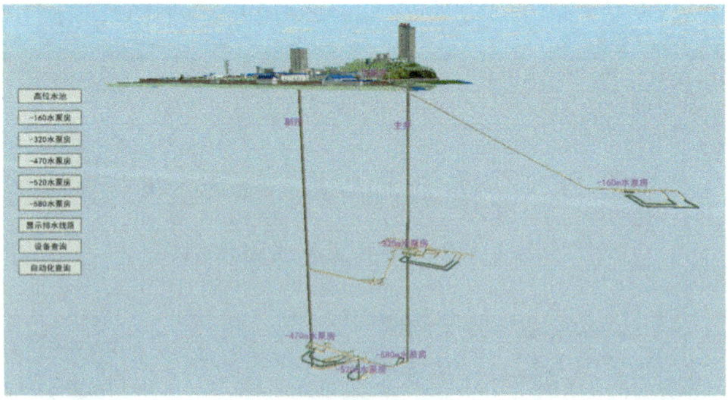

图 11-21　井下排水系统示例

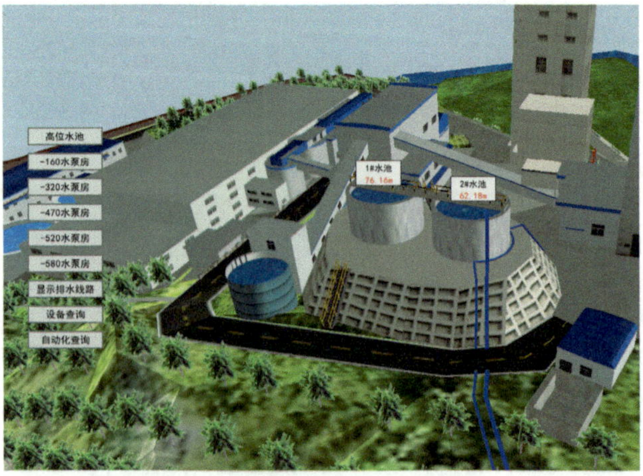


图 11-22　地表高位水池示例

图 11-23　井下水仓和水泵房示例

供风系统是用于展示矿山压风动力系统的仿真模型并可进行工作状态查询，示例如图 11-24 所示。

图 11-24　地表供风设施示例

## 11.3　在线监测系统

矿山生产作业环境复杂、安全风险高、作业地点多变，因此需要实时关注作业条件的变化。在线监测系统具有数据采集连续、准确度高、可自动处理等诸多优点，是矿山生产、安全、环境监测的理想软件平台。在线监测系统本质上就是一种物联网系统，该系统包括 3 层体系架构：感知层、网络层、应用层。

感知层由数据采集、短距离通信、协同信息处理等部分构成。其中，数据采集单元主要用于采集物理世界中发生的物理事件、数据和定位信息，包括空间坐标、各类物理量、标识、音频、视频等数据。短距离无线通信技术（如 RFID、Wi-Fi、UWB、ZigBee、蓝牙、红外等）和协同信息处理技术将采集到的数据在局部范围内进行处理，接入广域网络。

网络层将来自感知层的信息进行安全高效有序远距离传输。网络层既包含移动通信网、互联网、广电网等公共网络，也包括企业内部网、工业环网、光纤专网等私有网络。网络层一端通过各种接入设备与传感器或应用终端相连，另一端与存储服务器连接，实现数据传输。

应用层利用感知层和网络层所获取的数据为用户提供特定服务。首先，应用层按照某种需求对感知数据进行存储、清洗、查询、分析、挖掘、理解；其次，统一用于支撑跨专业、跨系统、跨应用的信息协同、信息共享、信息互通，实现特定服务目标。

具体而言，矿山在线监测系统通过在特定区域安装传感器，实时获取现场的扬尘、噪声、温度、湿度、风速、地压等各种数据；由光纤、工业环网、移动通信网、互联网等进行数据传输；在数据中心进行汇总、应用分析，对监测指标异常状态及时给出应急处置方式，保障矿山生产过程安全。矿山在线监测系统广泛应用于各类型矿山，常见的监测内容有边坡变形监测、视频监控、人员定位系统等，示例如图 11-25、图 11-26、图 11-27 所示。

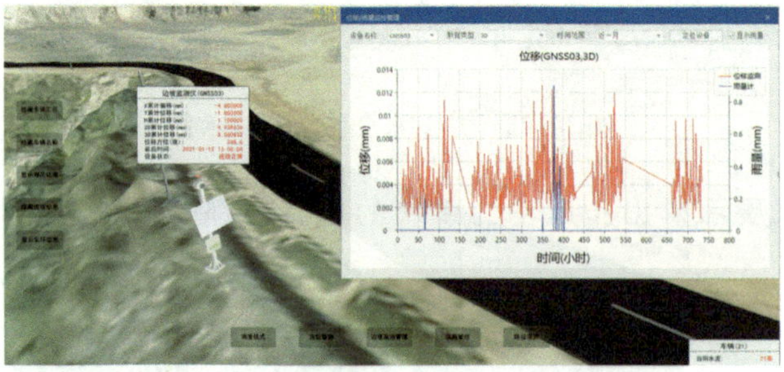


图 11-25　矿区边坡变形监测示例

图 11-26　关键位置视频监控示例

图 11-27　井下人员定位和视频监控示例

## 11.4 基于 Python 的二次开发

3DMine 矿业软件支持 Python 脚本语言作为其二次开发工具。3DMine 矿业软件支持宏录制功能，该功能可以记录用户的连续操作，并自动翻译成 Python 脚本代码。初次接触 Python 二次开发的用户可以先尝试录制宏命令，并学习录制宏的 Python 文件编码规则。

3DMine 矿业软件默认录制宏 py 文件为 ansi 格式而非 utf8 格式，字符集使用 GBK，文件中通常需要包含以下内容：

```
# -*- coding: cp936 -*-
import mine
from mine_enum import *
from mine import *
……
database = GetActiveDbDatabase()
block_model = database.getBlockModel()
drill_holes = database.getDrillHoleManage()
……
```

Python 脚本编制完成后，可以直接将 py 文件拖拽到图形工作区或者在文件管理器里双击 py 文件来运行脚本。另外，可以在软件安装目录中找到 CUI 文件夹，对软件菜单进行代码修改，将 Python 代码功能放到菜单中以方便后续使用。

掌握了基于 Python 的二次开发基本原理和编程流程，就可以根据专业需求，定制开发出个性化功能，提高工作效率。下面介绍一个基于 Python 的二次开发案例。该程序的功能目标是实现地下矿采块划分，程序代码及简要说明如下：

```
# -*- coding: cp936 -*-
# 导入三维核心库
import mine
from mine_enum import *
from mine import *
# 导入其他辅助库
import PySimpleGUI as sg # 窗口外部 PySimpleGUI 界面库
import random  # 随机数学库
import os  # 输入输出库
# 定义随机颜色函数
def random_rgb():
    r = random.randint(0, 255)
    g = random.randint(0, 255)
    b = random.randint(0, 255)
    return (r, g, b)
def main():
```

```
        database = GetActiveDbDatabase()  # 定义当前激活窗口对应的 database 示例
        # 定义各参数窗口的 PySimpleGUI 布局名称、默认参数、对应 key 以及尺寸等
        layout=[[sg. Text("底部标高"),sg. Input('125',key="_ELEV_",size=(25,
1))],
                [sg. Text("设计高度"),sg. Input('40',key="_HEIGH_",size=(25,1))],
                [sg. Text("垂向宽度"),sg. Input('90',key="_KFWIDTH_",size=(25,
1))],
                [sg. Text("沿线宽度"),sg. Input('50',key="_KFLENTH_",size=(25,
1))],
                [sg. Text("矿房间距"),sg. Input('5',key="_KFDIST_",size=(25,1))],
                [sg. Text("参考线布置")],
                [sg. Radio('左侧', 'Radio',default=True,key="_Radio1_"),sg. Radio('右
侧', 'Radio',key="_Radio2_")],
                [sg. Text("参考线偏移"),sg. Input('3',key="_KFOFFSET_",size=(25,
1))],
                [sg. Checkbox('切割矿体', size = (25,1),key="_SliceOre_")],
                [sg. Checkbox('选择标志', size = (25,1),key="_SelectLine_")],
                [sg. Button('Ok')] ]
        # 按照布局创建和显示窗口
        window = sg. Window('批量矿房设计', layout)  # 窗口定义
        event, values = window. read() # 读取窗口返回的点击事件以及各变量返回值
        window. close() # Part 5 — 关闭窗口
        if event ! = 'Ok':  # 如果鼠标事件不是点击 ok 按钮,退出
            return
        # 定义变量接收窗口的返回值
        kfelev=float(values["_ELEV_"])
        kfheigh=float(values["_HEIGH_"])
        kflen=float(values["_KFLENTH_"])
        kfwidth=float(values["_KFWIDTH_"])
        kfdist=float(values["_KFDIST_"])
        kfoff=float(values["_KFOFFSET_"])
    # 如果矿房最小最大高度小于 0.001,提示错误并退出
        if kfheigh <0.001:
            print('矿房设计高度不能<0')
            return
        polys = ListListPoint3d()
        if values["_SelectLine_"] == True: # 提示选择矿房设计线,支持多选
            dbList = ListDb()
            pOK = PromoteSelectManyObject(SB_Db3DPolyline,"请指定矿房设计线",
```

```
dbList)
            if pOK == False:
                return
            for i in range(0, dbList.size()): # 定义列表中第 i 个对象
                ob = dbList.at(i) # 判断对象是否为线, 如果为线,对象指针加到
polys 列表中
                if ob.GetType() == ObjectType.Db3DPolyline:
                    polyline = pyDb3DPolyline(ob)
                    vertexs = ListPoint3d()
                    if vertexs.length3d() < kflen:
                        print('长度不足一个矿房长度,忽略...')
                        continue
                    polyline.showVertexData(vertexs)
                    polys.push_back(vertexs)
        else:
            vertexs = ListPoint3d()
            pOK = PromoteDrawLine("请绘制矿房设计线",100,vertexs)
            if pOK == False:
                return
            if vertexs.length3d() < kflen:
                print('长度不足一个矿房长度')
                return
            polys.push_back(vertexs)
            #绘制矿房参考线
            poly = pyDb3DPolyline()
            poly.setVertex(vertexs)
            poly.setElev(kfelev)
            poly.setLineGloableWidth(1.0)
            poly.setLineType("DASHED")
            poly.setColor(Point3d(255, 0, 0))
            poly.setLayerName("矿房设计")
            database.AddDbObject(poly,True)
        #迭代图形工作区可见实体,劈分后加入 faces 数组
        faces = []
        if values["_SliceOre_"] == True :
            pyiter = ViewportEntityIter(database, IterType.kSolidsVisible)
            dbList = pyiter.getDbList()
            for i in range(0, dbList.size()):
                ob = dbList.at(i)
```

```
                if ob.GetType() == ObjectType.DbFace:
                    pysolid=pyDbFace(ob)
                    temppy = pyDbFace()
                    if pysolid.splitSolidByZValue(kfelev,kfelev+kfheigh,temppy) == False:
                        continue
                    faces.append(temppy)
```

# 遍历所有标志线，若当前代码为绘制标志线，数组大小是1。若采用选择标志线，数组大小就不固定，程序可实现矿房批量设计

```
        for pid in range(0,polys.size()):
            poly1 = pyDb3DPolyline()
            poly1.setVertex(polys.at(pid))
            poly1.setElev(kfelev)
            pList1 = ListPoint3d()
            pList2 = ListPoint3d()
    # 矿房的左右两端，存放于pList1和pList2
            if values["_Radio1_"] == True:
                poly1.offsetCopy(0+kfoff,pList1)
                poly1.offsetCopy(kfwidth+kfoff,pList2)
            else:
                poly1.offsetCopy(-kfoff,pList1)
                poly1.offsetCopy(-kfwidth-kfoff,pList2)
            dist = 0
            curid = 1
            while True:
                p1=Point3d()
                p2=Point3d()
                norm=Point3d()
    # 根据dist距离获取矿房起始两端的位置
                ret1 = pList1.getDisPt(dist,p1,norm)
                ret2 = pList2.getDisPt(dist,p2,norm)
                dist += kflen
                p3=Point3d()
                p4=Point3d()
    # 根据dist+kflen距离获取矿房结束两端的位置
                ret3 = pList1.getDisPt(dist,p3,norm)
                ret4 = pList2.getDisPt(dist,p4,norm)
    # 如果获取位置不成功，程序退出
                if ret1 == False or ret2 == False or ret3 == False or ret4 ==
```

```
False:
                break
            vertexs = ListPoint3d()
            vertexs. push_back(p1)
            vertexs. push_back(p3)
            vertexs. push_back(p4)
            vertexs. push_back(p2)
            vertexs. push_back(p1)
            colr = random_rgb()
            poly = pyDb3DPolyline()
            poly. setVertex(vertexs)
            poly. setColor(Point3d(colr[0], colr[1], colr[2]))
            poly. setLayerName("矿房设计")
            database. AddDbObject(poly,True)
            vertexs2 = vertexs. copy()
            vertexs2. setUniformValue(2,kfelev+kfheigh);
            lines=ListListPoint3d()
            lines. push_back(vertexs)
            lines. push_back(vertexs2)
    # 顶底板多边形连接三角网,并输出
            pyface = pyDbFace()
            pyface. triangleBetweenSamePolygons(lines,True,True,True)
            pyface. setColor(Point3d(colr[0], colr[1], colr[2]))
            pyface. setLayerName("矿房设计")
            sublayer = "矿房%d" %curid
            pyface. setSubLayerName(sublayer)
            pyface. setFaceTranparent(Point3d(127,127,127))
            database. AddDbObject(pyface,True)
     # 顶底板多边形裁剪矿体,并输出
            for fin in range(0,len(faces)):
                pyfaceinn =  pyDbFace()
                  if faces[fin]. SplitSolidByPolygon(vertexs2,pyfaceinn) ==
False:
                    continue
                pyfaceinn. setLayerName("矿房矿体")
                sublayerinn = "矿房%d" %curid
                pyfaceinn. setSubLayerName(sublayerinn)
                database. AddDbObject(pyfaceinn,True)
            dist += kfdist  # 距离增加一个 kfdist 长度,继续迭代下一个矿房
```

```
            curid += 1
        Update_Layer_Manager() # 刷新图层
# 入口函数
if __name__ == "__main__":
        main()
```

运行该程序,可弹出对应的窗口及显示操作后的效果,如图 11-28、图 11-29 所示。

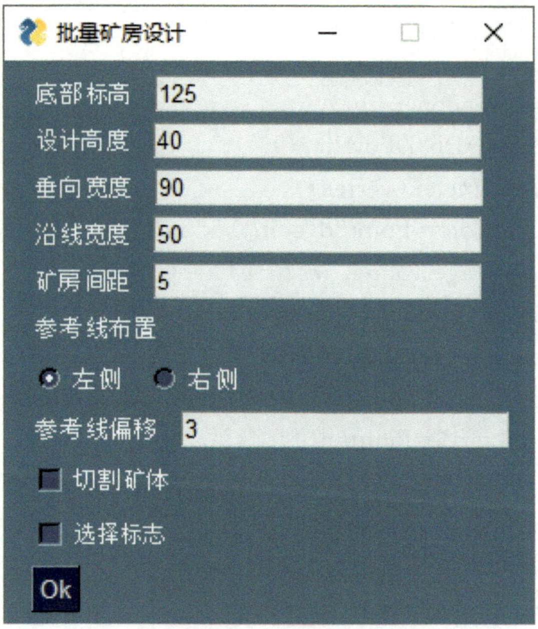


图 11-28 “批量矿房设计”对话框

图 11-29 批量矿房设计效果示例

# 参考文献

[1] 陈麒玉,刘刚,何珍文,等.面向地质大数据的结构-属性一体化三维地质建模技术现状与展望[J].地质科技通报,2020,39(4):51-58.

[2] 董雪健,陈爱兵,李育,等.基于 3DMine 的云南省官房铜矿矿体三维建模及深部找矿预测[J].中国锰业,2023,41(5):22-26.

[3] 甘能俭,伍静,胡鹏飞,等.3DMine 矿业平台与传统几何法的资源量估算对比分析:以南宁孔周山建筑石料用灰岩矿为例[J].矿产与地质,2021,35(6):1209-1215.

[4] 韩金伟,崔毅斌,张传良,等.基于 3DMine 煤矿矿体三维可视化模型建构研究[J].煤炭技术,2024,43(8):261-265.

[5] 景永波,杜菊民,陈春生,等.基于 3DMine 的断面法与距离幂次反比法对比[J].地质学刊,2021,45(03):271-276.

[6] 李翠平,李仲学,赵怡晴.数字矿山理论、技术及工程[M].北京:科学出版社,2012.

[7] 李大军,苟国华,吴天辰,等.结构信息约束的三角网格模型简化方法[J].测绘科学,2021,46(8):88-95.

[8] 李国清.智能矿山概论[M].北京:冶金工业出版社,2019.

[9] 李梅,姜展,姜龙飞,等.三维可视化技术在智慧矿山领域的研究进展[J].煤炭科学技术,2020,48(8):153-162.

[10] 李守能,陈华,谢江涛,等.基于 3DMine 软件三维实体建模及资源量估算应用探讨:以瓮福磷矿区谷龙磷矿勘探为例[J].贵州地质,2024,41(3):293-309.

[11] 谭正华.三维可视化环境下采矿设计与生产规划关键技术研究[D].长沙:中南大学,2010.

[12] 王国法,王虹,任怀伟,等.智慧煤矿 2025 情景目标和发展路径[J].煤炭学报,2018,43(2):295-305.

[13] 王运敏.现代采矿手册:上册[M].北京:冶金工业出版社,2011.

[14] 王忠鑫,田会,王东,等.露天采矿科学目标的演变与未来发展趋势[J].煤炭学报2024,49(S1):129-153.

[15] 吴冲龙,田宜平,张夏林,等.数字矿山建设的理论与方法探讨[J].地质科技情报,2011,30(2):102-108.

[16] 吴立新,汪云甲,丁恩杰,等.三论数字矿山:借力物联网保障矿山安全与智能采矿[J].煤炭学报,2012,37(3):357-365.

[17] 杨永,胡晓隆.基于 3DMine 软件的资源量估算法在甘肃漳县豆家坪石盐矿勘查中的应用[J].甘肃地质,2024,33(1):79-86.

[18] 尹镇南.地质统计学(空间信息统计学)基本理论与方法应用[M].北京:地质出版

社,2012.

[19] 于润沧.采矿工程师手册:上[M].北京:冶金工业出版社,2009.

[20] 张璐,周新鹏,林伟,等.3DMine 软件在基础地质勘查工作中的应用[J].工程地球物理学报,2020,17(4):508-515.

[21] 张延凯,李克庆,胡乃联,等.露天矿境界优化 LG 算法初始有向图生成研究[J].煤炭学报,2015,40(增刊 2):367-373.

[22] 张延凯.斑岩型矿床露天开采储量动态评估方法研究及应用[D].北京:北京科技大学,2017.